高职高专计算机教学改革新体系规划教材

办公自动化案例教程
——Office 2010

汤　敏　陈雅芳　菅志宇　主　编

廖仕东　何　静　彭　莉　张校磊　陈俊丽　冯蕴莹　副主编

张珈铭　邓闵心　温俊香　参　编

清华大学出版社
北　京

内容简介

本书基于 Microsoft Office 2010 环境，介绍办公自动化软件的使用，内容包括 Word、Excel 和 PowerPoint 的使用、常用工具软件的使用以及 Office 办公操作技巧。全书以能力培养为目标，采用任务驱动的编写形式，思路清晰，应用性强。

本书可作为高等职业院校学生学习 Microsoft Office 2010 办公软件、办公自动化的教材，也可作为各类办公人员和计算机初学者的参考用书。

图书在版编目(CIP)数据

办公自动化案例教程：Office 2010/汤敏，陈雅芳，菅志宇主编. —北京：清华大学出版社，2016
（2020.4重印）

高职高专计算机教学改革新体系规划教材

ISBN 978-7-302-44738-2

Ⅰ．①办…　Ⅱ．①汤…　②陈…　③菅…　Ⅲ．①办公自动化－应用软件－高等职业教育－教材
Ⅳ．①C931.4

中国版本图书馆 CIP 数据核字(2016)第 185977 号

责任编辑：孟毅新
封面设计：李伯骥
责任校对：李　梅
责任印制：刘海龙

出版发行：清华大学出版社
　　　　网　　　址：http://www.tup.com.cn, http://www.wqbook.com
　　　　地　　　址：北京清华大学学研大厦 A 座　　　　邮　　编：100084
　　　　社 总 机：010-62770175　　　　　　　　　　　邮　　购：010-62786544
　　　　投稿与读者服务：010-62776969, c-service@tup.tsinghua.edu.cn
　　　　质量反馈：010-62772015, zhiliang@tup.tsinghua.edu.cn
　　　　课件下载：http://www.tup.com.cn, 010-62770175-4278

印 装 者：三河市国英印务有限公司
经　　销：全国新华书店
开　　本：185mm×260mm　　　　印　张：16.5　　　　字　数：378 千字
版　　次：2016 年 9 月第 1 版　　　　　　　　　　　印　次：2020 年 4 月第 10 次印刷
定　　价：46.80 元

产品编号：071113-02

在信息技术日新月异、高速发展的现代社会,计算机已经成为人们工作和沟通的重要平台,办公自动化的程度随着计算机技术的快速发展而不断提高,随之出现的无纸化办公方式受到众多企事业单位的喜爱,办公自动化已经成为当前企事业单位提高工作效率的一个重要措施。因此,如何有效地利用办公软件来提高工作效率,也成了一项必备的职业技能。

为适应社会发展的需求,近年来许多高校将"办公自动化应用"课程纳入计算机基础教育课程体系,作为全校性的公共选修课程。课程的教学目的是使学生正确理解办公自动化的概念,了解办公自动化软件的原理和使用方法,掌握办公自动化的应用,能综合运用办公自动化软件对实际问题进行分析和解决,培养学生应用办公自动化软件处理各项事务、信息采集处理的实际操作能力,以便日后能更好地胜任工作。为了适应高职高专教育的特点,满足社会需要,培养技能型人才,我们编写了本书。

本书主要内容包括 Windows 7 操作系统的使用、Microsoft Word 文字处理、Microsoft Excel 表格处理、Microsoft PowerPoint 演示文稿制作、常用工具软件的使用,以及 Office 办公操作技巧。

本书的每个项目都包含多个任务,通过各个任务的完成最终完成整个项目。首先简明扼要地分析项目的背景和要做的工作;其次对任务进行分析,给出实现项目的详尽操作步骤;最后进行项目小结,通过拓展训练让读者学会举一反三,强化项目中的知识和技能。此外,本书的每个项目后都有一个"学习总结",可供读者将每个项目的心得体会总结下来。

由于作者水平有限,书中难免有不足之处,请广大读者提出宝贵意见。

编　者

2016 年 6 月

Contents 目　录

第 3 篇 Excel 电子表格处理

第 4 篇　PowerPoint 演示文稿制作

第 5 篇　常用工具软件的使用

第 6 篇　常用办公设备的使用

第 1 篇

Windows 7 操作系统

项目1　个性化环境配置

任务1　了解 Windows 7

Windows 7 是由微软公司(Microsoft)开发的一款操作系统,2009 年 10 月 22 日正式发布。与以前的版本相比,Windows 7 简化了许多不必要的程序,用户可以更好地控制常用的程序,轻松管理多个窗口;使用改进后的搜索功能,可以更加快速地找到自己所需要的信息;用户可以轻松地将计算机添加到家庭网络,在计算机之间共享文件,使用和管理手机、相机、MP3 等设备;Windows 7 改进了系统性能、响应性、安全性、可靠性和兼容性等,能够快速进行启动、关闭和睡眠唤醒;用户可以用更安全的方法来保护个人资料,计算机个性化方法更多;通过 Windows 7 操作系统,用户可以随时随地享受和分享自己的音乐、照片、视频和录制的电视节目等各种信息。

Windows 7 主要提供以下几个版本。

Windows 7 旗舰版:拥有 Windows 7 的所有功能,适用于高端用户。

Windows 7 专业版:专为企业用户设计,提供了更高级的扩展性和可靠性。

Windows 7 家庭高级版:拥有针对数字媒体的最佳平台,适宜于家庭用户和游戏玩家。

Windows 7 家庭普通版:满足最基本的计算机应用,适用于上网本等低端计算机。

任务2　熟悉 Windows 7 的启动和关闭

1. 计算机与 Windows 7 的启动

计算机的启动方式有三种:按下计算机机箱面板上的 Power 按钮,通过打开计算机电源启动计算机的过程,称为冷启动;按下计算机机箱面板上的 Reset 按钮启动计算机的过程,称为复位启动;通过 Windows 7 中的"重新启动"命令启动计算机的过程,称为热启动。

当启动计算机后,首先进行计算机硬件测试,然后开始 Windows 系统引导,当系统引导完成后,进入 Windows 7 登录界面,单击要登录的用户名,输入用户密码,然后继续完成启动,出现 Windows 7 系统桌面。

2. Windows 7 的注销

为了便于不同的用户快速登录计算机,Windows 7 提供了注销的功能,使用户不必重新启动计算机,而实现多用户登录。注销将保存设置,关闭当前登录用户。Windows 7 的注销可以选择以下两种方法。

(1) 选择"开始"→"关机"→"注销"命令。

(2) 按 Ctrl+Alt+Delete 组合键,在出现的界面中选择"注销"命令。

3. 关闭计算机

用户不使用计算机时,可选择安全关机,这样不仅可以节约能源,还能使计算机更加安全,并使数据得到有效保存。单击"开始"菜单,选择最下面的"关机"按钮,系统停止运行,保存设置后退出。此时,计算机将关闭所有打开的程序及 Windows 本身,然后完全关闭计算机。单击"关机"按钮右侧三角按钮,弹出"关机选项"菜单,选择相应的选项,也可以完成不同程度上的系统退出。需要特别指出的是,关机不会自动保存正在编辑的文件,所以,在关机之前,首先要保存所有应用程序的处理结果,关闭所有运行的应用程序。

任务3　熟悉桌面和任务栏

1. 桌面

桌面是打开计算机并登录到 Windows 7 系统之后,我们所看到的主屏幕区域。桌面上通常会有一些图标,图标是文件、文件夹、程序和其他项目的小图片。通过个性化设置,用户可以更改桌面背景、显示或隐藏某些图标。例如,如果想改变"桌面"主题、背景图片,其具体操作步骤如下。

(1) 在屏幕上空白的地方右击,在弹出的快捷菜单中选择"个性化"命令,打开个性化窗口,出现如图 1-1 所示的界面。

(2) 在"更改计算机上的视觉效果和声音"选项区域中,选择系统主题,单击某个主题可以预览该主题。

(3) 单击图 1-1 中的"桌面背景"图标,打开如图 1-2 所示的窗口。

(4) 在"图片位置"列表框中,可以选择 Windows 自带的图片,也可以浏览自己保存的图片。如果一次选择了多张图片,Windows 桌面将定时切换壁纸,在窗口下方可以更改图片切换的时间和播放顺序。

(5) 设置完成后,单击"保存修改"按钮。

2. 任务栏

在 Windows 系列系统中,任务栏是指位于桌面最下方的水平长条,如图 1-3 所示。任务

图 1-1　"个性化"窗口

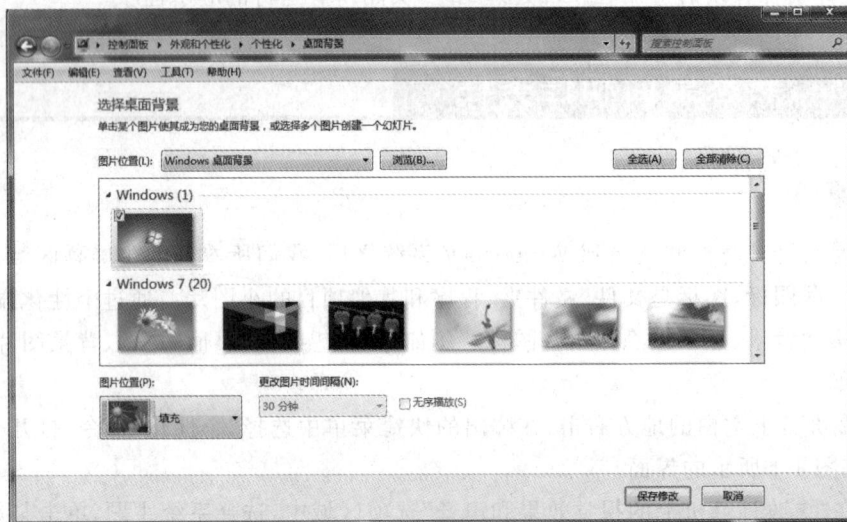

图 1-2　"桌面背景"窗口

图 1-3　任务栏

栏从左向右依次排列为"开始"按钮、快速启动区、任务栏按钮、输入法区、通知区和"显示桌面"按钮。通过任务栏,可以方便快捷地管理、切换和执行各类应用。

与以前版本相比,在 Windows 7 及其以后版本系统中,任务栏外观加入了其他特性。例如,将鼠标停靠在 Windows 7 任务栏中的程序图标上,就可以方便地预览各个窗口内容,并进行窗口切换;"显示桌面"图标被移到了任务栏的最右边,操作起来更方便。现将任务栏主要功能介绍如下。

（1）"开始"按钮：用于打开"开始"菜单。

（2）快速启动区：用于显示最常用的程序图标按钮，单击该区的按钮，可快速启动相应的应用程序。用户可以根据自己的需要，将需要经常使用的应用程序图标拖放到该区，或者把不需要的图标从该区解除锁定。

（3）任务栏按钮：在 Windows 7 中打开应用程序内容时，任务栏中会显示该程序图标，当鼠标指针停留在任务栏上该程序图标上时，其图标上方会显示该应用程序的预览小窗口（或称缩略图），并且将鼠标移至某个预览小窗口时，桌面就会即时显示该应用程序内容的界面窗口状态。单击任务栏上这些程序图标，或者按 Alt＋Tab、Alt＋Esc 组合键，可以切换到不同的应用程序窗口。

（4）通知区：包括一个时钟和一组图标。这些图标表示计算机上某程序的状态，或者提供访问特定设置的途径。当鼠标指针移向某个特定图标时，将会看到该图标的名称或某个设置的状态。

在 Windows 7 系统中，用户可根据自己需要对任务栏进行自定义，可以设置使用小图标、选择屏幕放置位置、任务栏按钮、通知图标、Aero Peek 预览桌面、工具栏等个性化内容。右击任务栏中空白处，在弹出的快捷菜单中选择"属性"命令，即可查看任务栏属性，对任务栏进行个性化设置操作。

任务4 熟悉菜单

菜单是一组"操作名称"的组成列表，是操作系统或应用软件所提供的操作功能的一种最主要的表现形式，它是一种操作向导，通过简单的鼠标单击，即可完成各种操作。在 Windows 7 操作系统中，提供了以下 3 种形式的菜单。

1. "开始"菜单

"开始"菜单是计算机程序、文件夹设置的主门户，它包含了 Windows 7 的系统程序和全部应用软件。"开始"菜单提供一个选项列表，通过它可以启动程序、打开常用的文件夹、搜索文件和文件夹、调整计算机设置、获取有关 Windows 操作系统的帮助信息、关闭计算机、注销 Windows 或切换到其他用户等。

2. 快捷菜单

快捷菜单是指利用鼠标右键，单击某个对象弹出的菜单，该菜单包含了与当前操作对象密切相关的一些操作，其功能项与当前操作状态和位置有关。

3. 命令菜单

命令菜单是由窗口菜单栏上的各个功能项所组成的菜单，如"文件""编辑""帮助"等。

Windows 7 系统的每个窗口均有菜单栏,几乎包含了该应用程序本身提供的各种操作命令。单击菜单栏中的某个菜单,将会弹出一个下拉式菜单,其中包含若干个命令。

在 Windows 系统中,大多数应用程序都会提供相应的工具栏,工具栏上的按钮功能,在菜单中均有对应的菜单命令,因此,工具栏就是相应菜单命令的一种快捷方式。当用户不知道工具栏上某按钮功能时,可用鼠标指针指向该按钮停留片刻,就会自动显示其功能名称,这称为"突出显示"。

任务5　熟悉窗口的组成及操作

1. 窗口的组成

运行一个程序或打开一个文档,都会在桌面上打开一个与之相对应的窗口,这也是 Windows 名称的由来。窗口具有导航作用,它可以帮助用户轻松地使用文件、文件夹和库。Windows7 窗口主要由菜单栏、地址栏、工具栏等组成,如图 1-4 所示。

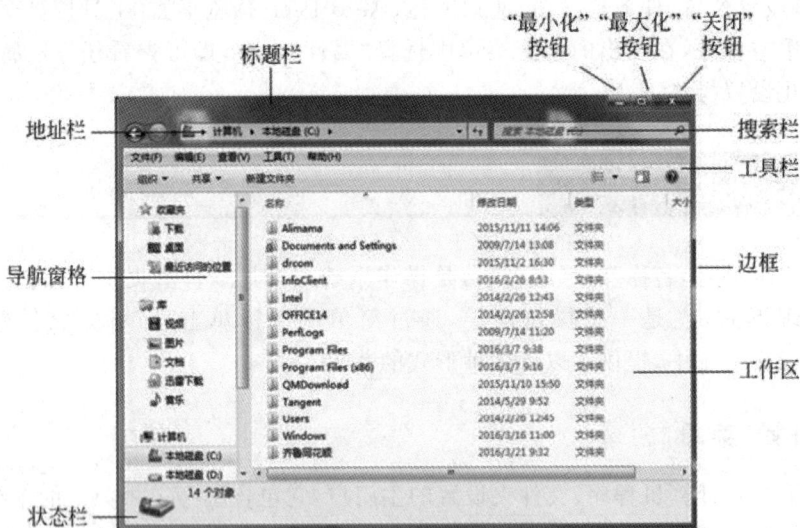

图 1-4　窗口组成

在 Windows 系统中,常常会用到以下两种窗口。

(1)应用程序窗口。应用程序窗口容纳程序或文件夹,可以在桌面上移动,可最大化充满整个屏幕,或最小化缩成任务栏按钮。

(2)文档窗口。文档窗口存在于应用程序窗口内,容纳的是文档而非程序,它是应用程序运行时所调入文档的窗口。在一个应用程序窗口中,可以同时打开几个文档窗口。例如,在 Word 字处理程序窗口中,可以打开多个文档窗口,这为同时处理多个文档带来很大方便。文档窗口只提供标题栏,可以最大化、最小化等,但只能在应用程序窗口内完成,应用程序的菜单栏是和文档窗口共享的,当文档窗口打开时,从应用程序菜单栏中选取的命令,同样会作用于文档窗口或文档窗口中的内容。

2. 窗口的基本操作

1）移动窗口

将鼠标指针移动到窗口标题栏上,按住鼠标左键并拖动窗口到桌面上的目标位置,即可移动窗口

2）更改窗口大小

在 Windows 系统中,更改窗口大小主要有以下 3 种方式。

（1）移动鼠标指针到窗口上、下、左、右边框上,当鼠标指针形状变成上下或左右双箭头时,按住鼠标左键不要松开,然后拖动窗口边框到合适的地方放开。

（2）移动鼠标指针到窗口任意一角,当鼠标指针变成斜双箭头时,按住鼠标左键不要松开,然后拖动到合适的地方放开。

（3）利用控制菜单命令改变窗口大小。单击标题栏右侧"最大化""还原""最小化""关闭"按钮,可以快速实现窗口的大小调节、隐藏窗口等操作。

3）切换窗口

把窗口变为活动窗口的过程称为"激活",处于活动的窗口总是排列于最前面,当打开多个窗口后,可以通过以下几种方式切换窗口。

（1）在任务栏上单击所要激活的窗口。

（2）使用 Alt＋Tab 组合键进行窗口切换。此时屏幕上会出现一个提示框,该提示框中排列了所有已打开窗口的图标,每按一次 Alt＋Tab 组合键,就会选择下一个窗口图标,当窗口图标显示带有边框时,说明该窗口处于激活状态。

（3）使用 Alt＋Esc 组合键切换窗口。

4）排列窗口

窗口的排列方式有 3 种：层叠窗口、横向平铺窗口和纵向平铺窗口。

排列窗口的操作方法为：先打开一些窗口,右击任务栏空白区域,就会弹出一个快捷菜单,即可选择自己所需要的窗口排列方式。

5）关闭窗口

关闭一个窗口的操作主要有以下方法。

（1）单击窗口标题栏中的"关闭"按钮。

（2）使用 Alt＋F4 组合键。

（3）如果一个窗口长时间未响应,则同时按 Ctrl＋Alt＋Delete 组合键,打开"Windows 任务管理器"窗口,选择"应用程序"选项卡,选中"未响应"的程序,然后单击"结束任务"按钮,即可关闭该窗口。

任务6 熟悉对话框

在 Windows 系统中,对话框是一种特殊类型的界面,如图1-5所示。对话框主要用于请

求用户输入信息、设置选项或向用户提供信息。与窗口对比较，对话框具有如下特点。

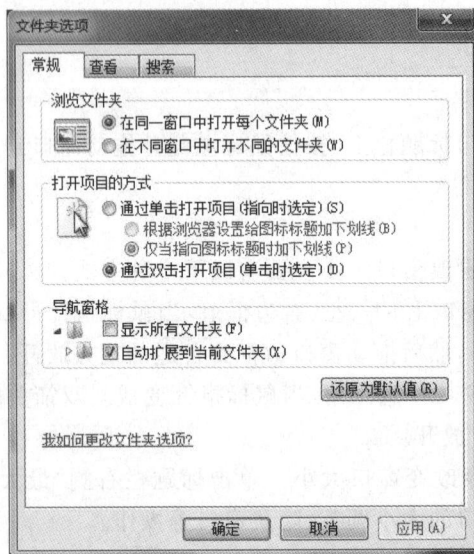

图 1-5　"文件夹选项"对话框

（1）对话框无菜单栏和控制菜单，标题栏右端没有"最大化""最小化"按钮；对话框尺寸不能变化，但可用鼠标拖动改变其位置。

（2）某些对话框在关闭前不接收应用程序的任何操作。

（3）对话框标题栏的右端都有"?"（帮助）按钮，单击这个按钮，将光标移到对话框的某个部分单击，就会出现与其有关的在线帮助信息。

（4）有些对话框是公用的，从程序的不同地方，甚至不同的程序，都可以打开同一个对话框，如"打印""打开""另存为"等。

对话框中的常见元素有标签、复选框、单选按钮、文本框、列表框、下拉列表框、命令按钮，在此不再一一介绍。

任务 7　熟悉 Windows 7 的帮助系统

通过帮助系统，用户可以方便快捷地查找关于 Windows 7 的使用方法、疑难解答等内容。单击 Windows 7"开始"菜单中的"帮助和支持"选项，或者在桌面上直接按 F1 键，即可弹出 Windows 7 的"帮助和支持中心"窗口。

项目小结

本项目通过介绍 Windows 7 的个性化环境配置，用户可根据自己的喜好更改 Windows 7 的外观、调整计算机的设置，使操作计算机变得更加有趣。

拓展训练

公司职员小张新配置了一台计算机,为了对计算机进行更好的操作,请将计算机按如下要求进行设置。

(1) 将 Windows 7 中的"截图工具"应用程序在任务栏启动区创建快捷方式。

(2) 将常用的文件夹固定到"跳转到"列表中。

(3) 将任务栏设置为自动隐藏。

(4) 自定义"开始"菜单:将"最近使用的项目"添加至"开始"菜单;将频繁使用的程序的快捷方式的数目设置为 15 个;将常用的程序图标锁定到"开始"菜单。

(5) 将桌面设置为自己喜欢的主题,或将桌面背景设置为自己喜欢的图片。

学习总结

本项目所用软件	
项目中包含的知识和操作技能	
你已熟知或掌握的知识和操作技能	
你认为还有哪些知识和技能需要强化	
项目中可使用的 Office 技巧	
学习本项目之后的体会	

项目 2　文件管理

文件管理是操作系统中的一项重要功能。文件管理包括文件和文件夹的创建、查看、复制、移动、删除、搜索、重命名等操作。

任务 1　了解文件和文件夹的基本概念

1. 文件

文件是一组相关信息的集合,是存储在某种储存设备上的一段数据流,是操作系统存取磁盘信息的基本单位,文件中可以存放文本、数据、图片、视频和音乐等信息。在 Windows 操作系统中,每个文件都有一个唯一的名称即文件名,操作系统通过文件名对文件进行管理,文件通过扩展名来标识文件类型。

2. 文件夹

文件夹是组织程序和文档的一种手段,主要用于存放、整理和归纳各种不同类型的文件,每一个文件夹对应一块磁盘空间,文件夹中既可包含文件,也可再包含其他文件夹。

任务 2　熟悉文件和文件夹的基本操作

1. 新建文件夹

我们在使用计算机的过程中,经常会新建文件夹。新建文件夹可以在桌面或文件夹窗口中进行。新建文件夹的操作过程为:首先在资源管理器的左窗格中选定放置新对象的驱动器或文件夹,然后打开菜单栏的"文件"菜单,从中选择"新建"→"文件夹"命令。当然,最常用的快捷方法为:在窗口空白处右击,在弹出的快捷菜单中选择"新建"→"文件夹"命令即可。

2. 选定文件或文件夹

在 Windows 系统中,对文件或文件夹进行操作之前,必须首先选定文件或文件夹。根据不同需要,选定文件或文件夹的方式有以下几种。

（1）选定单个文件或文件夹：单击该文件或文件夹。

（2）选择多个连续的文件或文件夹：先单击要选定的第一个文件或文件夹，再按住 Shift 键，并单击要选定的最后一个文件或文件夹；或者在第一个文件或文件夹旁单击不松开，拉倒最后一个文件或文件夹。

（3）选择多个不连续的文件或文件夹：先按住 Ctrl 键，然后逐个单击要选定的文件或文件夹。

（4）选定全部的文件或文件夹：选择"编辑"→"全部选定"命令；或者在键盘上按 Ctrl＋A 组合键；或从第一个文件或文件夹旁单击不松开，一直拖动最后一个文件或文件夹。

（5）取消选定：在选定的多个文件或文件夹中，如果要取消其中个别文件或文件夹，先按住 Ctrl 键，单击要取消的文件或文件夹。若全部取消，在非文件名的空白区单击即可。

3. 复制、移动文件或文件夹

复制、移动文件和文件夹，主要有以下操作方式。

（1）使用组合键，如表 2-1 所示。

表 2-1　复制、移动文件和文件夹组合键功能

操作＼情况	源对象与目标对象在同一磁盘分区	源对象与目标对象不在同一磁盘分区
直接拖动	移动	复制
Shift＋拖动	移动	移动
Ctrl＋拖动	复制	复制

（2）使用右键拖动。选定一个或多个对象，按住鼠标右键不放，将其直接拖动到目标位置，释放鼠标右键后，在弹出的快捷菜单中根据需要选择"复制到当前位置"或"移动到当前位置"命令。

（3）使用快捷菜单。右击选定的对象，在弹出的快捷菜单中选择"复制"或"剪切"命令，然后选择目标文件夹，使用"粘贴"命令即可实现。

4. 删除文件或文件夹

删除文件或文件夹主要有以下方法。

（1）将需要删除的对象直接移入回收站。

（2）选定要删除的文件或文件夹，按 Delete 键。

（3）选定要删除的文件或文件夹，选择"文件"→"删除"命令。

（4）右击需要删除的对象，在弹出的快捷菜单中选择"删除"命令。

如果想彻底删除某个文件或文件夹，先按住 Shift 键，再执行"删除"命令。

5. 搜索文件或文件夹

在 Windows 系统中，查找文件或文件夹的方法如下。

（1）使用"开始"菜单中的搜索框进行查找。

（2）使用资源管理器中的搜索框进行查找。

在搜索框中，输入想要查找主题的几个关键字词或短语，然后按 Enter 键或单击"搜索"按钮，屏幕上将会出现搜索结果页面。

6. 文件或文件夹的重命名

对文件或文件的重命名，主要有以下 3 种方法。

（1）选定需要重命名的对象，单击其图标上的名称，当出现闪烁光标后，输入新的名称，再单击空白处或按 Enter 键即可重命名该对象。

（2）选定需要重命名的对象后，打开"文件"菜单，选择"重命名"命令，在加亮显示的名称上输入新名称，并按 Enter 键。

（3）右击需要重命名的对象，在弹出的快捷菜单中选择"重命名"命令，在加亮显示的名称上输入新名称，并按 Enter 键。

任务3　熟悉资源管理器

资源管理器是 Windows 系统提供的资源管理工具，也是 Windows 系统的重要功能之一。我们可以通过资源管理器查看计算机中的所有资源。特别是它所提供的树状文件系统结构，使我们能够方便地管理计算机中的文件和文件夹。在资源管理器中，还可以对文件进行各种操作，如打开、复制、移动等。

打开资源管理器的方法很多，最常用的方法是：单击"开始"→"所有程序"→"附件"→"Windows 资源管理器"命令，出现如图 2-1 所示的窗口。

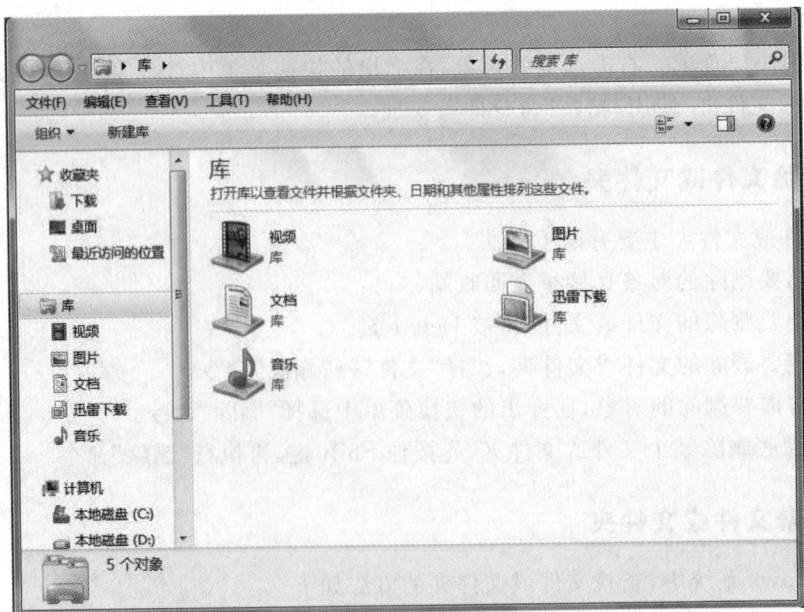

图 2-1　资源管理器

　　资源管理器中的库,是 Windows7 的一项新功能,是浏览、组织、管理和搜索具备共同特性文件的一种方式。库最大的优势是可以有效地组织、管理位于不同分区的文件夹中的文件,而无须从其存储位置移动这些文件。库不仅不需要用户将分散于不同位置、不同分区甚至家庭网络的不同计算机中的文件复制到同一文件夹中,而且还可以帮助用户避免保存同一文件的多个副本。

任务4　熟悉回收站

　　"回收站"实际是一个名字为 Recycled 的文件夹,主要有以下两种用途。

1. 恢复"回收站"中的文件或文件夹

　　选择要恢复的文件或文件夹后,选择"文件"→"还原"命令,或单击"回收站"窗口中的"还原此项目"选项,系统自动将回收站中的文件或文件夹恢复到删除时的位置。

2. 删除"回收站"中的文件或文件夹

　　对于回收站中不需要保留的项目,可以右击该项目,然后选择快捷菜单中的"删除"命令,将其删除。要删除所有项目,选择"文件"→"清空回收站"命令或单击窗口中的"清空回收站"选项。

项目小结

　　用户通过本项目的学习,能对文件和文件夹进行基本的操作,包括文件和文件夹的创建、查看、复制、移动、删除、搜索、重命名等操作。

拓展训练

　　公司职员小张主要负责管理公司人事的相关资料。一开始,他把这些资料文件随意地放在计算机中,但随着公司规模的不断扩大,公司新增员工越来越多,资料文件也不断增多,文件显得杂乱无章。当领导要求小张找资料时,小张经常手忙脚乱,并花费很多的时间来查找文件,领导不悦。你觉得小张应如何管理、分类文档资料呢?

学习总结

本项目所用软件	
项目中包含的知识和操作技能	

续表

你已熟知或掌握的知识和操作技能	
你认为还有哪些知识和技能需要强化	
项目中可使用的 Office 技巧	
学习本项目之后的体会	

项目 3　磁盘管理与维护

计算机中的磁盘包括硬盘、软盘。硬盘是主要的存储设备,存储容量大,存取速度快;软盘存储容量小,目前已被淘汰,取而代之的是体积小、质量轻、可靠性高、数据传输速度快、携带方便的 U 盘。计算机中的所有文件都是存储在磁盘上的,如果磁盘损坏,就会丢失文件,有时会给我们带来很大损失。对计算机磁盘进行管理与维护,是每个用户都将面临的重要任务。

任务 1　查看磁盘分区的信息和磁盘的格式化

1. 查看磁盘分区信息

通过查看磁盘分区信息,可以了解磁盘的分区情况以及文件系统的类型、状态、容量、空闲空间等信息。若想查看硬盘分区信息,最简单的方法是:右击桌面上的"计算机"图标,在弹出的快捷菜单中选择"管理"命令,在弹出的窗口中选择"磁盘管理"选项,出现如图 3-1 所示的界面,可以清楚了解整个硬盘的分区信息。

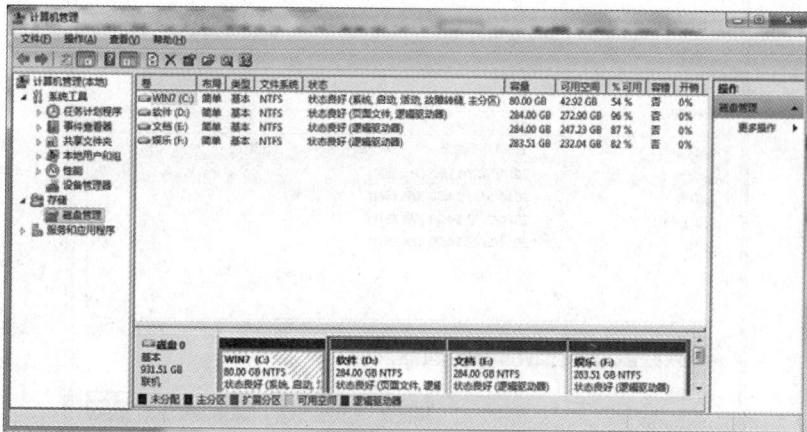

图 3-1　查看硬盘分区信息

2. 磁盘的格式化

格式化的功能是把磁盘划分成若干个磁道和扇区,检查磁盘有没有坏磁道以及设置文件系统等。具体操作步骤为：在"计算机"窗口中，右击待格式化的磁盘或分区，在弹出的快捷菜单中选择"格式化"命令，将对磁盘或分区进行格式化。

需要特别指出的是：磁盘格式化操作将消除磁盘上的所有信息，且不容易恢复。所以，在进行磁盘格式化之前，首先必须做好磁盘文件信息备份工作。

任务2　碎片整理及磁盘清理

1. 碎片整理

在计算机的使用过程中，我们会经常进行各种文件的读取和存储的工作。文件在磁盘上是按簇存放的，当磁盘中间的一个簇（由扇区组成）内容被删除后，如果新写入一个较小的文件，就会在这个文件两边出现一些空间，如果再写入一个文件，两段空间的任意一部分都不能容纳该文件，这时候就需要将文件分割成两个部分存放，形成了磁盘碎片。因为文件存储位置不连贯，当计算机长时间使用后，硬盘中会形成很多碎片文件，磁盘的读取时间加大，影响计算机的运行速度。

为了提高计算机的运行速度，我们需要经常整理碎片。磁盘碎片整理的方法如下。

方法1：选择"开始"→"所有程序"→"附件"→"系统工具"→"磁盘碎片整理程序"命令，打开"磁盘碎片整理程序"窗口，如图3-2所示。

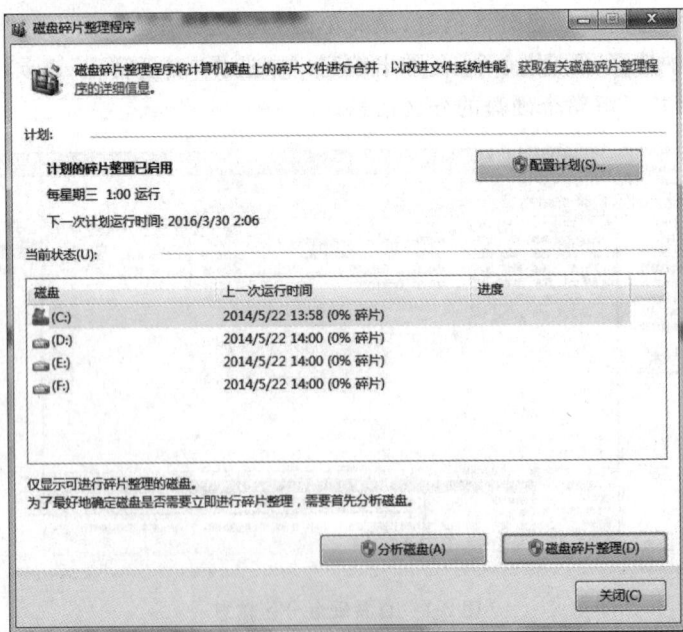

图3-2　"磁盘碎片整理程序"窗口

（1）在"磁盘"列中选择要整理的驱动器。

（2）单击"磁盘碎片整理"按钮，进行碎片整理。

2. 磁盘清理

计算机工作时产生的临时文件、回收站里存放的删除文件以及 Internet 临时文件等,占用了磁盘空间,有必要进行磁盘清理。

磁盘清理的操作方法为:选择"开始"→"所有程序"→"附件"→"系统工具"→"磁盘清理程序"命令,在弹出的对话框中选择要清理的磁盘。

项目小结

通过本项目的学习,用户可对计算机进行基本的维护操作,包括磁盘的格式化、碎片整理及磁盘清理操作。

拓展训练

小张使用的计算机近期运行速度变慢,计算机维护人员帮他做了以下一些维护操作。

(1)对计算机的磁盘进行了清理,腾出了更多的磁盘空间。

(2)检查了磁盘,并进行了修复。

(3)对磁盘碎片进行了整理。

(4)对还未使用的磁盘进行了格式化。

若你的计算机出现类似情况时,请进行相应的操作。

学习总结

本项目所用软件	
项目中包含的知识和操作技能	
你已熟知或掌握的知识和操作技能	
你认为还有哪些知识和技能需要强化	
项目中可使用的 Office 技巧	
学习本项目之后的体会	

第 2 篇

Word 文档排版

项目 4　制作《计算机协会培训通知》

在本项目中，通过学习制作《计算机协会培训通知》，掌握 Word 2010 中文档的基本操作，主要包括新建文档、保存文档、页面设置、设置字符格式、设置段落格式、设置边框和底纹、插入项目符号和编号、设置分栏、设置艺术字、设置图片格式、设置水印效果、绘制直线、插入符号等。熟悉《计算机协会培训通知》的组成，掌握制作图文混排的文档的方法和技巧，总的效果如图 4-1 所示。

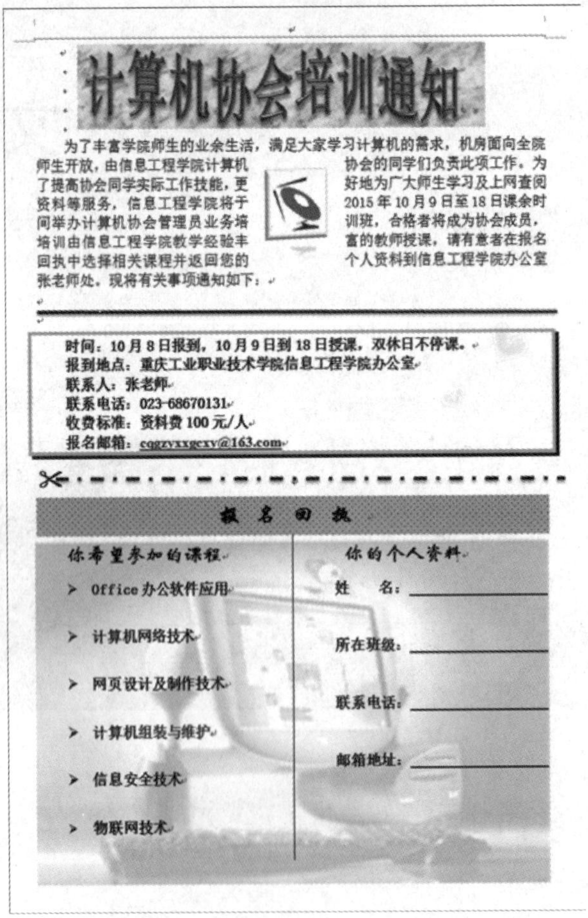

计算机协会培训通知

为了丰富学院师生的业余生活，满足大家学习计算机的需求，机房面向全院师生开放，由信息工程学院计算机协会的同学们负责此项工作。为了提高协会同学实际工作技能，更好地为广大师生学习及上网查阅资料等服务，信息工程学院将于2015年10月9日至18日课余时间举办计算机协会管理员业务培训班，合格者将成为协会成员，培训由信息工程学院教学经验丰富的教师授课，请有意者在报名回执中选择相关课程并返回您的个人资料到信息工程学院办公室张老师处。现将有关事项通知如下：

时间：10月8日报到，10月9日到18日授课，双休日不停课。
报到地点：重庆工业职业技术学院信息工程学院办公室
联系人：张老师
联系电话：023-68670131
收费标准：资料费100元/人
报名邮箱：cqgzyxxgcxy@163.com

报名回执

你希望参加的课程	你的个人资料
➢ Office办公软件应用	姓　名：______
➢ 计算机网络技术	所在班级：______
➢ 网页设计及制作技术	联系电话：______
➢ 计算机组装与维护	邮箱地址：______
➢ 信息安全技术	
➢ 物联网技术	

图 4-1　《计算机协会培训通知》效果

任务1　设置页面及录入文档

▶ 任务描述

制作一个培训通知,首先要确定其纸张的大小,然后对整个版面进行合理的布局,在文档编辑时还要对字符、段落的格式进行设置。

▶ 任务实施

1. 文档录入

1) 新建并保存文件

启动 Word 2010 应用程序,单击"文件"→"新建"→"空白文档"选项,再单击"创建"按钮,新建一个 Word 文档。单击"文件"→"保存"命令,在打开的"另存为"对话框中,将文档的保存路径切换到"我的文档"文件夹,输入文件名"计算机协会培训通知",单击"保存"按钮,如图 4-2 所示。

2) 设置文档自动保存的时间

单击"文件"→"选项"命令,在打开的"Word 选项"对话框中选择"保存"选项,选中"保存自动恢复信息时间间隔"复选框。默认的文档自动保存的时间间隔为 10 分钟,也可根据需要修改文档自动保存的时间,如图 4-3 所示,单击"确定"按钮。

图 4-2　新建文件

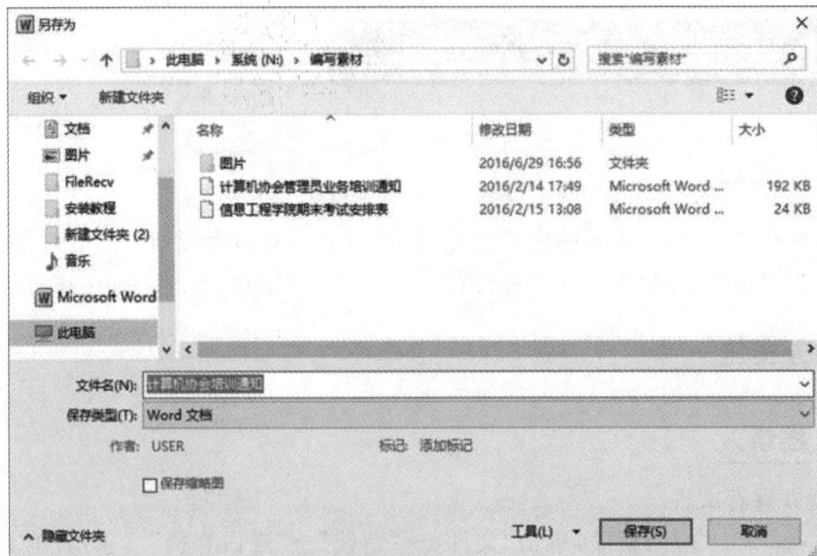

图 4-2 （续）

图 4-3 文档自动保存时间的设置

2. 页面设置

（1）单击"页面布局"→"页面设置对话框启动器"按钮，如图 4-4 所示。

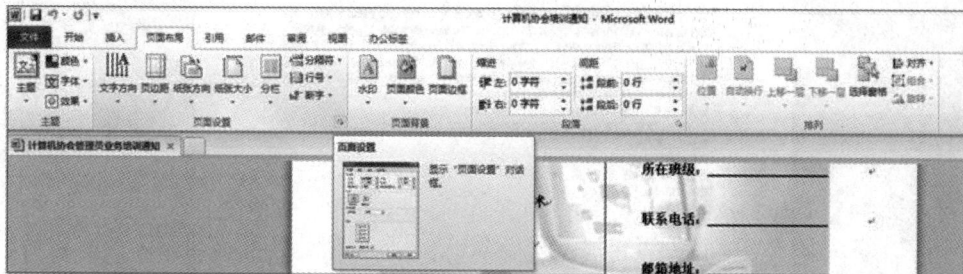

图 4-4 打开"页面设置"对话框

（2）在打开的"页面设置"对话框中，选择"页边距"选项卡，将"页边距"的上、下、左、右均设置为 3 厘米，在"应用于"下拉列表框中选择"整篇文档"，如图 4-5 所示。

（3）选择"纸张"选项卡，在"纸张大小"下拉列表框中选择 A4，在"应用于"下拉列表框中选择"整篇文档"，如图 4-6 所示。

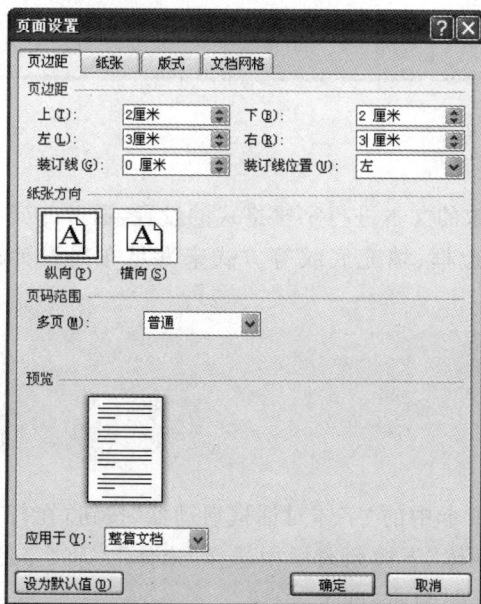

图 4-5 "页边距"选项卡

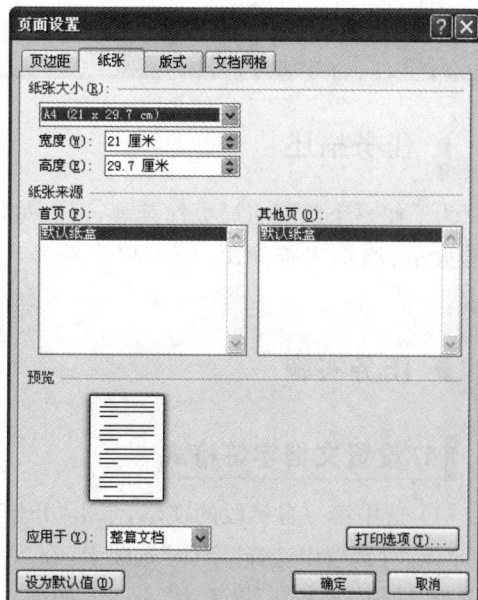

图 4-6 "纸张"选项卡

（4）单击"确定"按钮完成页面设置。

3. 文档录入

将光标定位在首行，录入《计算机协会培训通知》的文字内容，如图 4-7 所示。

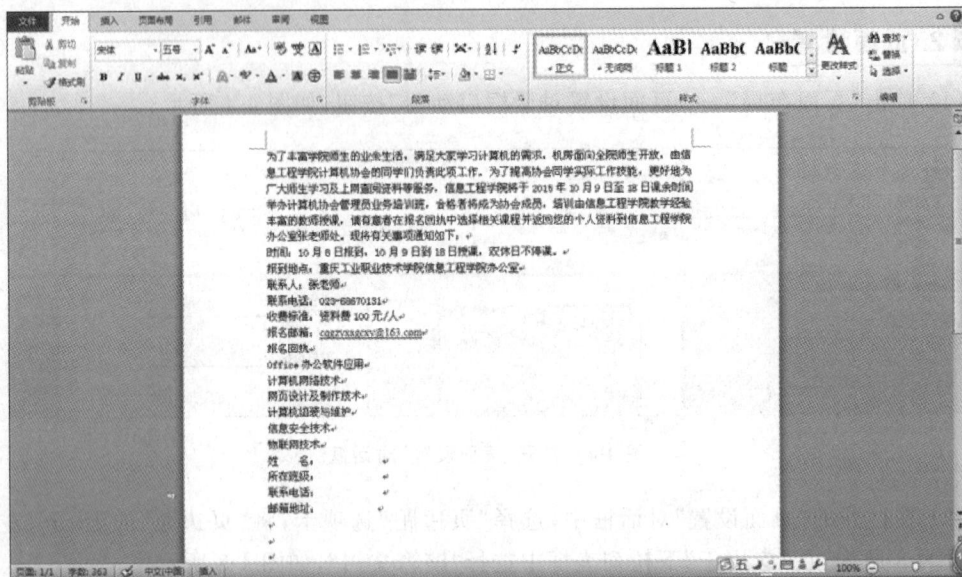

图 4-7　文档录入

任务 2　编辑文档

▶ 任务描述

为了使整个版面布局更加美观,可以对版面中的文本进行字符格式的设置,通过改变字体的大小、调整字符间距、插入项目符号、添加边框、填充底纹等方式来满足布局设计的要求。

▶ 任务实施

1. 设置文档字符格式

(1) 选中第一自然段的文本,单击"开始"选项卡中的"字体对话框启动器"按钮,在打开的"字体"对话框中选择"字体"选项卡,在"中文字体"下拉列表框中选择"宋体"。将"字形"设置为"常规","字号"设置为"小四",如图 4-8 所示,单击"确定"按钮。

(2) 选中"时间""报到地点""联系人""联系电话""收费标准""报名邮箱"各段落,单击"开始"→"字体对话框启动器"按钮,在打开的"字体"对话框中选择"字体"选项卡,在"中文字体"下拉列表框中选择"宋体"。将"字形"设置为"加粗","字号"设置为"小四",单击"确定"按钮。

(3) 选中"报名回执",单击"开始"选项卡中的"字体对话框启动器"按钮,在打开的"字体"对话框中选择"字体"选项卡,在"中文字体"下拉列表框中选择"华文行楷"。将"字形"设

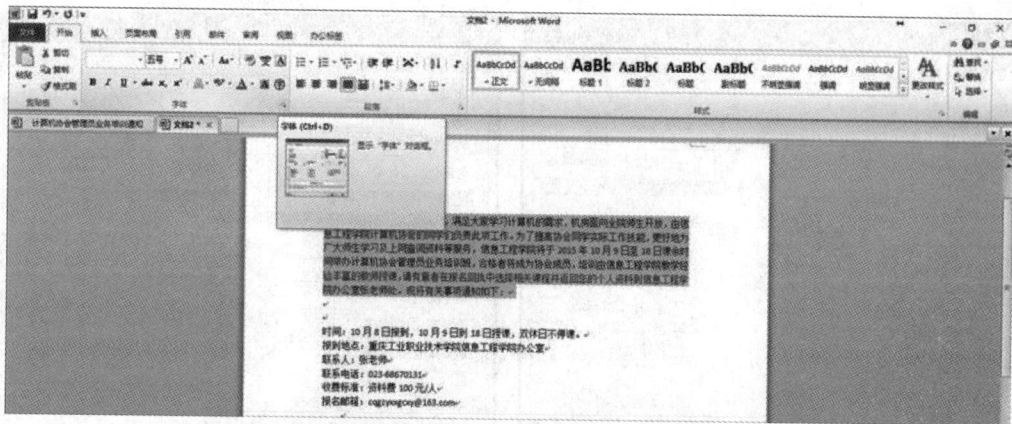

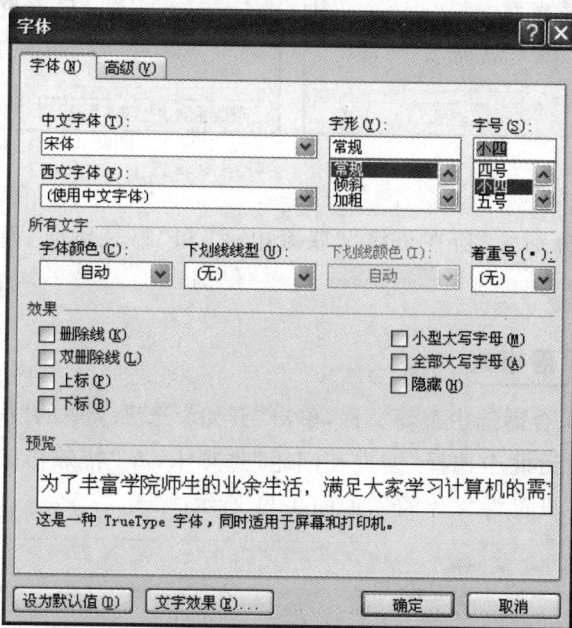

图 4-8　字体设置

置为"加粗","字号"设置为"小二"。然后单击"高级"选项卡,在"字符间距"组的"间距"下拉列表框中选择"加宽",在"磅值"框中输入"6磅",如图4-9所示,单击"确定"按钮。

(4)选中"你希望参加的课程"和"你的个人资料"两段文字,单击"开始"选项卡中的"字体对话框启动器"按钮,在打开的"字体"对话框中选择"字体"选项卡,在"中文字体"下拉列表框中选择"华文新魏"。将"字形"设置为"加粗","字号"设置为"三号",单击"确定"按钮。

(5)选中所有的课程名称和个人资料项目的文字,单击"开始"选项卡中的"字体对话框启动器"按钮,在打开的"字体"对话框中选择"字体"选项卡,在"中文字体"下拉列表框中选择"宋体"。将"字形"设置为"加粗","字号"设置为"小四号",单击"确定"按钮。

(6)将光标定位于"你的个人资料"栏目下的"姓名"字符后,单击"开始"选项卡"字体"组中"下划线"的下拉按钮,选择一种下划线的样式。然后在当前位置直接按空格键添加下

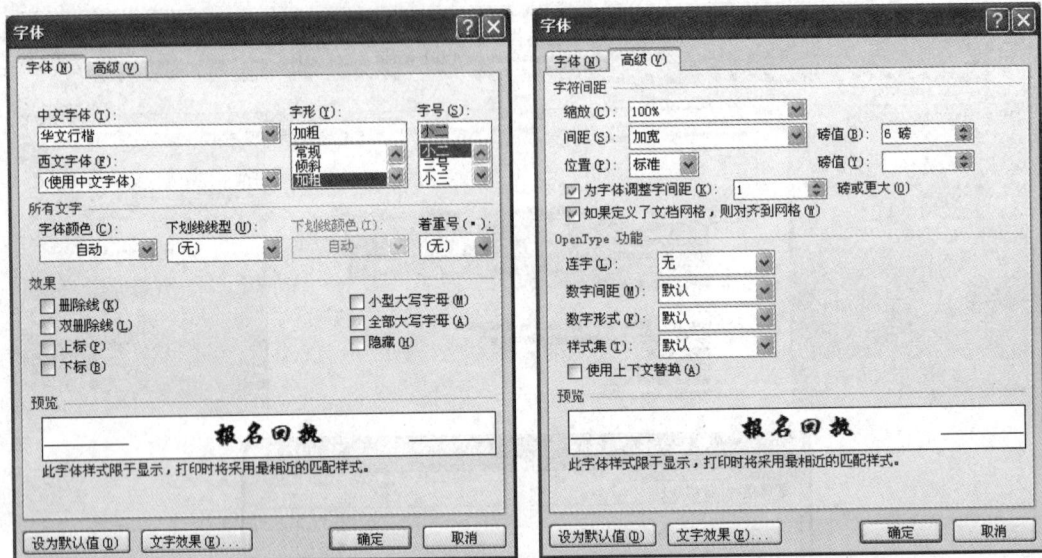

图 4-9　字体、字符间距设置

划线。重复以上操作分别给"所在班级""联系电话"和"邮箱地址"添加相同的下划线,如图 4-10 所示。

2. 设置文档段落格式

(1) 按 Ctrl＋A 组合键选中整篇文档,单击"开始"选项卡中的"段落对话框启动器"按钮,在打开的"段落"对话框中选择"缩进和间距"选项卡,在"特殊格式"下拉列表框中选择"首行缩进",将"磅值"设置为"2 字符",如图 4-11 所示。

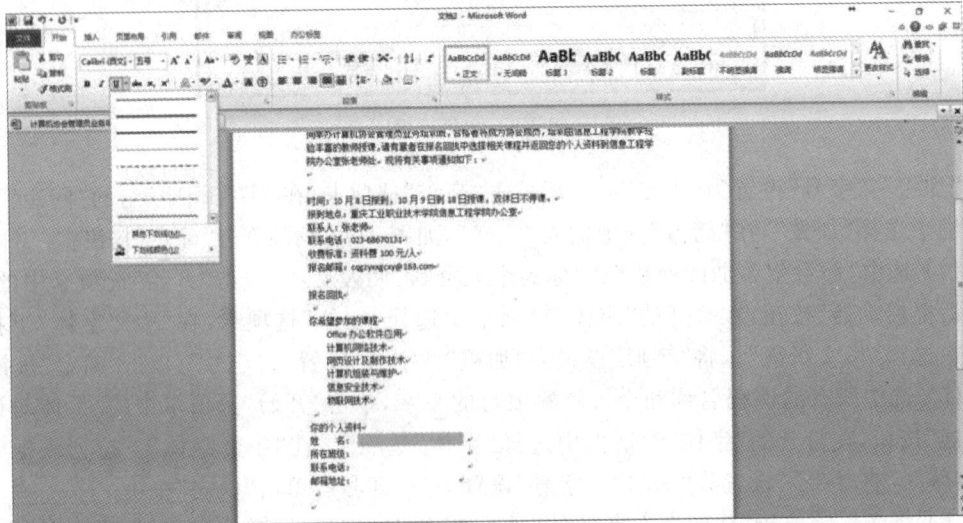

图 4-10　添加下划线

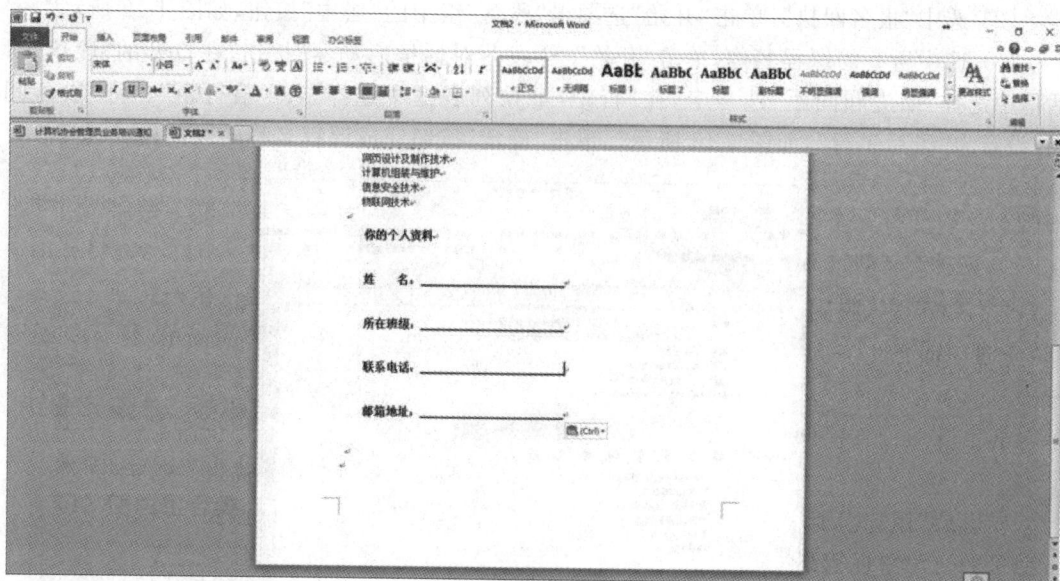

图 4-10　（续）

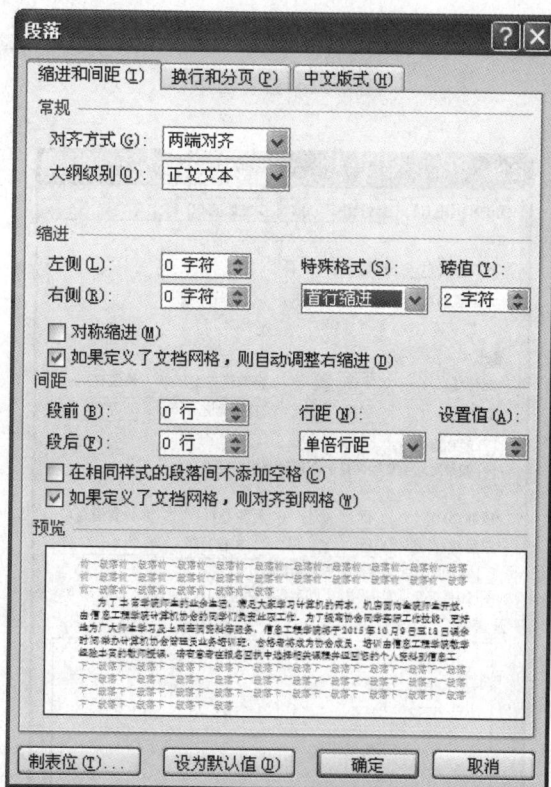

图 4-11　设置首行缩进

(2) 选中"报名回执",单击"开始"选项卡"段落"组中的"居中"按钮,如图 4-12 所示。

(3) 选中所有的课程名称,单击"开始"→"段落对话框启动器"按钮,在打开的"段落"对话框中选择"缩进和间距"选项卡,在"行距"下拉列表框中选择"1.5 倍行距"。将"段落间隔"设置为"段后 1 行",如图 4-13 所示。单击"确定"按钮完成课程名称的段落格式设置。

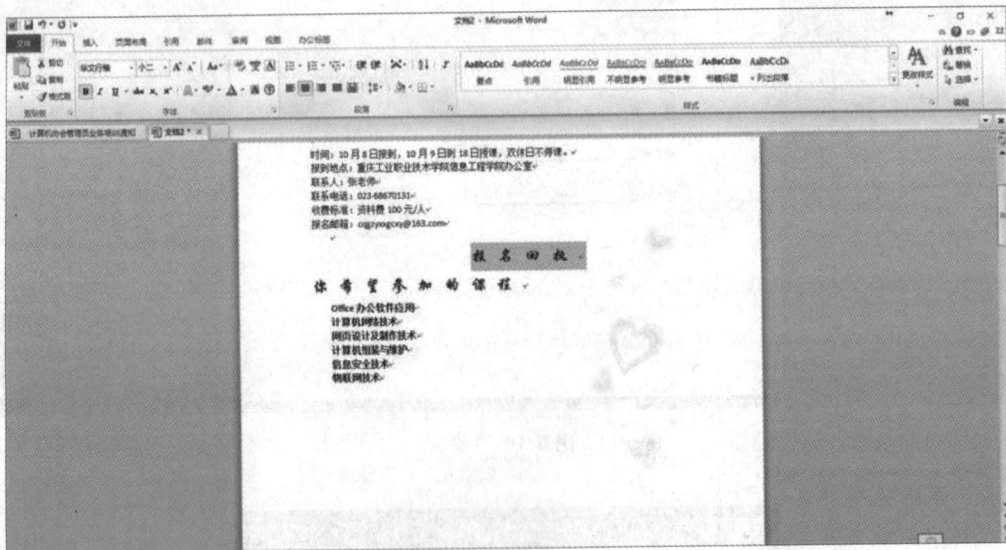

图 4-12　设置居中

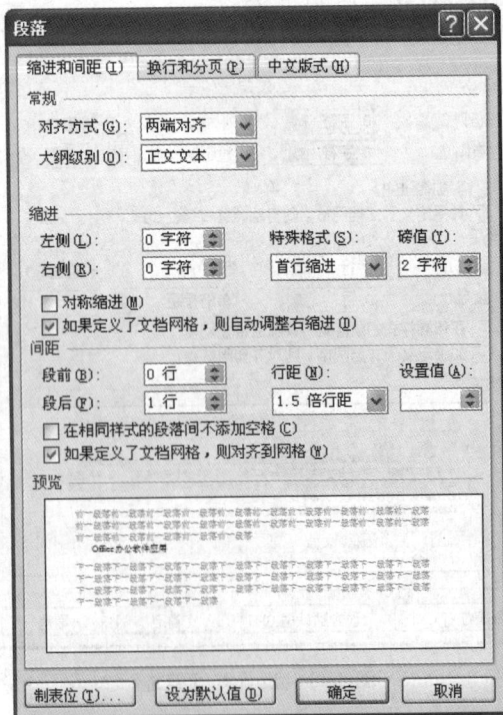

图 4-13　设置行距

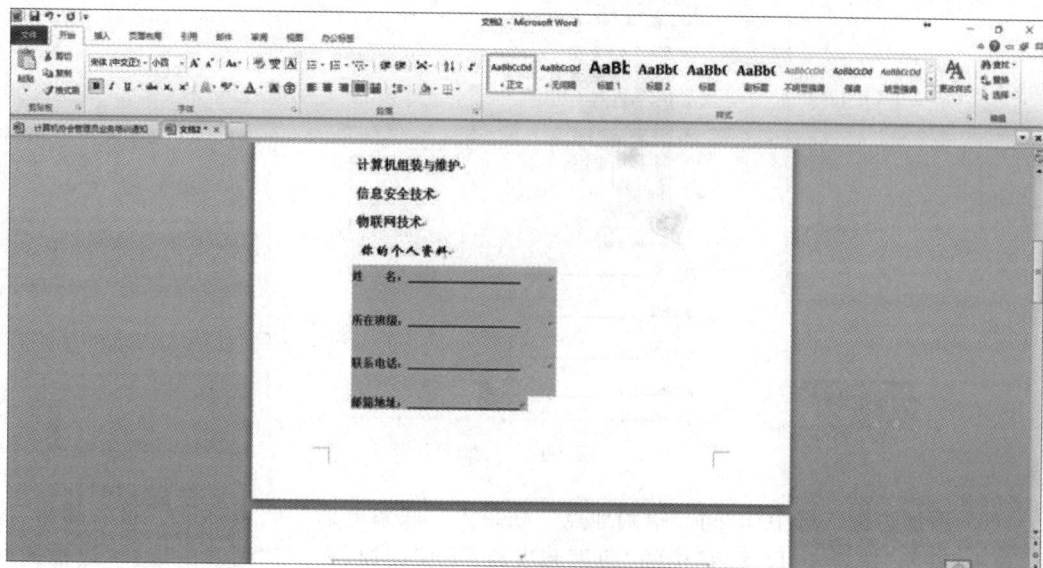

图 4-13　（续）

（4）选中所有的个人资料项目，单击"开始"选项卡中的"段落对话框启动器"按钮，在打开的"段落"对话框中选择"缩进和间距"选项卡，在"行距"下拉列表框中选择"1.5 倍行距"。将"段落间隔"设置为"段后 1.5 行"，单击"确定"按钮完成课程名称的段落格式设置。段落格式设置完成后如图 4-13 所示。

（5）插入项目符号。选中所有课程名称，单击"开始"选项卡"段落"组中"项目符号"右侧的下拉按钮，在下拉列表中选择一种项目符号的样式，如图 4-14 所示。

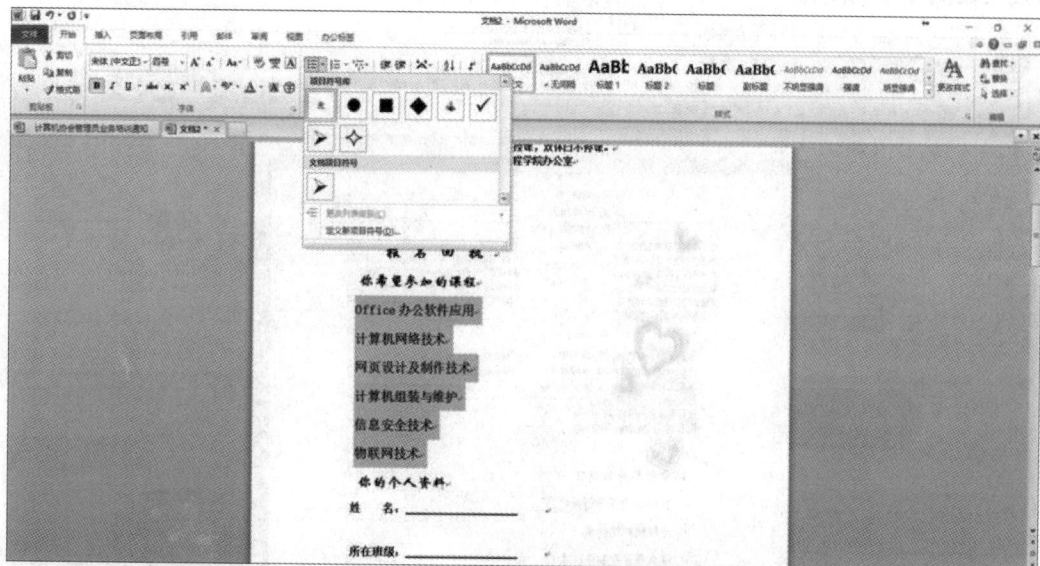

图 4-14　设置项目符号

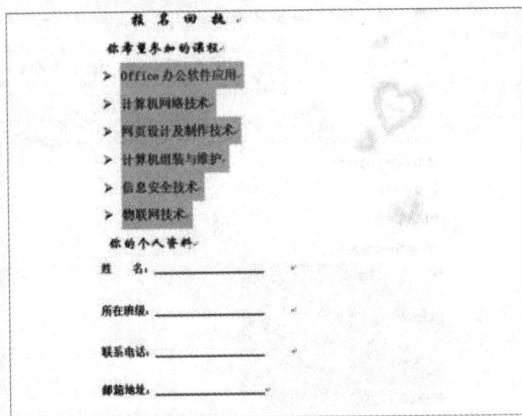

图 4-14 （续）

（6）添加边框。选中"时间""报到地点""联系人""联系电话""收费标准""报名邮箱"段落，单击"开始"选项卡"段落组"中的"边框和底纹"下拉按钮，在下拉列表中选择"边框和底纹"选项，在打开的"边框和底纹"对话框中选择"边框"选项卡，在"设置"区域中选择"阴影"。然后设置线型为"直线"，颜色为"茶色、背景2、深色25％"，宽度为"3磅"，在"应用于"下拉列表中选择"段落"，单击"确定"按钮完成设置，如图4-15所示。

（7）填充底纹。将光标定位于"报名回执"段落中，单击"开始"选项卡"段落组"中的"边框和底纹"下拉按钮，在下拉列表中选择"边框和底纹"选项，在打开的"边框和底纹"对话框中选择"底纹"选项卡，在"填充"颜色区域中选择"茶色"，在图案的"样式"列表中选择"5％"，在"应用于"下拉列表框中选择"段落"，单击"确定"按钮完成设置。边框和底纹设置完成后的效果如图4-16所示。

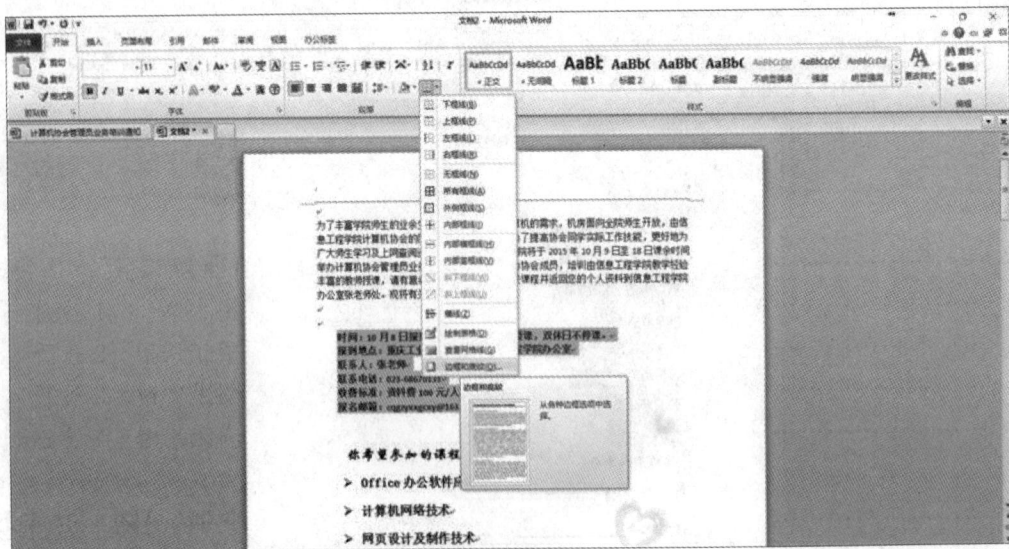

图 4-15 设置边框

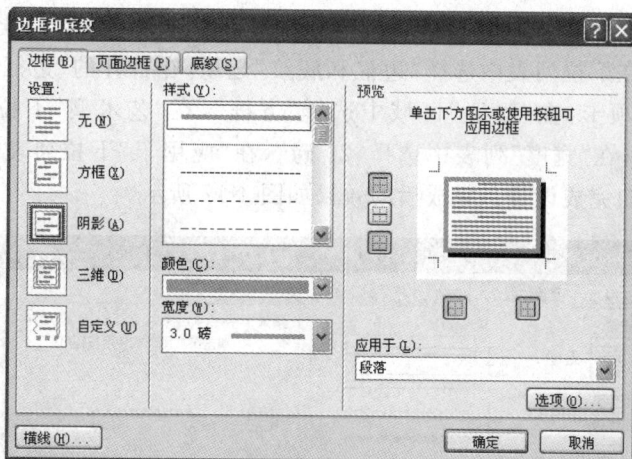

图 4-15　（续）

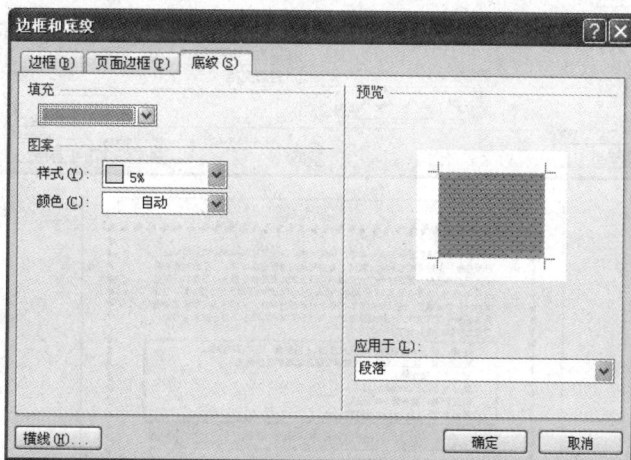

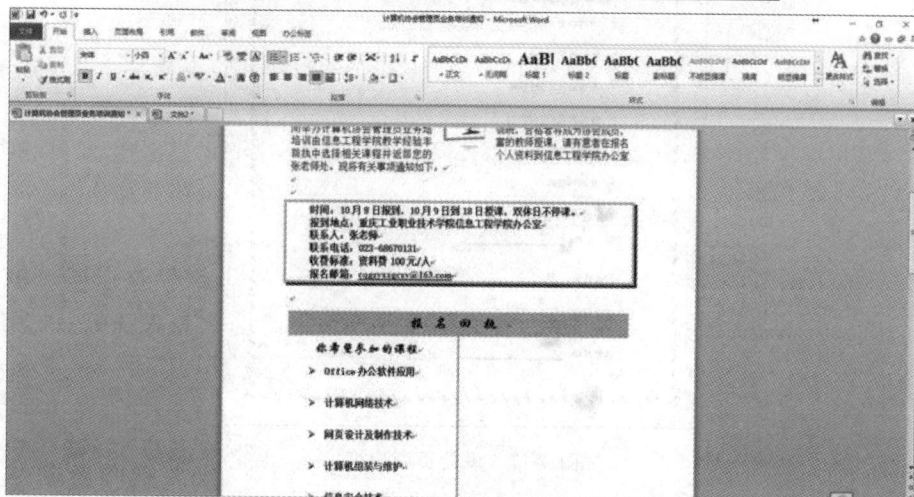

图 4-16　填充底纹

（8）添加页面艺术边框。将光标定位于页面中，单击"开始"选项卡"段落"组中的"边框和底纹"下拉按钮，在下拉列表中选择"边框和底纹"选项，在打开的"边框和底纹"对话框中选择"页面边框"选项卡，在"设置"区域中选择"方框"，在"艺术型"下拉列表框中选择如图 4-17 所示的图案，在"宽度"列表中选择"20 磅"，在"应用于"下拉列表框中选择"整篇文档"，单击"确定"按钮完成设置。完成后的效果如图 4-17 所示。

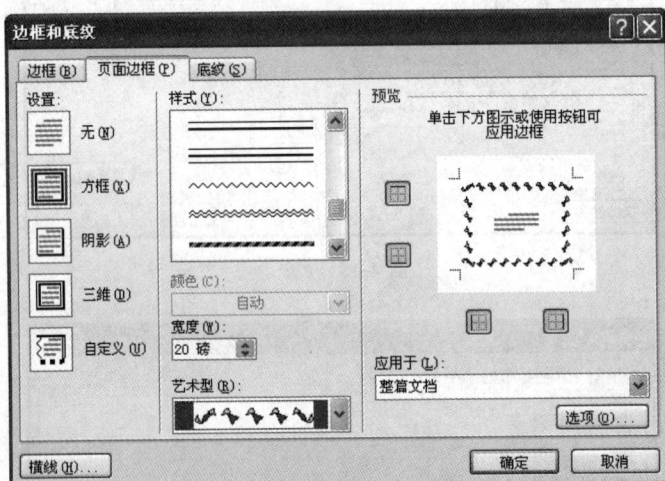

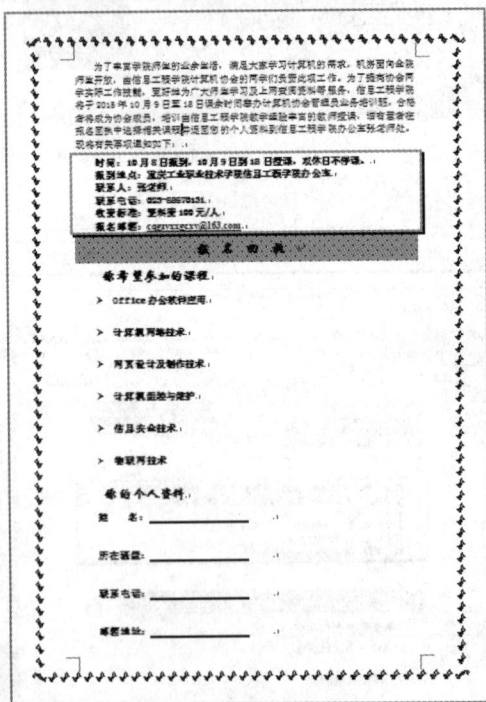

图 4-17 设置页面边框

任务3　设置艺术字标题

▶ 任务描述

艺术字是 Office 组件中的一个文字样式库，通过创建、编辑、设置艺术字，可以将新颖、别致、醒目的艺术字添加到文档中，从而达到美化文档的目的。

▶ 任务实施

1. 插入艺术字

（1）将光标定位在文档的最前面，插入一个空行，然后将光标置于空行处。

（2）单击"开始"选项卡"文本"组中的"艺术字"下拉按钮，在下拉列表中选择一种艺术字的样式，然后在占位符中录入文字"计算机协会培训通知"，如图 4-18 所示。

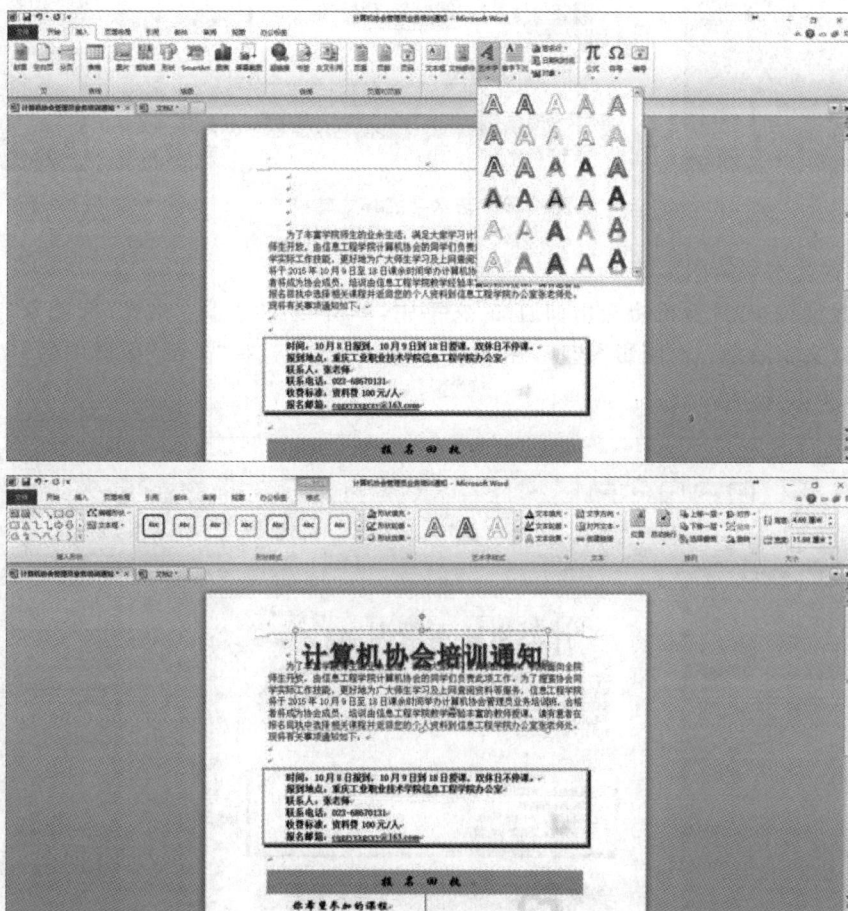

图 4-18　插入艺术字

2. 编辑艺术字

1）设置艺术字的转换样式

将光标定位在"计算机协会培训通知"文字中，单击"绘图工具：格式"选项卡"艺术字样式"组中的"文本效果"→"转换"选项，在"转换"下拉列表中选择"弯曲"区域中的"双波形 1"选项，如图 4-19 所示。

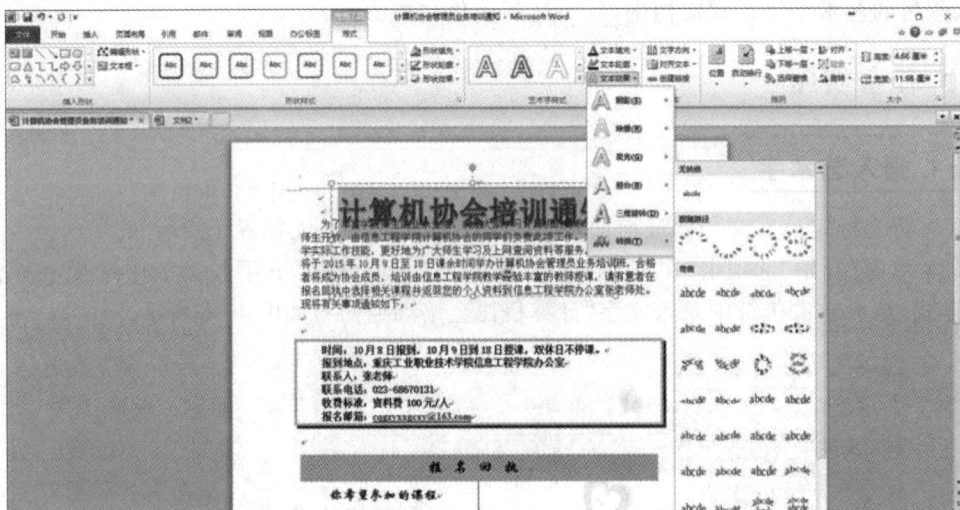

图 4-19　艺术字的样式转换

2）设置艺术字的阴影效果

将光标定位在"计算机协会培训通知"文字中，单击"绘图工具：格式"选项卡"艺术字样式"组中的"文本效果"→"阴影"选项，在"阴影"下拉列表中选择"外部"区域中的"向下偏移"选项，如图 4-20 所示。

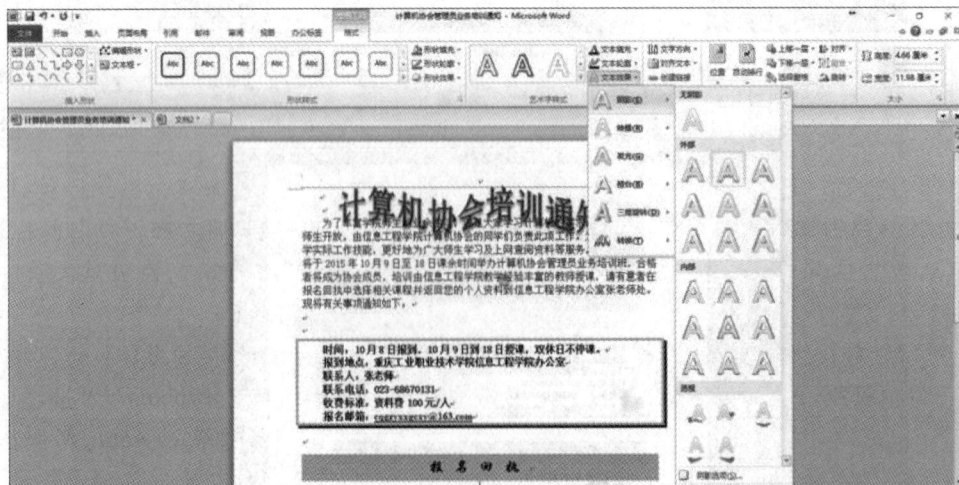

图 4-20　艺术字的阴影效果

3）设置艺术字的填充

选中"计算机协会培训通知"艺术字，单击"绘图工具：格式"选项卡"艺术字样式"组中的"文本填充"下拉按钮，在下拉列表中设置"主题颜色"为"蓝色"选项，如图4-21所示。

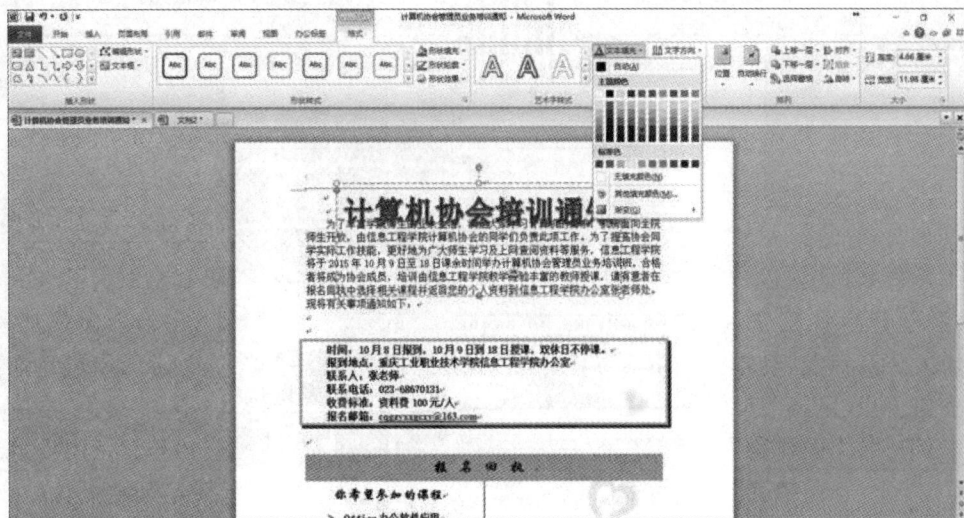

图 4-21　艺术字的填充

4）设置艺术字的边框

选中"计算机协会培训通知"艺术字，单击"绘图工具：格式"选项卡"艺术字样式"组中的"文本轮廓"下拉按钮，在下拉列表中设置"主题颜色"为"红色"选项，如图4-22所示。

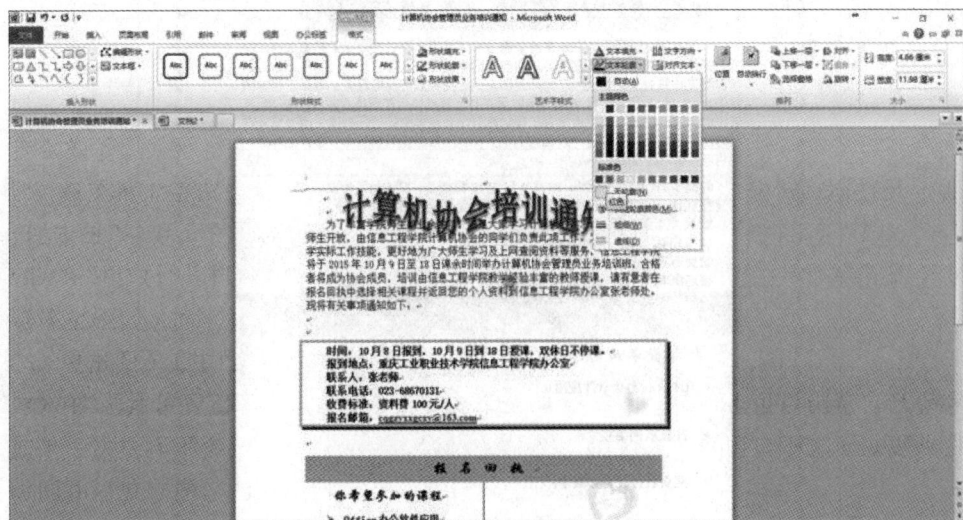

图 4-22　艺术字的边框

5）设置艺术字的形状填充

选中"计算机协会培训通知"艺术字，单击"绘图工具：格式"选项卡"形状样式"组中的

"形状填充"下拉按钮，在下拉列表中设置"纹理"为"白色大理石"选项，如图 4-23 所示。

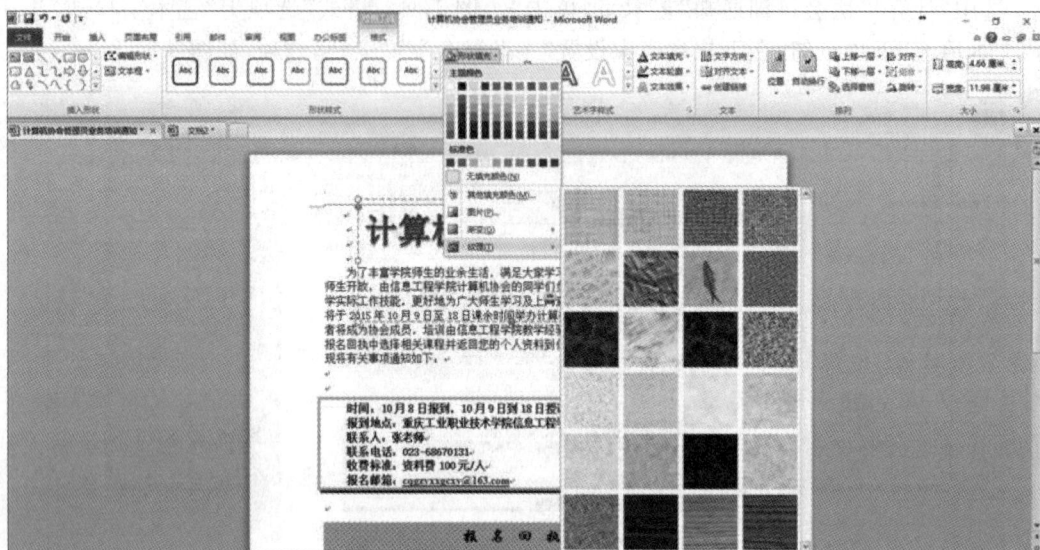

图 4-23　艺术字的形状填充

艺术字完成效果如图 4-24 所示。

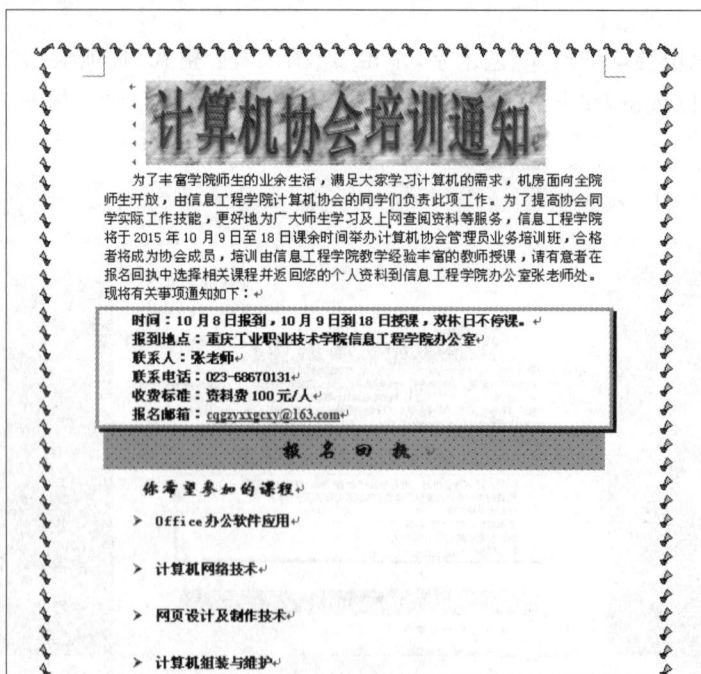

图 4-24　艺术字的完成效果

任务4   设置分栏

▶ 任务描述

分栏是指在编辑文档的过程中将版面划分为两栏或多栏,在 Word 2010 中,用户不仅可以控制栏数,还可以调整栏宽和各栏间的间距等。在分栏时,可使用"分节符"在同一个文档中为不同部分的文本设置不同格式。

▶ 任务实施

1. 插入分节符

(1)将光标定位在"你希望参加学习的课程"的文字前面,单击"页面布局"选项卡"页面设置"组中的"分隔符"下拉按钮,在下拉列表中的"分节符"类型中选择"连续"选项,如图 4-25 所示,单击"确定"按钮完成设置。

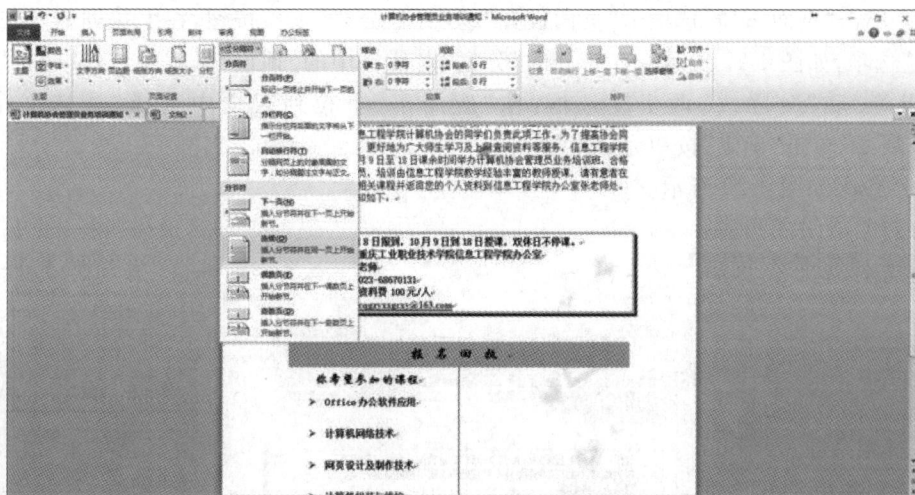

图 4-25   插入分节符

(2)按照同样的方法在"邮箱地址"末端插入分节符。

2. 插入分栏符

按照前面的操作方法,将光标定位于"你的个人资料"前面,然后在"分隔符"下拉列表中的"分页符"类型中选择"分栏符"选项,如图 4-26 所示,单击"确定"按钮完成设置。

3. 分栏设置

(1)选定要进行分栏操作的段落(即两个分节符之间的文本)。

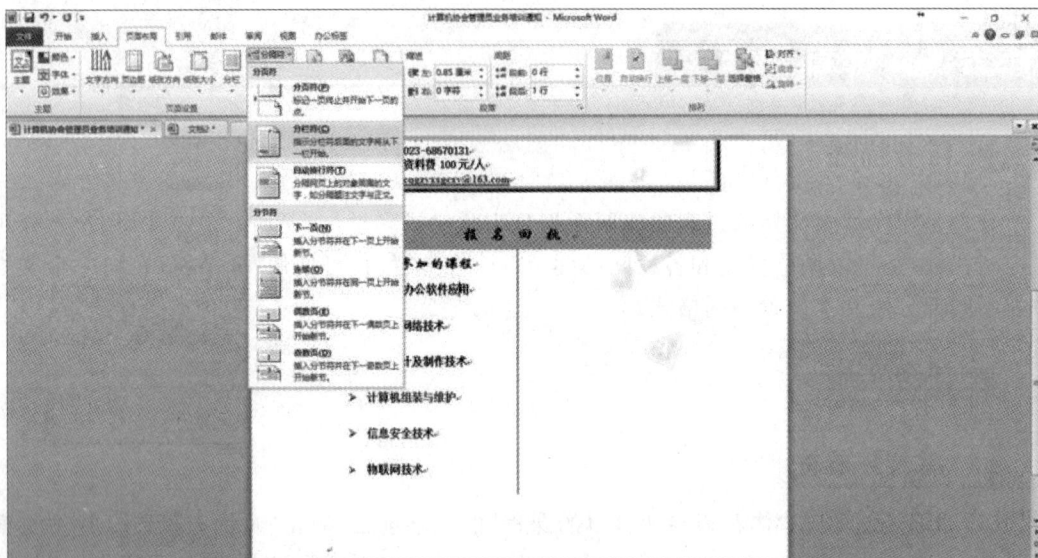

图 4-26　插入分栏符

（2）单击"页面布局"选项卡"页面设置"组中的"分栏"下拉按钮，在下拉列表中单击"更多分栏"选项，如图 4-27 所示。在打开的"分栏"对话框中的"预设"区域中选择"两栏"，选中"栏宽相等"和"分隔线"两个复选框，在"应用于"下拉列表框中选择"所选文字"，如图 4-28 所示，单击"确定"按钮完成设置。

分栏效果如图 4-29 所示。

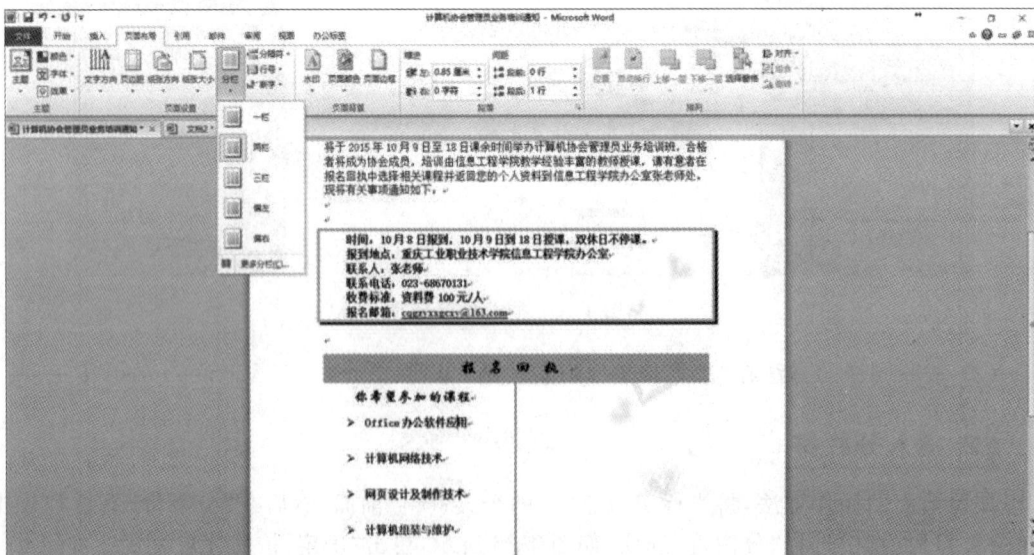

图 4-27　"更多分栏"选项

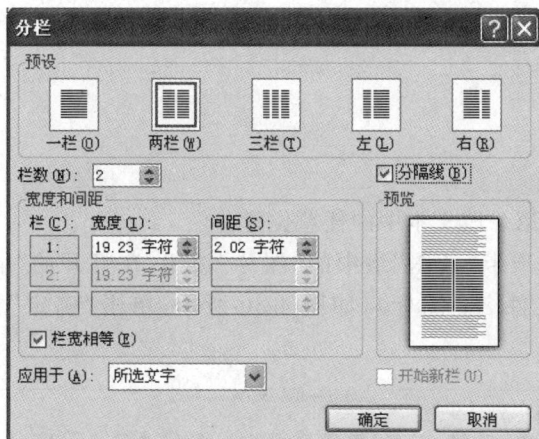

图 4-28 分栏设置

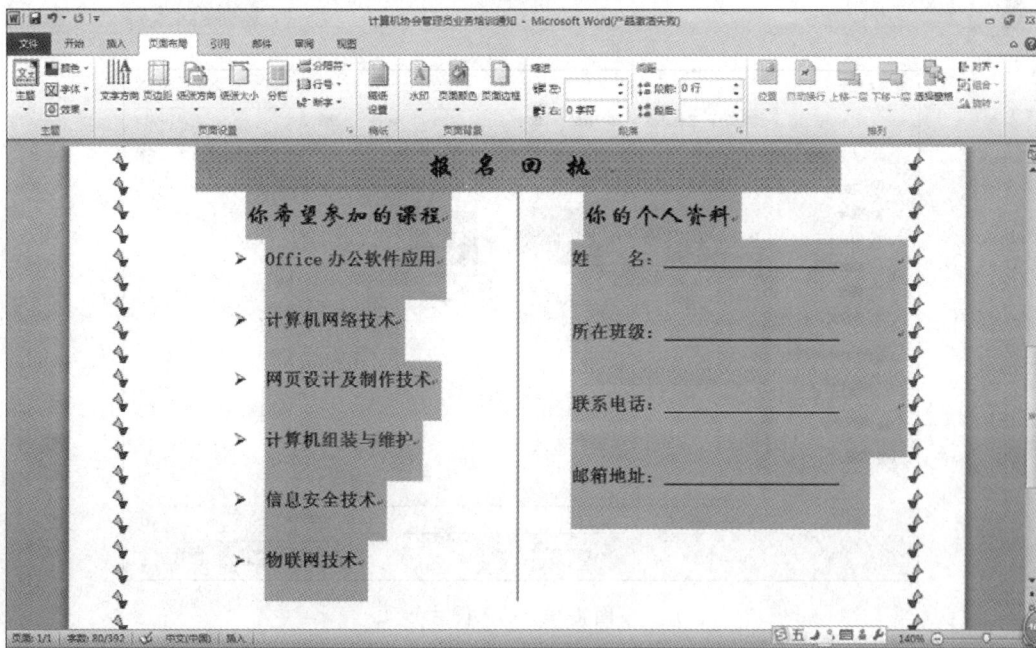

图 4-29 分栏效果

任务5 设置图片

▶ 任务描述

在 Word 中,用户可以为文档添加图片与剪贴画,以增强文档的观赏性,并且可以根据需要对图片格式进行设置。

▶ 任务实施

▌1. 插入图片

（1）将光标定位于第一段文本中的任意位置。

（2）单击"插入"选项卡"插图"组中的"图片"按钮，在打开的"插入图片"对话框中选择相应的图片（图片文件名：图标），如图 4-30 所示，单击"确定"按钮将图片插入到文档中。

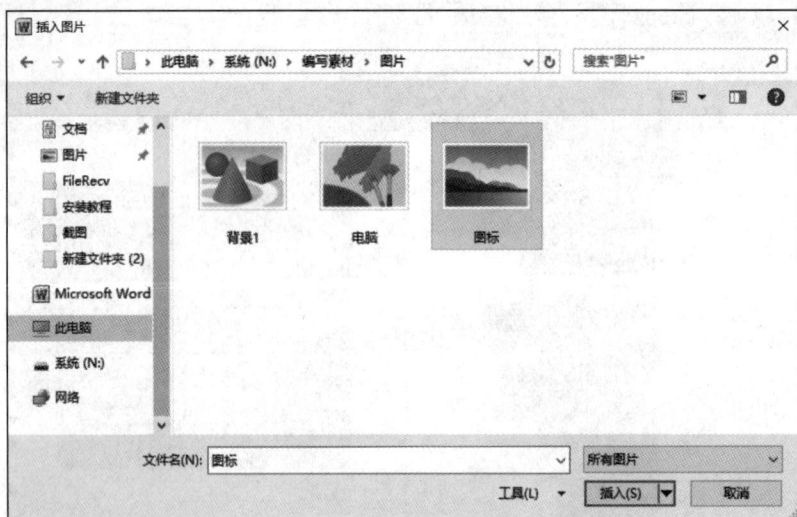

图 4-30　插入图片

▌2. 设置图片格式

（1）选中图片，单击"图片工具：格式"选项卡"排列"组中的"自动换行"下拉按钮，在下拉列表中选择"四周型环绕"，效果如图 4-31 所示。

（2）选中图片，单击"图片工具：格式"选项卡"图片样式"组中的"快速样式"下拉按钮，在下拉列表中选择"映像右视图"选项，如图 4-32 所示。

（3）选中图片，单击"图片工具：格式"选项卡"图片样式"组中的"图片效果"下拉按钮，在下拉列表中选择"棱台"，在"棱台"选项下拉列表中选择"棱纹"，如图 4-33 所示。

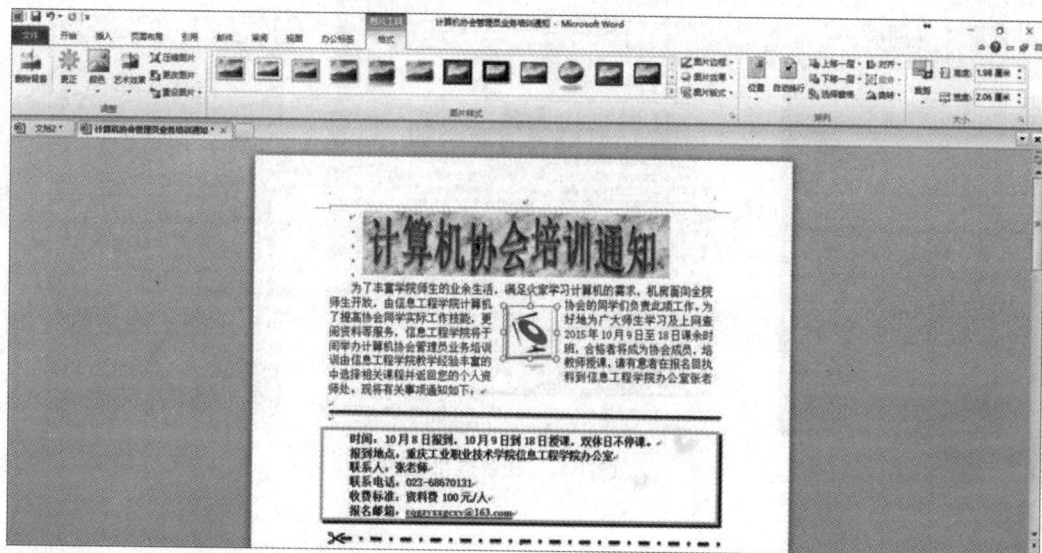

图 4-31 图片布局

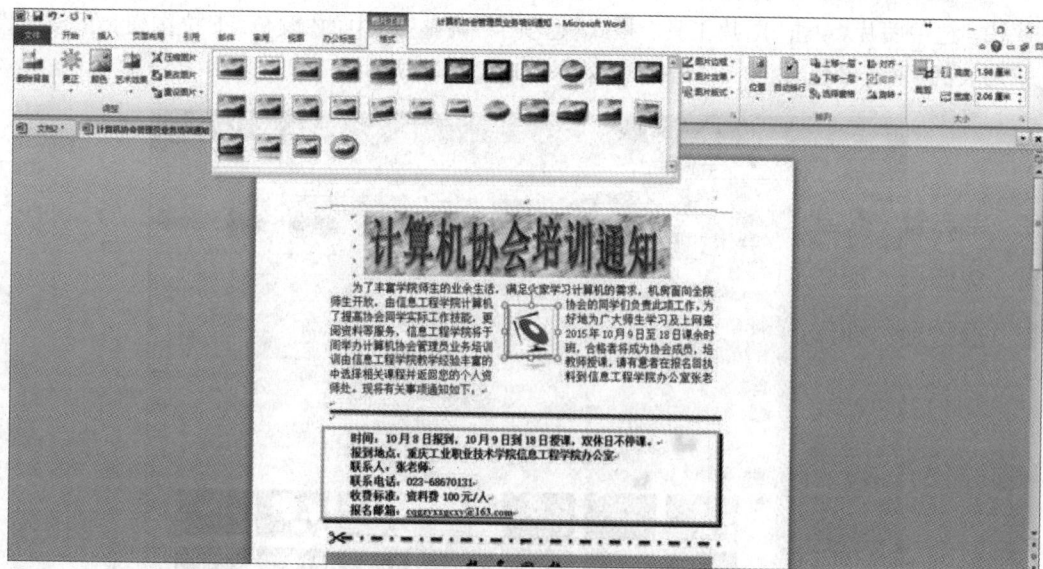

图 4-32 图片样式

图 4-33　图片效果

3. 设置背景图片

（1）将光标定位在已分栏的段落中的任意位置，用步骤 1 的方法将相应的图片（图片文件名：电脑.jpg）插入到文档中。

（2）选中图片，单击"图片工具：格式"选项卡"调整"组中的"颜色"下拉按钮，在"颜色"下拉列表的"重新着色"组中选择"冲蚀"效果，如图 4-34 所示。

图 4-34　图片颜色

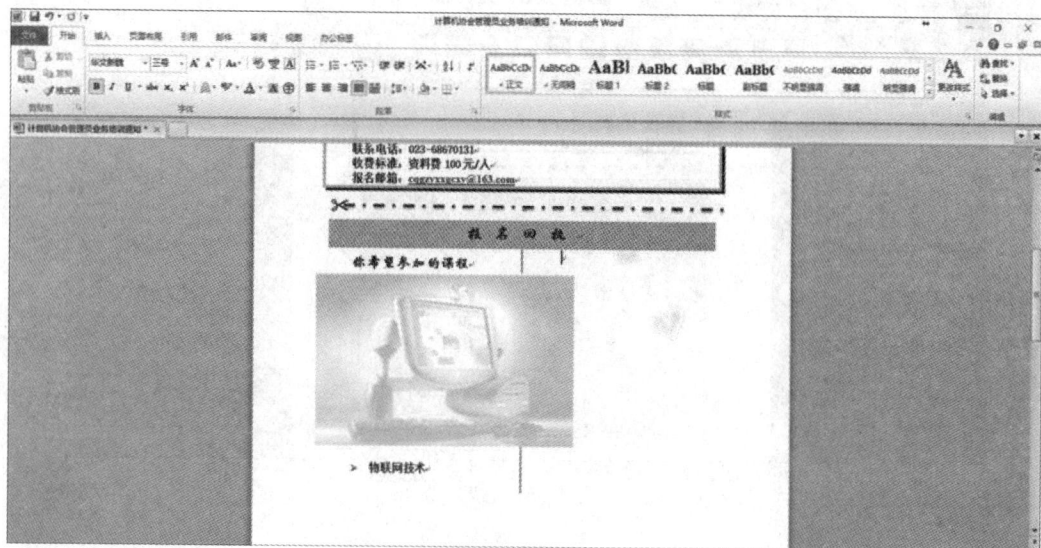

图 4-34 （续）

（3）选中图片，单击"图片工具：格式"选项卡"排列"组中的"自动换行"下拉按钮，在下拉列表中选择"浮于文字上方"，并拖动鼠标调整图片大小到合适位置，如图 4-35 所示。然后将图片版式设置为"衬于文字下方"，使其成为该段落文本中的背景，如图 4-36 所示。如果先将图片版式设为"衬于文字下方"便不好调整图片的大小及位置了，所以要先将"版式"设为"浮于文字上方"。

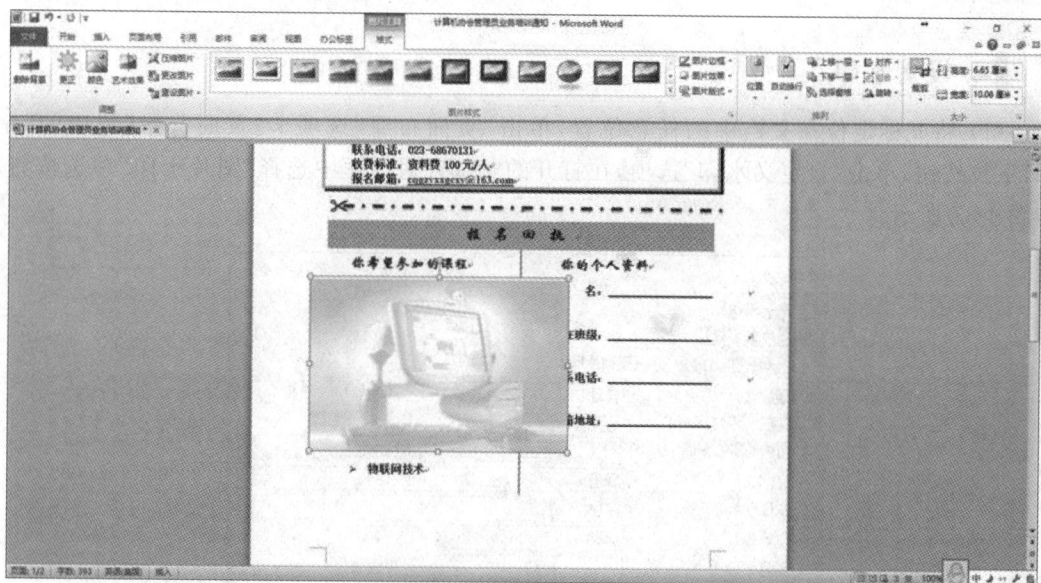

图 4-35 图片浮于文字上方

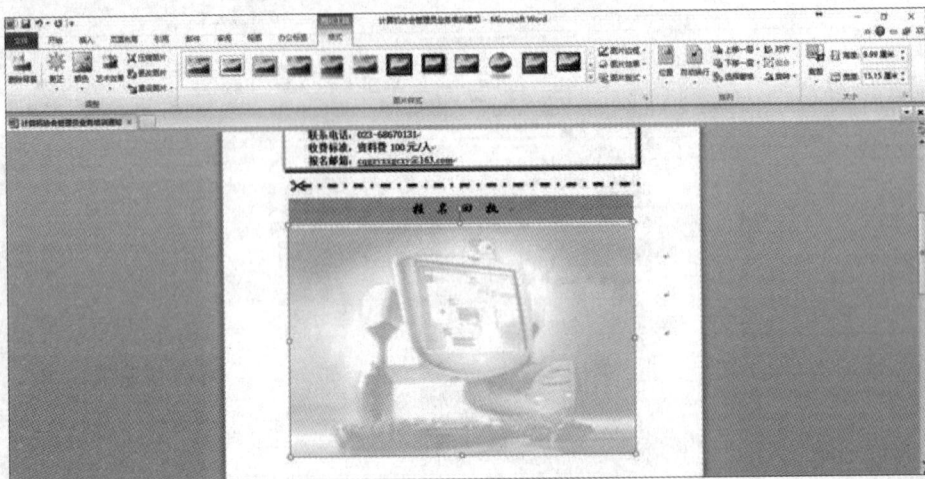

图 4-35 （续）

图 4-36 图片衬于文字下方

4. 设置水印

（1）将光标定位在文档中的任意位置，单击"页面布局"选项卡"页面背景"组中的"水印"下拉按钮，单击"自定义水印"选项，在打开的"水印"对话框中选择"图片水印"单选按钮，如图 4-37 所示。

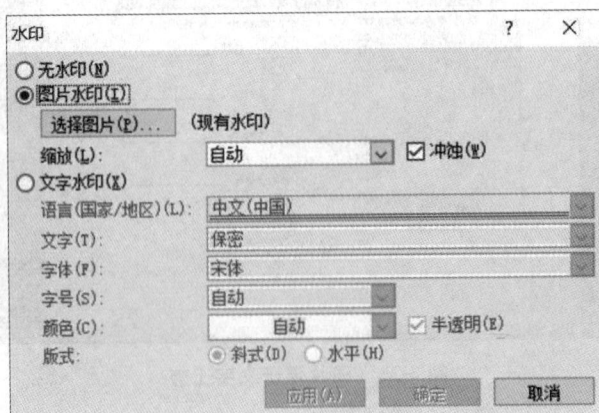

图 4-37 图片水印

　　（2）单击"选择图片"按钮，在打开的"插入图片"对话框中选中相应的图片（图片文件名：背景），单击"确定"按钮将图片插入到文档中完成水印的设置，如图 4-38 所示。

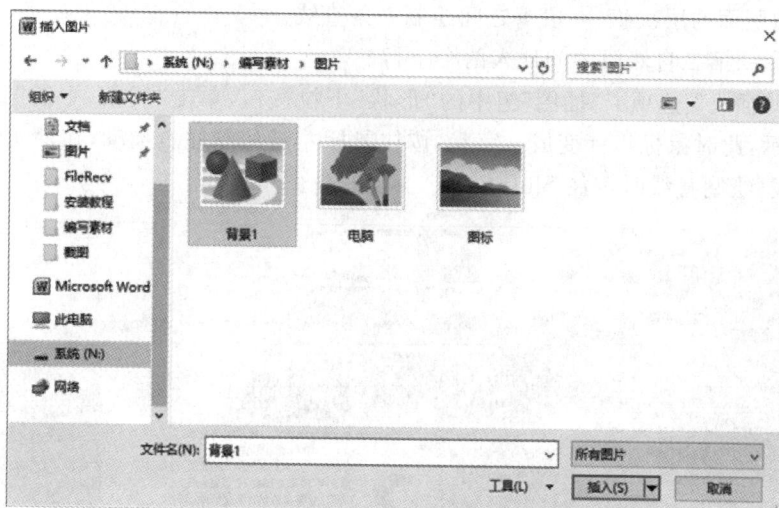

图 4-38　图片水印设置效果

5. 绘制直线和插入特殊符号

为了增加版面的层次感,在段落之间绘制一条直线。

(1) 在第一、第二自然段中间插入两个空行。

(2) 单击"插入"选项卡"插图"组中的"形状"下拉按钮,单击"线条"中的"直线"按钮,如图 4-39 所示,此时鼠标指针变成十字状,按住鼠标左键从左往右拖动,在两个空行之间绘制出一条直线(绘制直线时按住 Shift 键)。

图 4-39 绘制直线

(3) 选中直线,单击"绘图工具:格式"选项卡"形状样式"组中的"快速样式"下拉按钮,在下拉列表中选择"中等线-深色 1"选项,如图 4-40 所示。

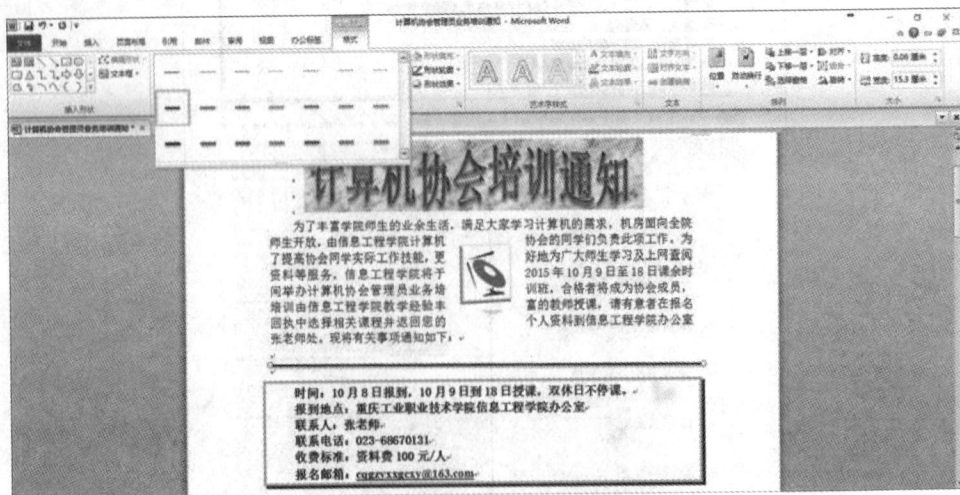

图 4-40 直线形状样式

（4）为了区分正文部分与回执部分，在"报名回执"下方，同样绘制一条直线，选中直线，单击"绘图工具：格式"选项卡"形状样式"组中的"形状轮廓"下拉按钮，在下拉列表中选择"虚线"选项，在下拉选项中选择"划线-点"，效果如图 4-41 所示。

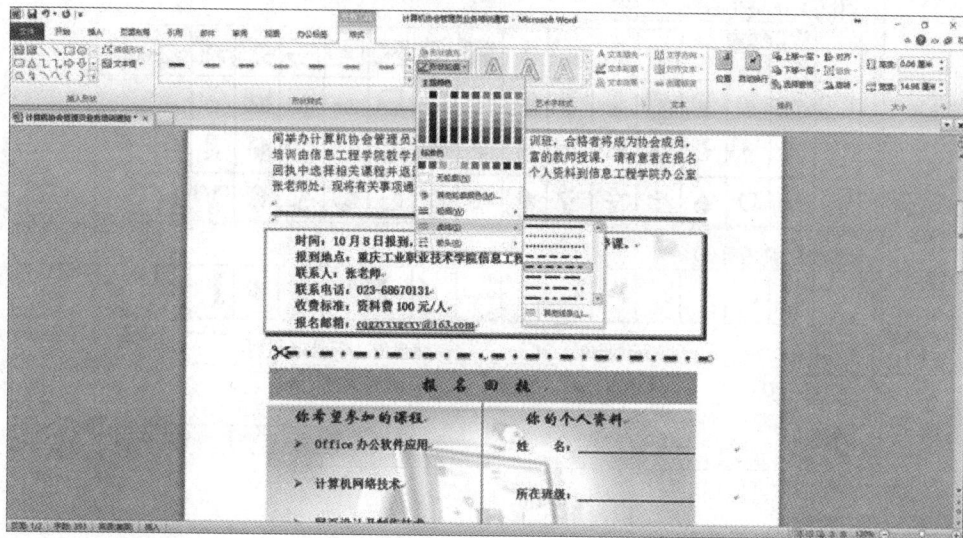

图 4-41　绘制虚线

（5）将光标定位于"划线-点"的最左侧，然后单击"插入"选项卡"符号"组中的"符号"下拉按钮，在下拉列表中选择"其他符号"选项，如图 4-42 所示，在打开的"符号"对话框中选择"符号"选项卡，在"字体"下拉列表框中选择 Wingdings，在下方的列表中选择✂，如图 4-43 所示。

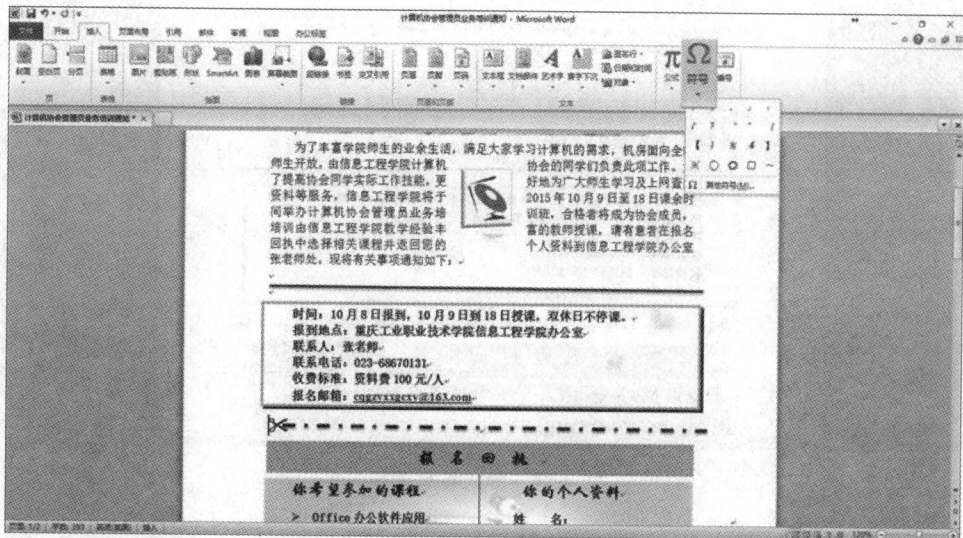

图 4-42　插入符号

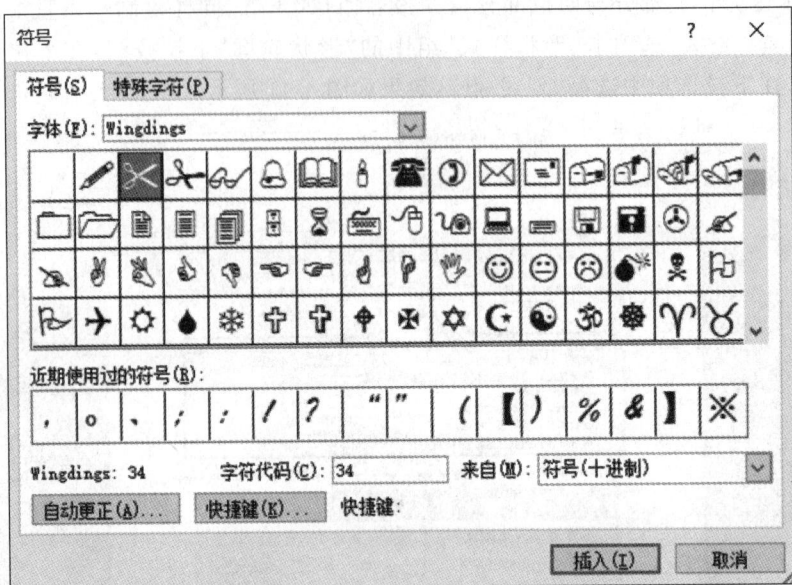

图 4-43　插入✂符号

(6) 单击"插入"按钮,将✂符号插入到指定位置,可调整"划线-点"与✂之间的位置,如图 4-44 所示,这样可以更形象地突出主题。

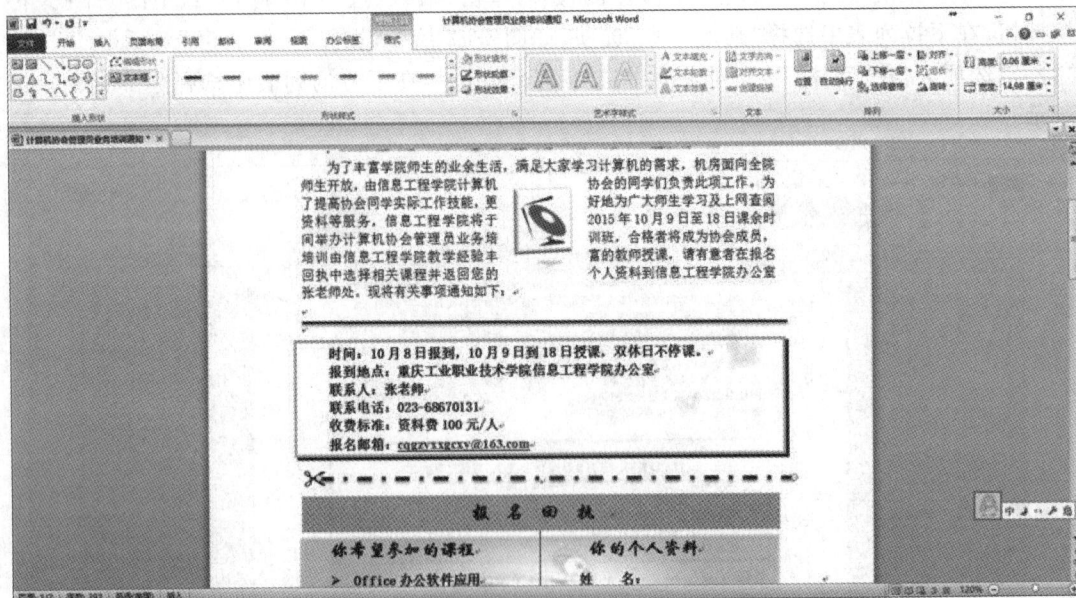

图 4-44　插入符号效果

至此,已经完成了对整个"培训通知"版面的设计制作过程。

项目小结

本项目是制作图文混排的文档，主要包括设置页面、设置字符格式、设置段落格式、设置分栏、设置艺术字、设置图片格式、插入符号，重点是字符、段落的设置，难点是分栏和艺术字的设置。

拓展训练

制作“我的简历”文档，完成后的效果如图 4-45 所示。

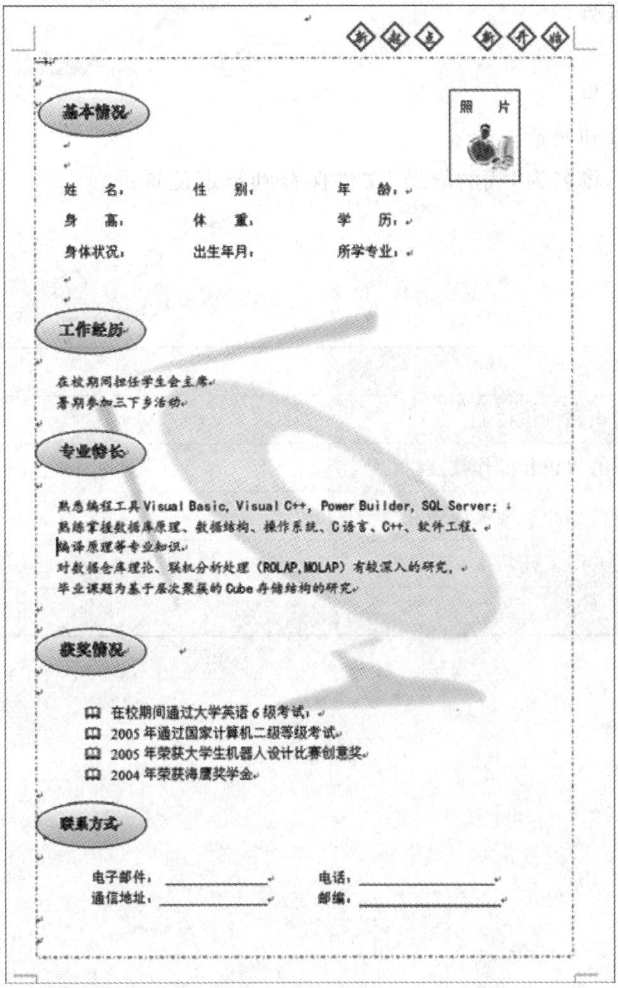
新起点 新开始

基本情况

照片

姓　名：　性　别：　年　龄：
身　高：　体　重：　学　历：
身体状况：　出生年月：　所学专业：

工作经历

在校期间担任学生会主席
暑期参加三下乡活动

专业特长

熟悉编程工具 Visual Basic, Visual C++, Power Builder, SQL Server；
熟练掌握数据库原理、数据结构、操作系统、C语言、C++、软件工程、编译原理等专业知识
对数据仓库理论、联机分析处理（ROLAP,MOLAP）有较深入的研究。
毕业课题为基于层次聚簇的 Cube 存储结构的研究

获奖情况

- 在校期间通过大学英语 6 级考试
- 2005 年通过国家计算机二级等级考试
- 2005 年荣获大学生机器人设计比赛创意奖
- 2004 年荣获海鹰奖学金

联系方式

电子邮件：　电话：
通信地址：　邮编：

图 4-45 “我的简历”文档

针对"我的简历"文档完成如下操作。

（1）编辑简历的标题。

① 绘制椭圆，设置其"填充"效果为"渐变"，"颜色"为"鲜绿色"，"底纹样式"为"水平"，背景透明度为18%。然后设置高为"1.2厘米"、宽为"3厘米"。

② 复制椭圆到新位置。

③ 标题字体格式设置。添加文字到椭圆中，将"字体"设置为"宋体"，"字形"设置为"加粗"，"字号"设置为"小四号"，"效果"设置为"空心"，单击"确定"按钮，改变字体格式。

④ 椭圆对象位置的调整。选中所有椭圆对象，将所有对象左对齐。

（2）设置"基本情况"所有内容的段落前后间距。

（3）添加自定义项目符号。

（4）添加下划线。

（5）设置页眉页脚。

（6）设置分栏。

（7）添加水印效果。

（8）添加外边框和照片。

（9）保存文件。将名为"我的简历"文件保存到指定位置。

学习总结

本项目所用软件	
项目中包含的知识和操作技能	
你已熟知或掌握的知识和操作技能	
你认为还有哪些知识和技能需要强化	
项目中可使用的 Office 技巧	
学习本项目之后的体会	

项目5　制作"信息工程学院期末考试安排表"

利用 Word 的表格功能可以将文档中的内容简明、扼要地概括出来。在本项目中，通过学习制作"信息工程学院期末考试安排表"，掌握 Word 2010 中表格的制作方法与技巧，主要包括新建表格、编辑表格、设置表格样式等。总的效果如图 5-1 所示。

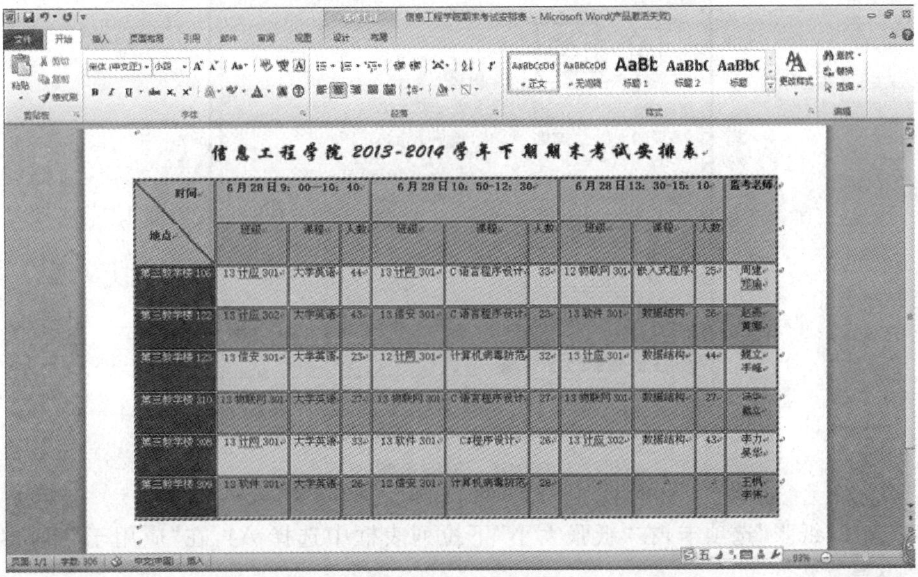

图 5-1　"信息工程学院期末考试安排表"完成效果

任务1　设置页面及创建表格

▶ 任务描述

在制作表格之前，首先要根据表格的规格、大致结构和内容确定其纸张的大小，对整个版面进行合理的布局，然后再创建表格。表格是由水平的行和垂直的列共同组成的，行与列交叉形成的方框称为单元格。在 Word 2010 中，用户可以通过多种方式创建表格。

▶ **任务实施**

1. 页面设置

（1）新建并保存文件，文件名为"信息工程学院期末考试安排表"。

（2）单击"页面布局"选项卡中的"页面设置对话框启动器"按钮，在打开的"页面设置"对话框中选择"页边距"选项卡，将"页边距"的上、下、左、右均设置为 2 厘米，将"纸张方向"设置为"横向"，在"应用于"下拉列表框中选择"整篇文档"，如图 5-2 所示。

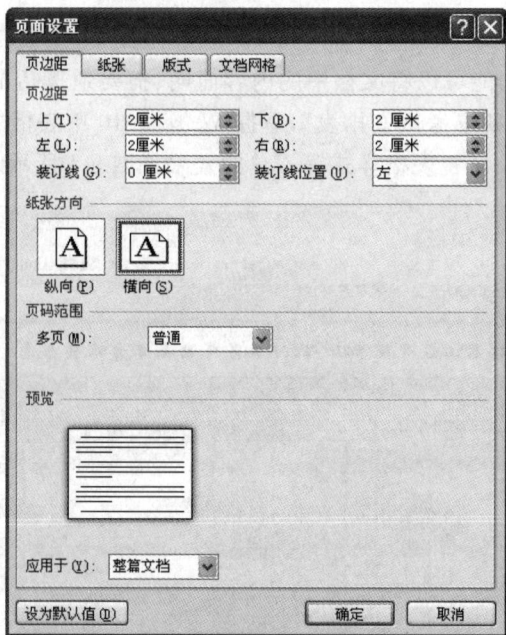

图 5-2　页面设置

（3）选择"纸张"选项卡，在"纸张大小"下拉列表框中选择 A4，在"应用于"下拉列表框中选择"整篇文档"。

（4）单击"确定"按钮。

2. 创建表格

（1）将光标定位在要插入表格的位置。

（2）单击"插入"选项卡"表格"组中的"表格"下拉按钮，在下拉列表中单击"插入表格"选项，如图 5-3 所示，在打开的"插入表格"对话框中，在"表格尺寸"下设置"列数"为11、"行数"为 7，在"自动调整操作"下选择"根据内容调整表格"单选按钮，如图 5-4 所示。

（3）单击"确定"按钮，在文档中插入表格，如图 5-5 所示。

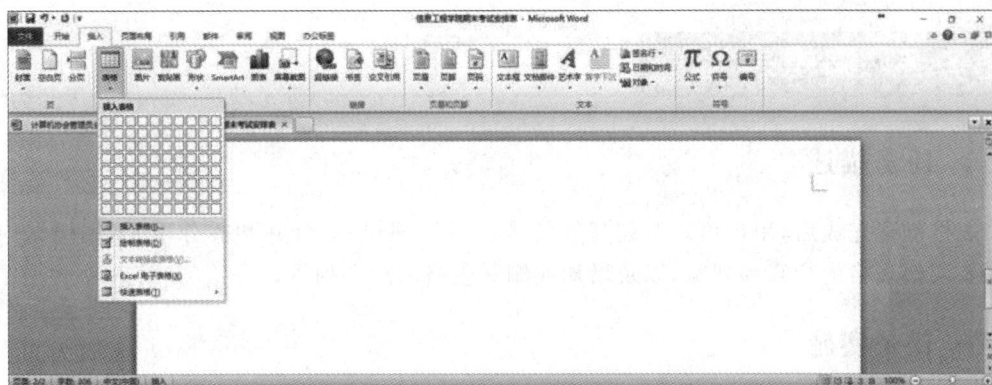

图 5-3 插入表格

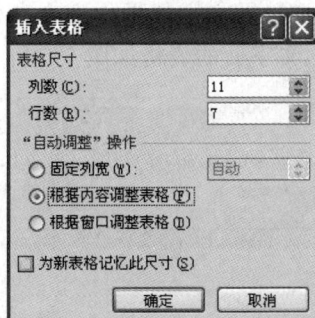

图 5-4 "插入表格"对话框

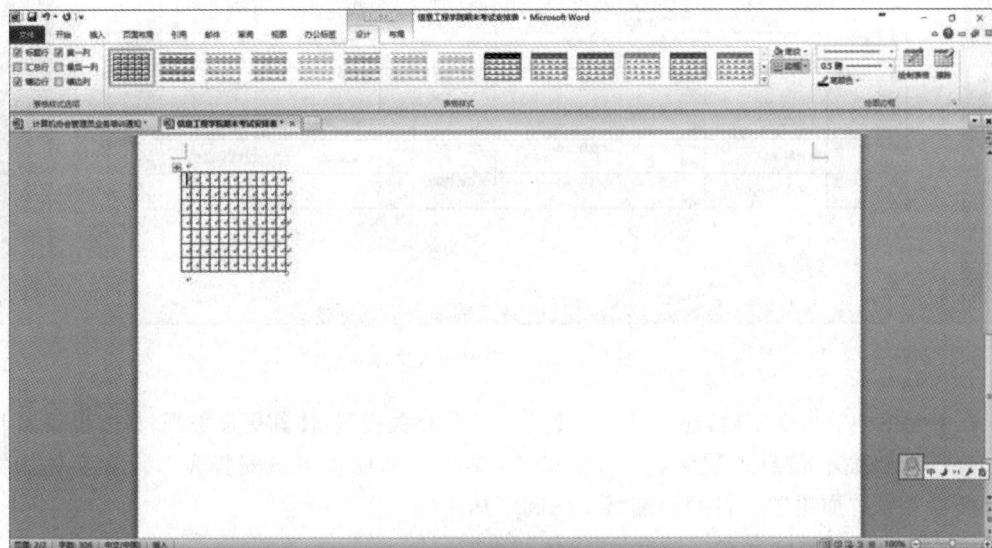

图 5-5 插入表格效果

任务 2　编辑表格

▶ 任务描述

表格创建完成后,用户可以对创建好的表格进行编辑,如合并和拆分单元格、根据内容的需要调整表格的行高和列宽,以及增加或删除表格的行和列等。

▶ 任务实施

1. 在表格中输入文本信息

在表格中输入文字与在文档中输入文字的操作完全一样,将光标定位在某个单元格中即可在该单元格中输入文字,输入文字后的表格如图 5-6 所示。

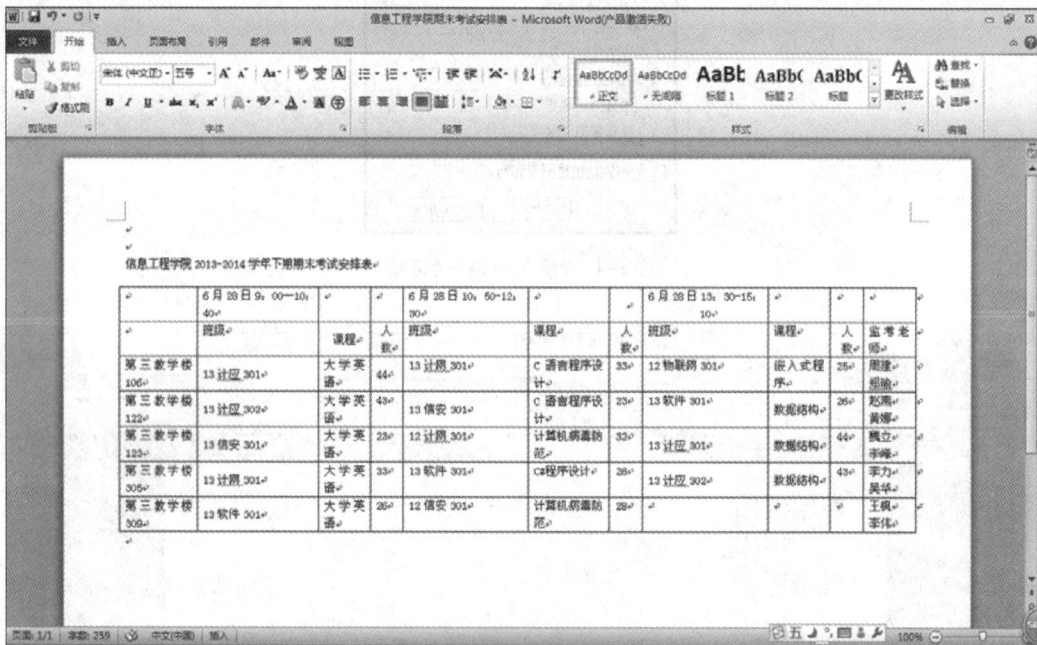

图 5-6　在表格中输入文本

在单元格中输入文字后,还可以对文字进行一些相关设置,使其更加美观,具体步骤如下。

（1）选中表头"信息工程学院 2013—2014 学年下期期末考试安排表",设置字体为"华文行楷""二号""加粗""字符间距加宽 1.5 磅""居中"。

（2）将表格中的所有文字设置为"宋体""小四号"。

（3）选中表格,单击"表格工具:布局"选项卡"对齐方式"组中的"水平居中"按钮,完成后效果如图 5-7 所示。

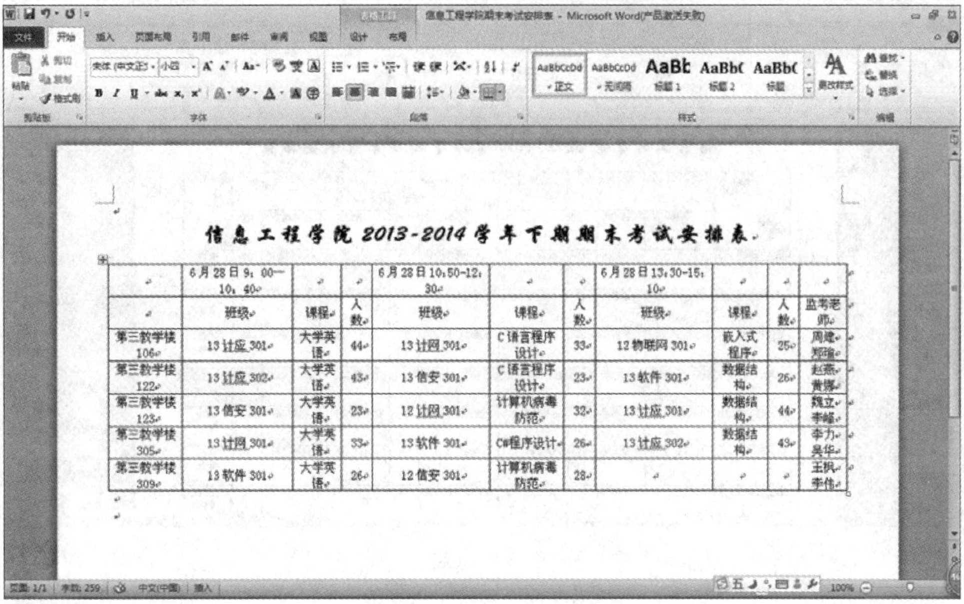

图 5-7 表格文字设置

2. 在表格中插入行

（1）将光标定位在要插入行的前一行位置。

（2）单击"表格工具：布局"选项卡中的"行和列对话框启动器"按钮，在打开的"行和列"对话框中选择"整行插入"单选按钮。

（3）单击"确定"按钮，在表格中插入一行，完成后效果如图 5-8 所示。

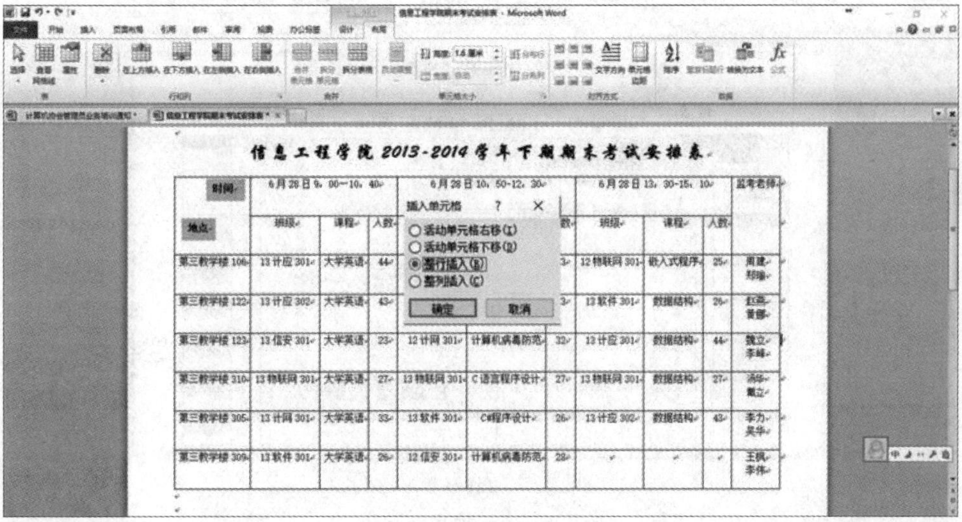

图 5-8 在表格中插入行

图 5-8 （续）

3. 调整表格的列宽和行高

（1）选中表格。

（2）单击"表格工具：布局"选项卡中的"单元格大小对话框启动器"按钮,在打开的"表格属性"对话框中选择"行"选项卡,在行"尺寸"中选中"指定高度"复选框,设置为"1.6厘米",如图 5-9(a)所示。

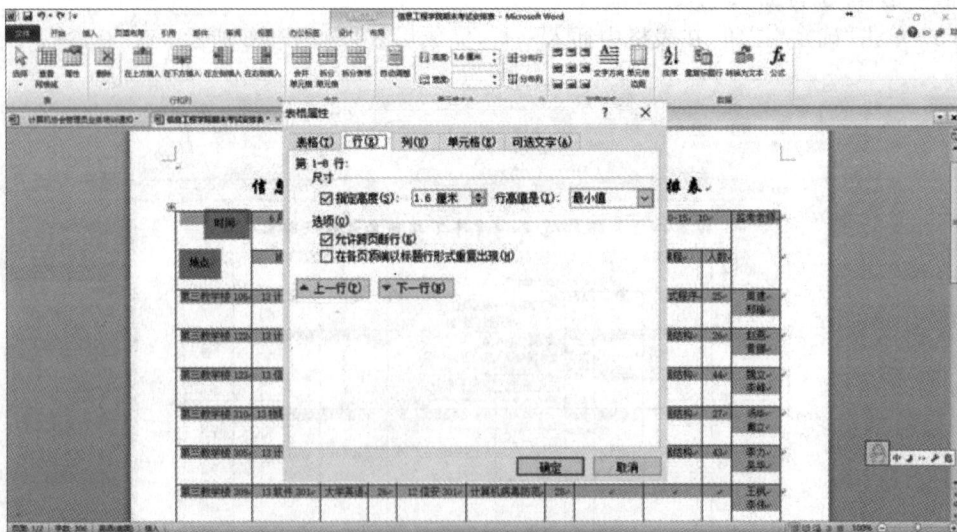

(a)

图 5-9　设置表格的行高

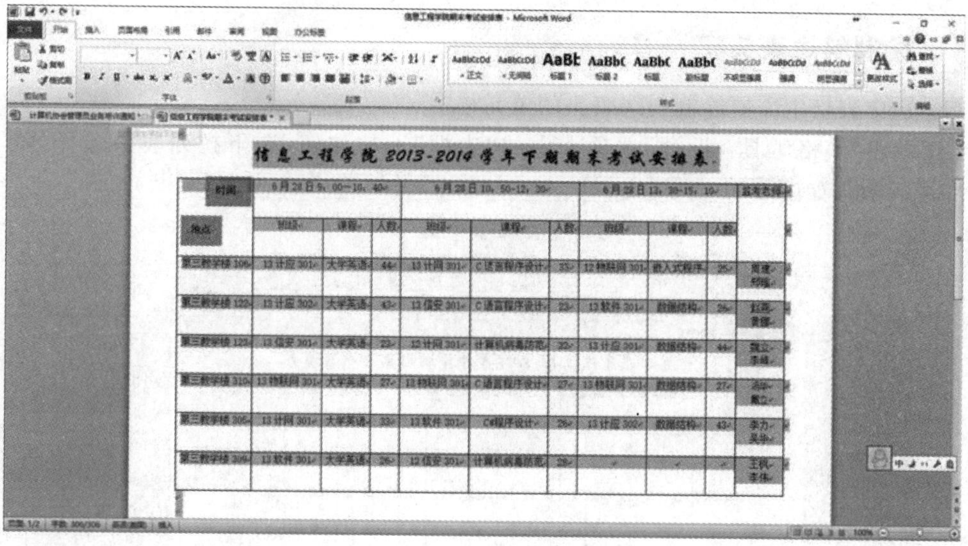

(b)

图 5-9 （续）

（3）单击"确定"按钮，完成后效果如图 5-9(b)所示。

4. 合并单元格

（1）选中表格中需要合并的几个单元格。

（2）单击"表格工具：布局"选项卡，"合并"组中的"合并单元格"按钮，将所选单元格合并为一个单元格，如图 5-10 所示。

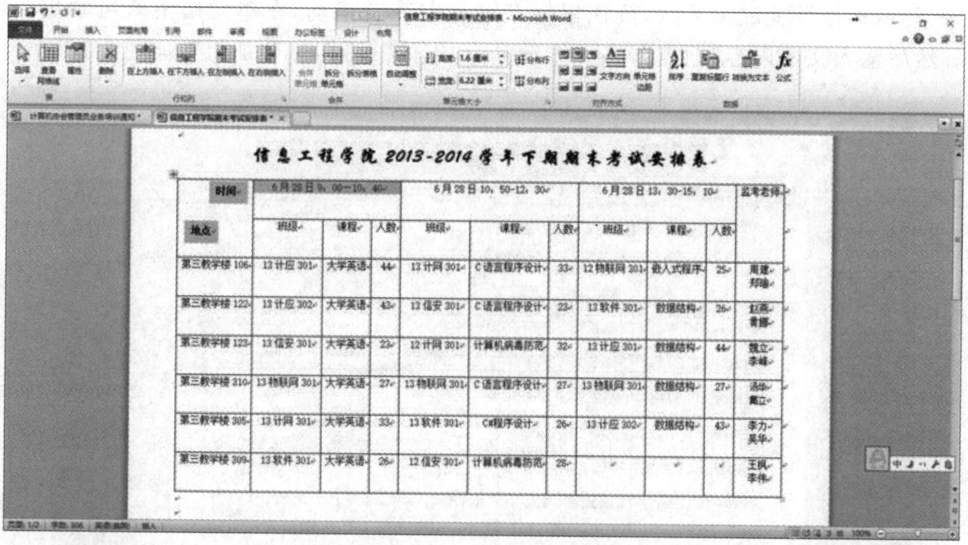

图 5-10 合并单元格

5. 绘制斜线表头

（1）选中表格中需要绘制斜线表头的单元格。

（2）单击"表格工具：设计"选项卡中的"边框"下拉按钮，在下拉列表中选择"斜下框线"，完成后效果如图 5-11 所示。

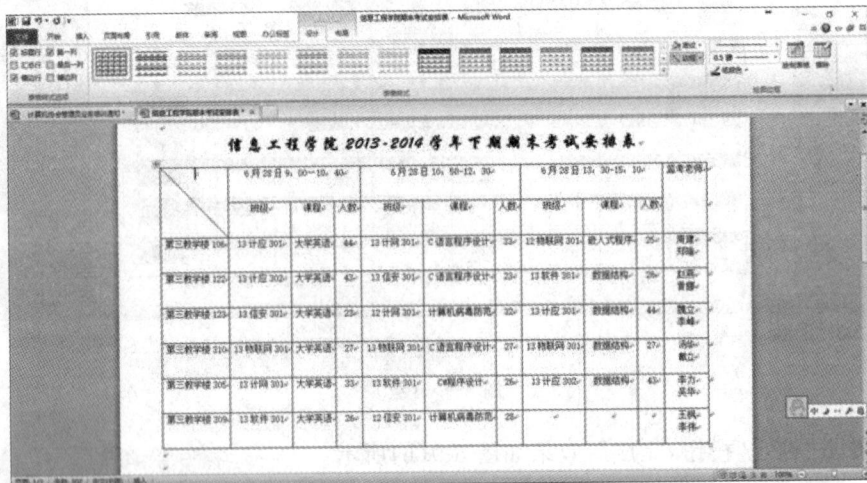

图 5-11　绘制斜线表头

6. 插入文本框

（1）单击"插入"选项卡中的"文本框"下拉按钮，在下拉列表框中选择"绘制文本框"选项，此时鼠标指针变成十字状，按住鼠标左键从左往右拖动，在单元格中就可画出一个文本框。然后输入文本内容"地点"，将字体设置为"宋体""小四号""加粗"，如图 5-12 所示。

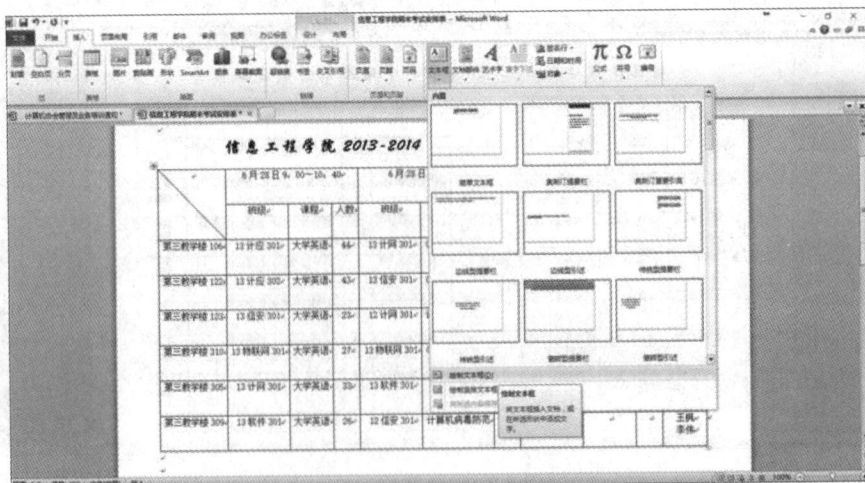

图 5-12　插入文本框

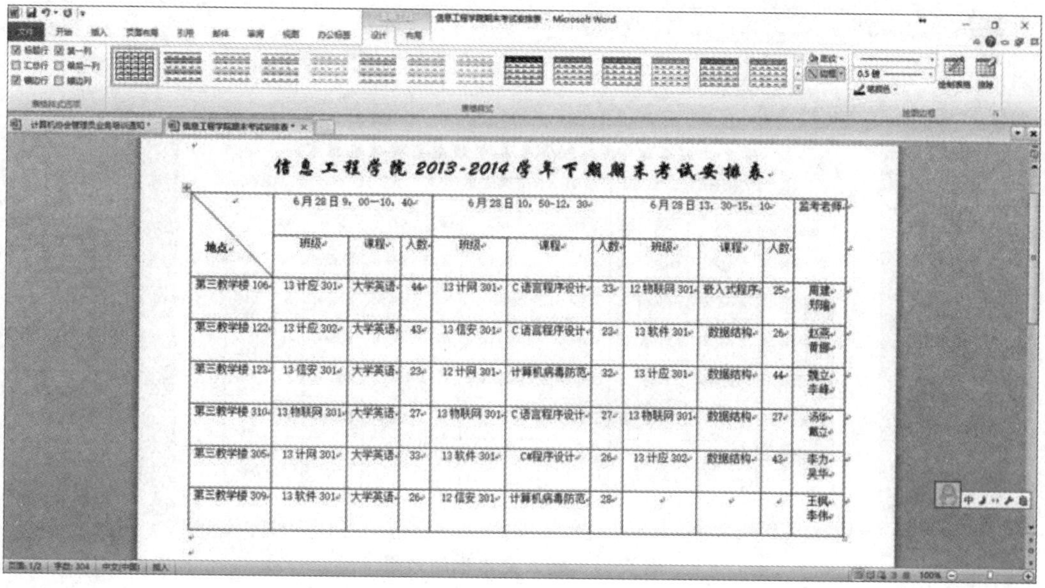

图 5-12 （续）

（2）选中文本框，单击"绘图工具：格式"选项卡"形状样式"组中的"形状轮廓"下拉按钮，在下拉列表中选择"无轮廓"选项，效果如图 5-13 所示。

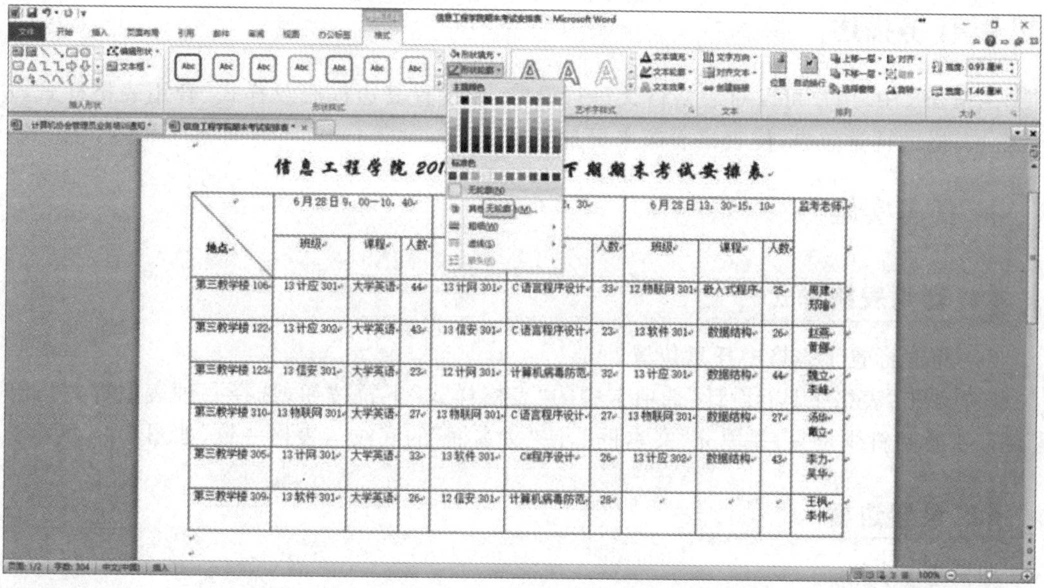

图 5-13 设置文本框边框

（3）用同样的方法插入"时间"文本框，完成后的效果如图 5-14 所示。

图 5-14 插入文本框后效果

任务 3 设置表格格式

▶ 任务描述

在 Word 中，用户可以对表格格式进行设置，如设置其边框底纹样式、套用表格样式，从而增强表格的视觉效果，使表格看起来更加美观。

▶ 任务实施

1. 套用表格样式

（1）将光标置于表格中任意位置。

（2）单击"表格工具：设计"选项卡中的"表格样式"下拉按钮，选择一种表格样式，此时需要重新绘制斜线表头，并填充"文本框"，使"文本框"的底纹与表格一致，如图 5-15 所示。

2. 设置边框

（1）选中表格。

（2）单击"表格工具：设计"选项卡中的"边框"下拉按钮，在下拉列表框中单击"边框和底纹"选项，如图 5-16 所示。在打开的"边框和底纹"对话框中单击"边框"选项卡，选择如图 5-17 所示的"样式""颜色""宽度"作为外边框，然后选择如图 5-18 所示的"样式""颜色""宽度"作为内边框。

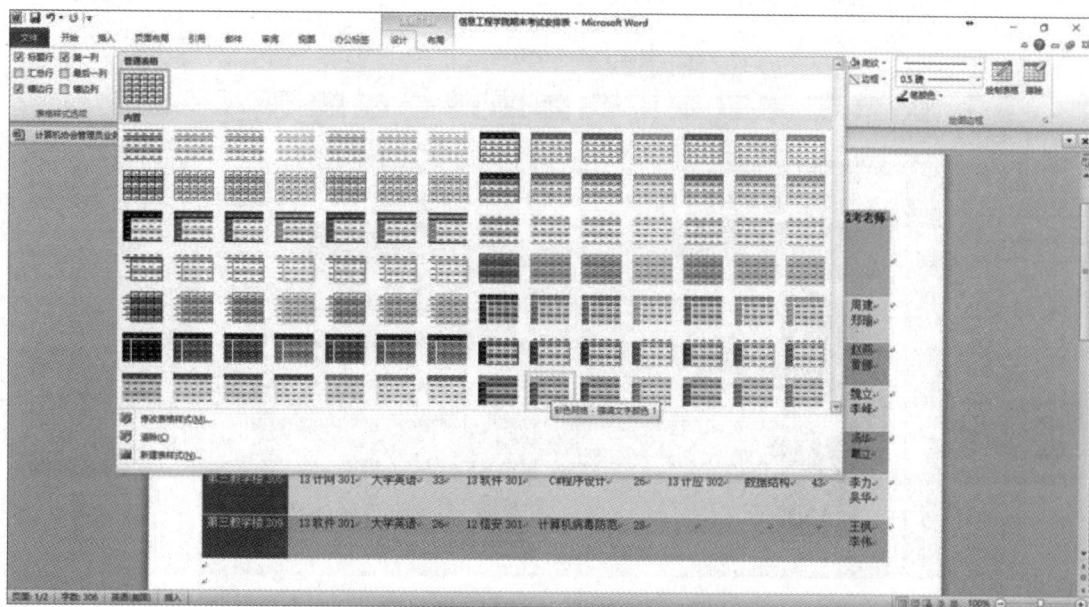

图 5-15 套用表格样式

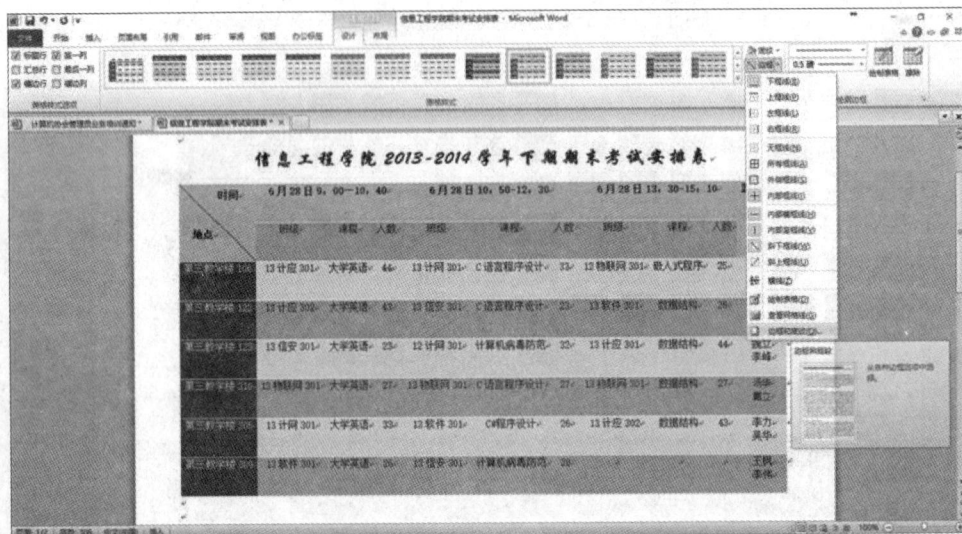

图 5-16 "边框和底纹"下拉列表

图 5-17 设置外边框

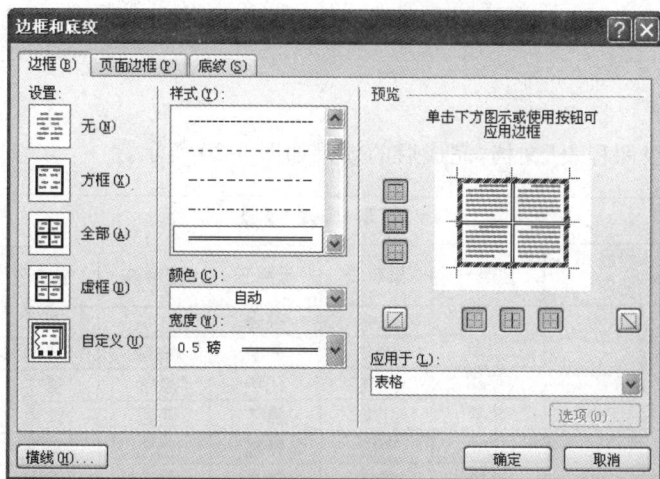

图 5-18 设置内边框

（3）单击"确定"按钮，完成后效果如图 5-19 所示。

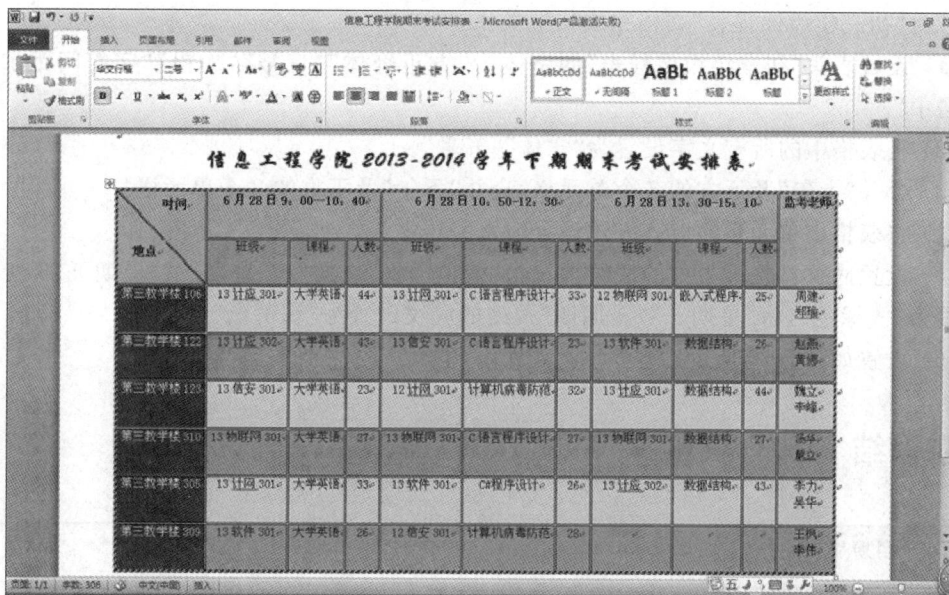

图 5-19 设置完成后效果

至此，完成了"信息工程学院 2013—2014 学年下期期末考试安排表"的制作。

项目小结

本项目主要学习 Word 2010 中表格的制作方法与技巧，包括新建表格、编辑表格、设置表格样式等。重点是编辑表格，难点是斜线表头的设置。

拓展训练

制作"初三年级课程表"文档,完成后的效果如图 5-20 所示。

科目 日程	星期一	星期二	星期三	星期四	星期五
上　午	语文	数学	英语	化学	英语
	数学	语文	数学	物理	化学
	英语	物理	化学	数学	语文
	数学	化学	语文	英语	体育
下　午	化学	英语	物理	历史	英语
	物理	美术	英语	语文	数学
	政治	地理	计算机	音乐	物理

图 5-20　初三年级课程表

针对"初三年级课程表"文档完成如下操作。

(1) 设置表头"初三年级课程表"的字体为"方正舒体""三号""加粗""字符间距加宽 1 磅""居中"。

(2) 将表格中的所有文字设置为"宋体""五号"。

(3) 合并"上午"及下方的 3 个单元格,合并"下午"及下方的 2 个单元格。

(4) 将表格中单元格的对齐方式设置为水平居中。

(5) 设置底纹。将第 1 列的底纹设置为"蓝色",将"星期一""星期三""星期五"3 列的底纹设置为"浅绿色",将"星期二""星期四"两列的底纹设置为"浅黄色"。

(6) 设置如图 5-20 所示边框。

学习总结

本项目所用软件	
项目中包含的知识和操作技能	
你已熟知或掌握的知识和操作技能	
你认为还有哪些知识和技能需要强化	
项目中可使用的 Office 技巧	
学习本项目之后的体会	

项目6 制作流程图及组织结构图

在本项目中，通过学习制作"购物流程图"及"购物网站人员组织流程图"，掌握 Word 2010 中文档的流程图的绘制，主要包括插入图形、流程图美化、独立图形组合、设置三维效果样式、改变自选图形、SmartArt 应用等。总的效果如图6-1所示。

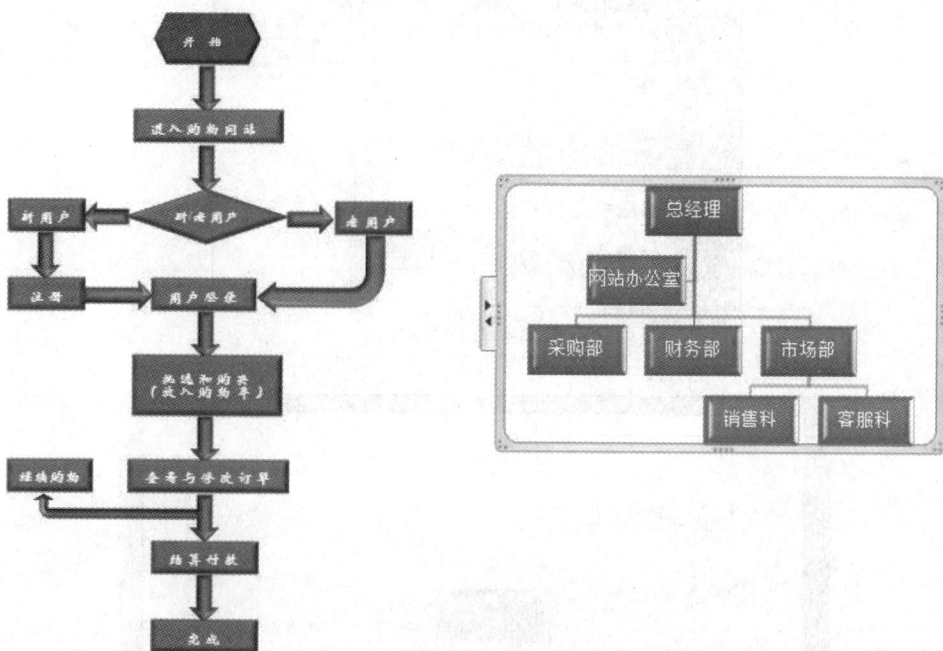

图6-1　效果图

任务 1　在"购物流程图"中插入图形形状

▶ 任务描述

制作购物流程图首先要选择相应图形形状，并进行美化。

▶ 任务实施

1. 插入图形形状

（1）将光标定位于文本中空白处。

（2）单击"插入"选项卡"插图组"中的"形状"按钮，在弹出的"形状"对话框中，选中"六边形"形状，如图 6-2 所示，光标变成十字形状。

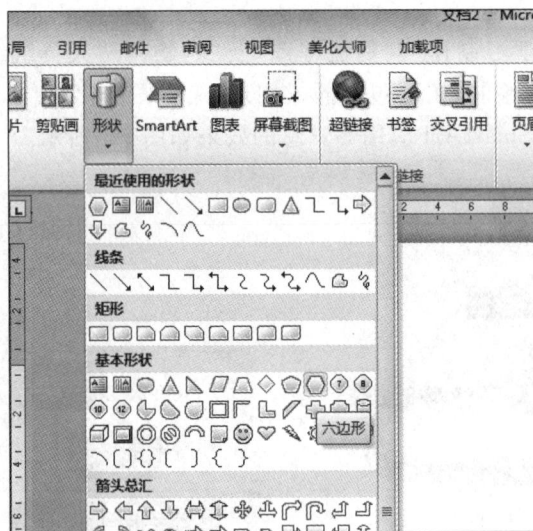

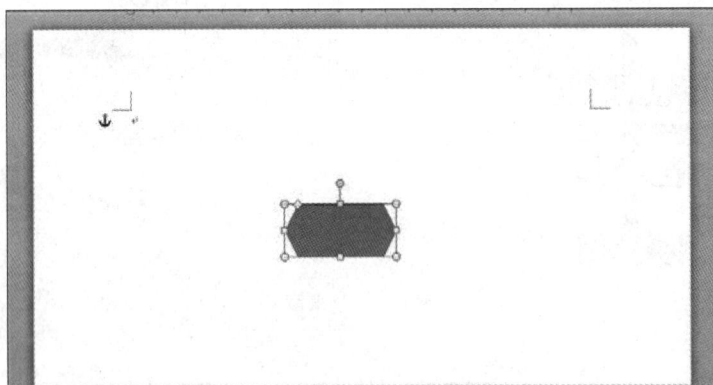

图 6-2　插入形状

（3）在文本空白处按住鼠标左键，拖动鼠标绘制六边形，绘制完毕松开鼠标左键。

2. 设置图形形状格式

（1）选中六边形图形对象，右击，在弹出的快捷菜单中选择"设置形状格式"命令。

（2）在"设置形状格式"对话框中，单击左侧的"填充"选项，然后单击对话框右侧"纯色填充"单选按钮,单击"颜色:"下拉按钮,选择"红色",如图 6-3 所示。

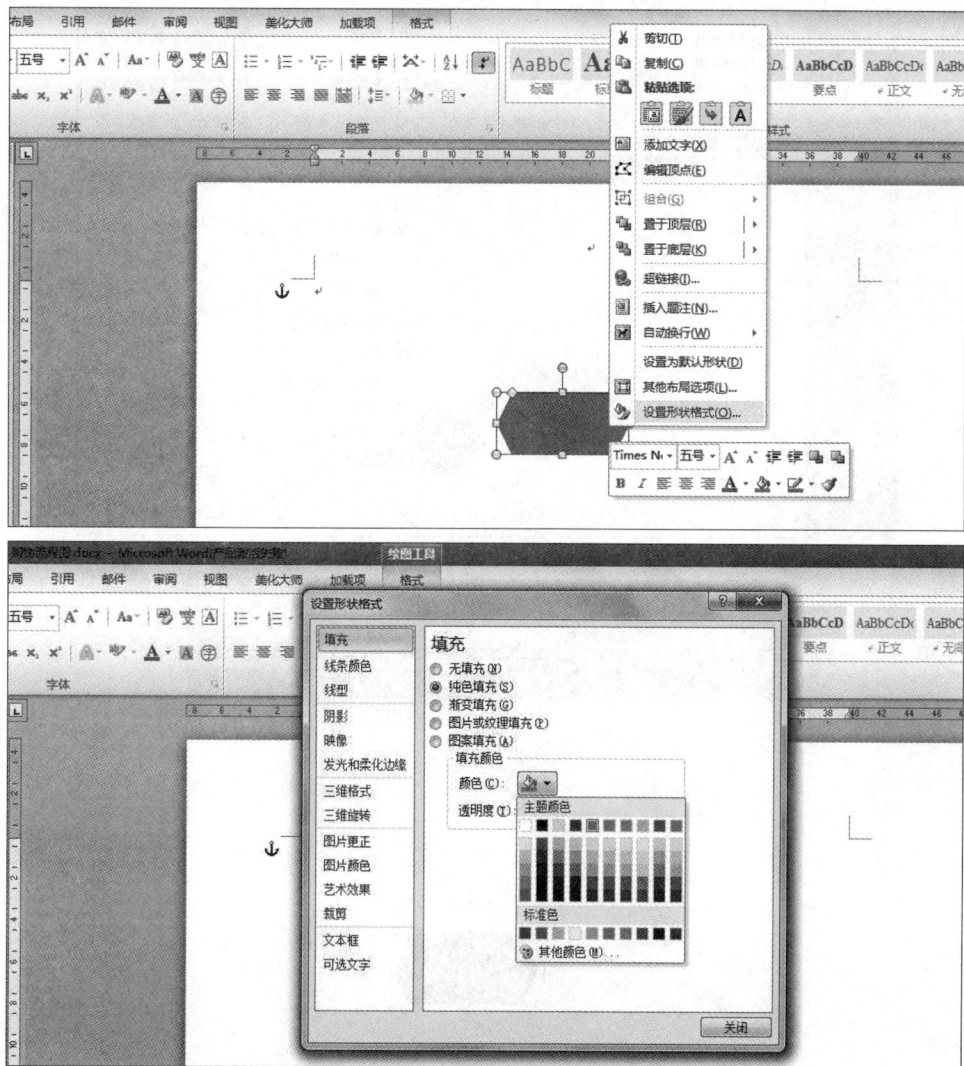

图 6-3　更改图形填充颜色

(3) 选中六边形图形对象,右击,在弹出的快捷菜单中选择"设置形状格式"命令。单击左侧的"线条颜色"选项,然后单击对话框右侧的"无线条"单选按钮。

3. 图形形状中插入文字及设置文字格式

(1) 选中六边形图形对象,右击,在弹出的快捷菜单中选择"添加文字"命令。然后在六边形中输入"开始"文字,如图 6-4 所示。

(2) 选中"开始"文字,右击,在弹出的快捷菜单中选择"字体"命令。在弹出的"字体"对话框中,单击"字体"选项卡,在"中文字体"下拉列表框中选择"华文新魏",在"字形"下拉列

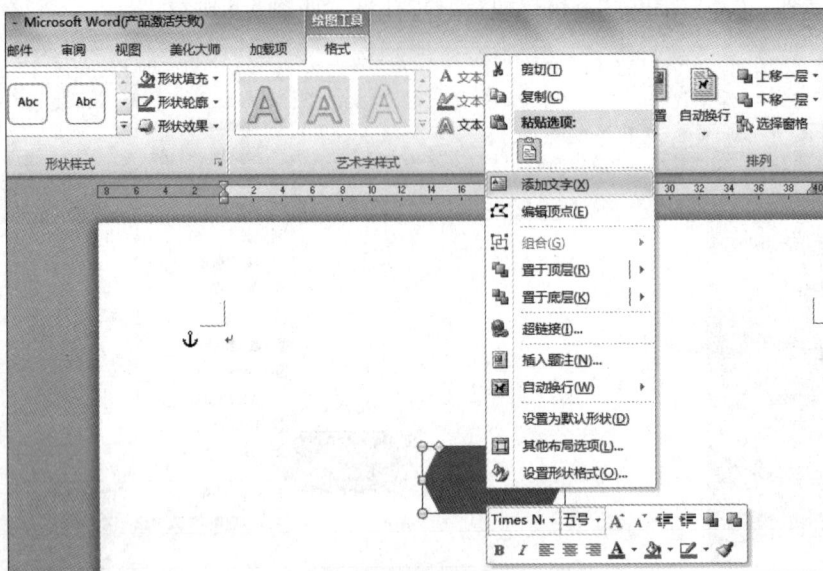

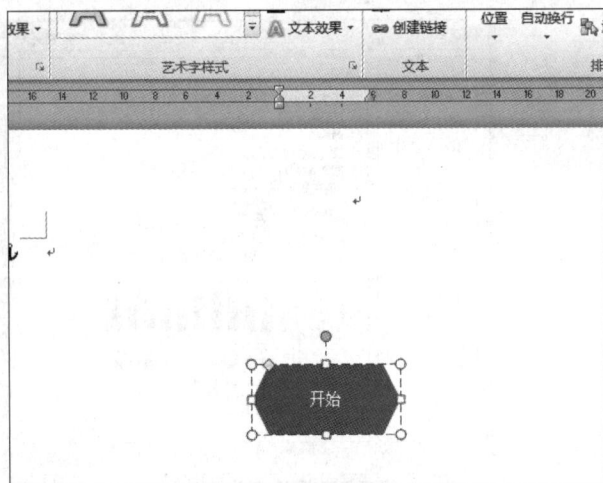

图 6-4　输入文字

表框中选择"加粗",在"字号"下拉列表框中选择"四号"。单击"高级"选项卡,在"间距"下拉列表框中选择"加宽"。在"磅值"中输入"5 磅",如图 6-5 所示。

4. 添加图形形状三维效果

(1) 选中六边形图形对象,单击"绘图工具:格式"选项卡中的"形状样式"下拉按钮,在弹出的"设置形状格式"对话框中,单击左侧的"三维格式"选项。

(2) 单击"棱台"→"顶端"下拉按钮,选择"棱台"→"圆",如图 6-6(a)所示。

(3) 单击"棱台"→"底端"下拉按钮,选择"棱台"→"圆"。单击"设置形状格式"对话框右下角的"关闭"按钮,如图 6-6(b)所示。

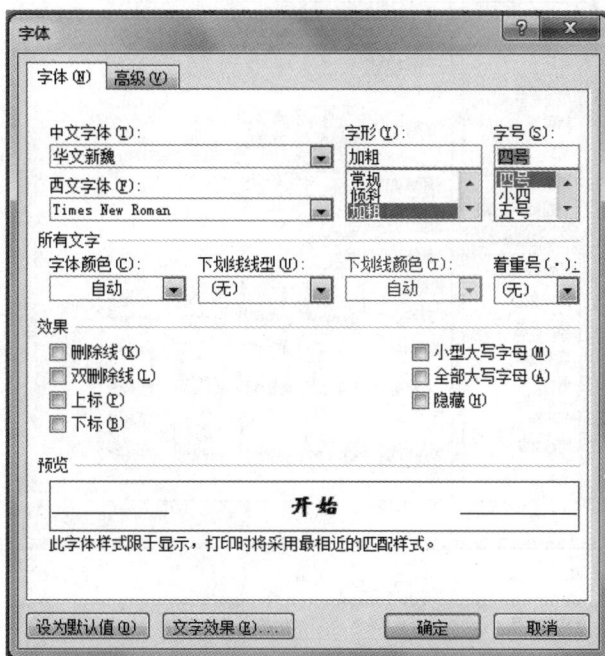

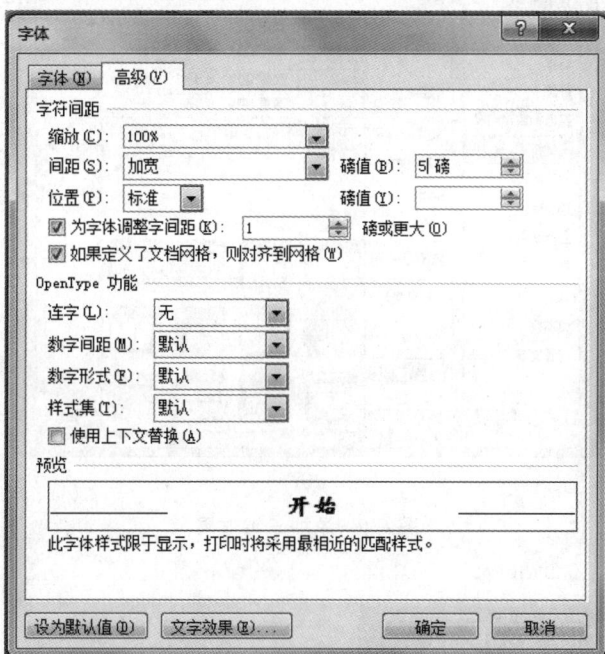

图 6-5　设置文字格式

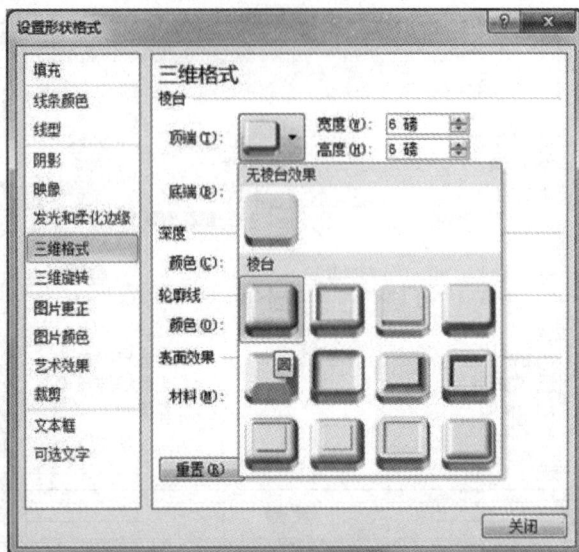

(a)

(b)

图 6-6　添加三维效果

任务 2　修改图形形状

▶ 任务描述

本任务是对已经画好的图形进行修改,改变其大小、方向、形状等。由于流程图由多个独立的形状组成,当需要选中、移动和修改大小时,往往需要选中所有的独立形状,操作起来不方便。为此,可以借助"组合"命令将多个独立的形状组合成一个图形对象,方便图形的各种操作。

▶ 任务实施

1. 修改图形大小及方向

（1）单击"插入"选项卡"插图"组中的"形状"按钮,在弹出的"形状"对话框中选中"上箭头"形状,绘制"上箭头"图形,如图 6-7(a)所示。

（2）将光标放在"上箭头"图形上,光标变成十字箭头形状,这时可拖动图形,进行位置调整。

（3）将光标放在"上箭头"图形边框中 8 个白色圈点的位置,可调整"上箭头"图形的大小和高矮。

（4）将光标放在"上箭头"图形边框中两个黄色点上,按住左键进行拖动,可调整"上箭头"图形状态,得到想要的结果后,松开鼠标左键。

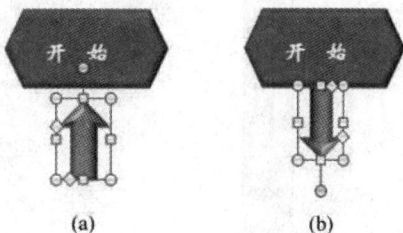

图 6-7　改变箭头大小和方向

（5）将光标放在"上箭头"图形边框绿色圈点上,光标变成旋转的形状,单击并拖动图形,当箭头指向下方时松开鼠标左键,如图 6-7(b)所示。

2. 修改图形形状

（1）选中图中的"矩形"图形,单击"绘图工具:格式"选项卡。

（2）在"插入形状"组中单击"编辑形状"按钮,在下拉列表中单击"更改形状"→"圆角矩形"按钮,如图 6-8 所示。

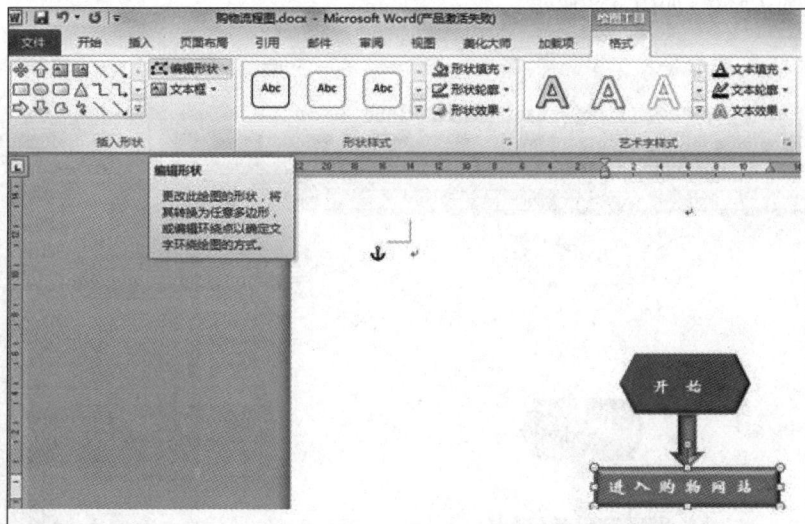

图 6-8　改变图形形状

71

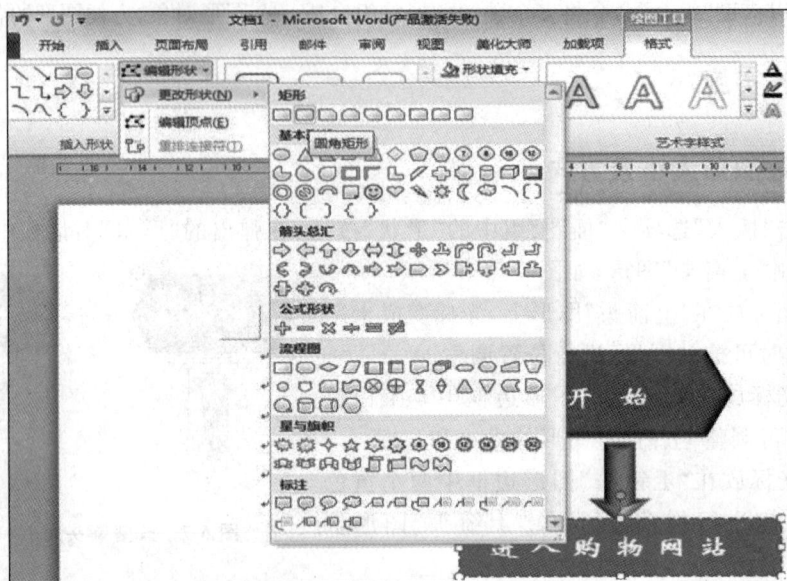

图 6-8 （续）

3. 组合图形和取消组合图形操作

（1）单击"开始"选项卡"编辑"组中的"选择"按钮，在弹出的菜单中选择"选择对象"命令，如图 6-9 所示。

（2）将光标移动到页面中，光标呈白色鼠标箭头形状。然后，在按住 Ctrl 键的同时单击选中所有的独立形状，如图 6-9 所示。

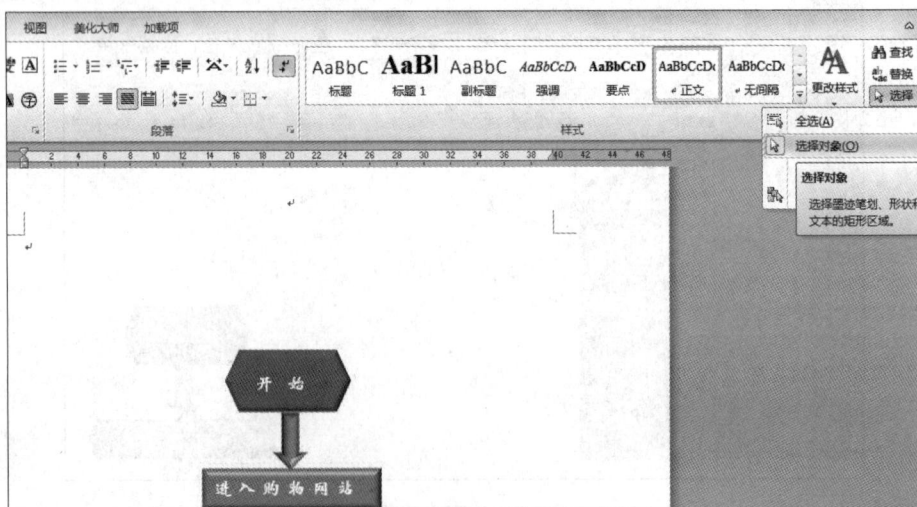

图 6-9 组合独立图形

图 6-9 （续）

（3）松开 Ctrl 键，右击，在弹出的快捷菜单中选择"组合"→"组合"命令，如图 6-10(a) 所示。

（4）通过上述操作，被选中的独立图形形状将组合成一个图形对象，进行整体操作。

（5）选中图形对象，右击，在弹出的快捷菜单中选择"组合"→"取消组合"命令，可取消组合，如图 6-10(b)所示。

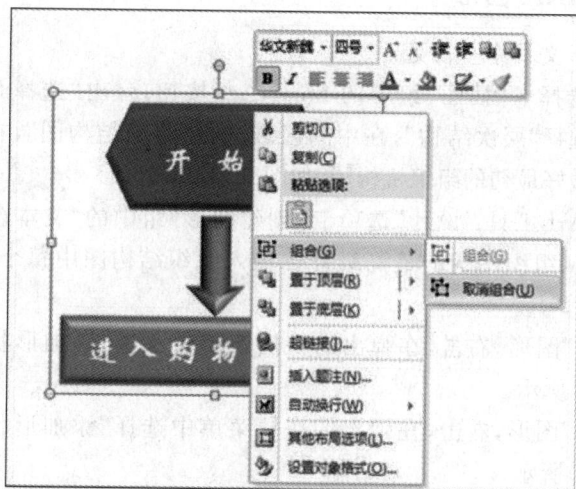

(a)

图 6-10 组合及取消组合

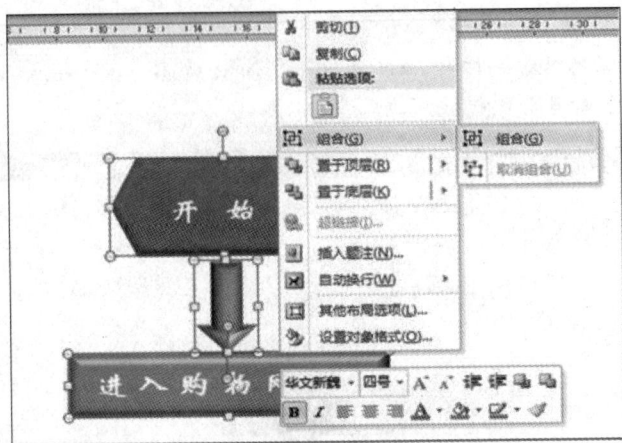

(b)

图 6-10 （续）

任务 3 制作"购物网站人员组织结构图"

▶ 任务描述

通过 Word 本身自带的 SmartArt 图形，将购物网站人员组织结构图形化表示。

▶ 任务实施

1. 插入 SmartArt 图形

（1）将光标定位于文本中空白处。

（2）单击"插入"选择卡"插图"组中的 SmartArt 按钮，弹出"选择 SmartArt 图形"对话框。在该对话框左侧选择"层次结构"，在中间区域选择"组织结构图"，右侧可以看到相关说明，单击"确定"按钮，做好最初的组织机构图，如图 6-11(a)所示。

（3）单击"SmartArt 工具：设计"选项卡"创建图形"组中的"文本窗格"按钮，在弹出的"文本窗格"对话框中从组织结构的最高级开始输入组织结构图中每个小方框中的文字，如图 6-11(b)所示。

（4）选中"市场部"图形，右击，在弹出的快捷菜单中选择"添加形状"→"在下方添加形状"命令，如图 6-12(a)所示。

（5）选中"市场部"图形，右击，在弹出的快捷菜单中选择"添加形状"→"在下方添加形状"命令，如图 6-12(b)所示。

（6）选中"市场部"图形，单击"SmartArt 工具：设计"选项卡"创建图形"组中的"布局"按钮，在打开的下拉菜单中选择"标准"命令，如图 6-13(a)所示。

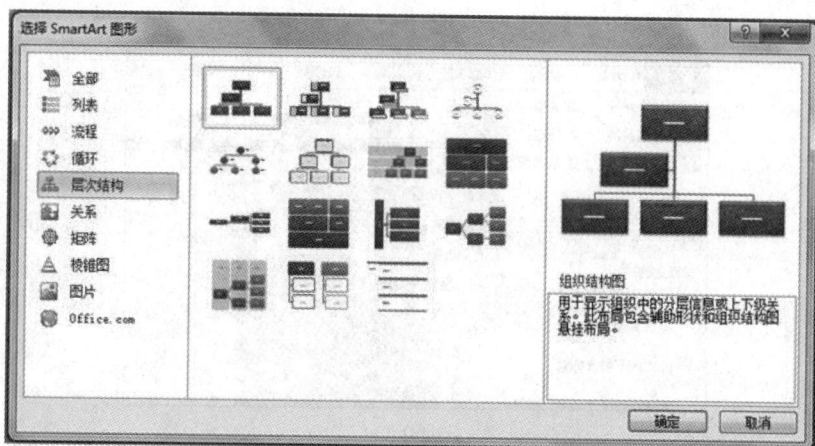

(a)

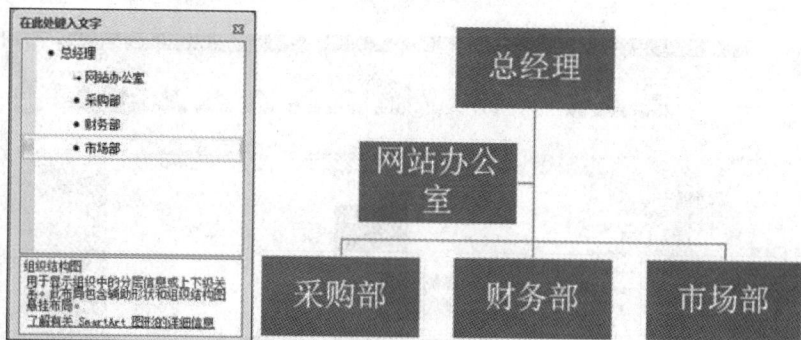

(b)

图 6-11 插入组织结构图

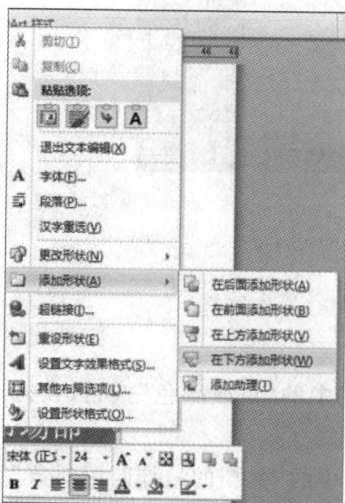

(a)

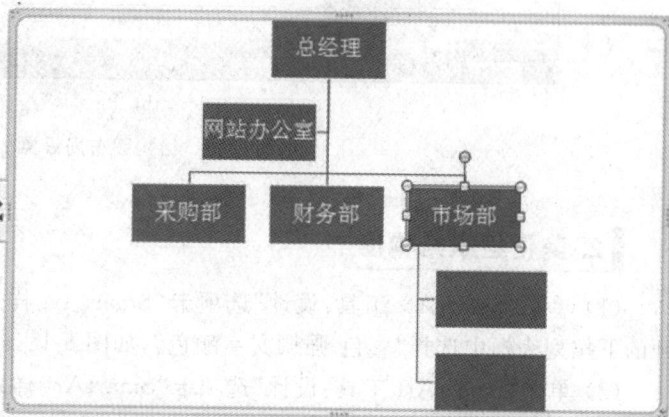

(b)

图 6-12 修改组织结构图

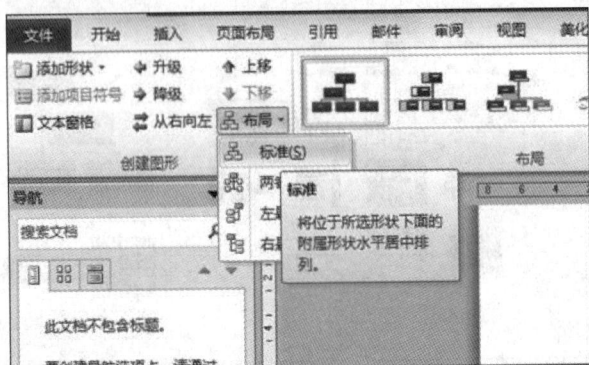

(a)

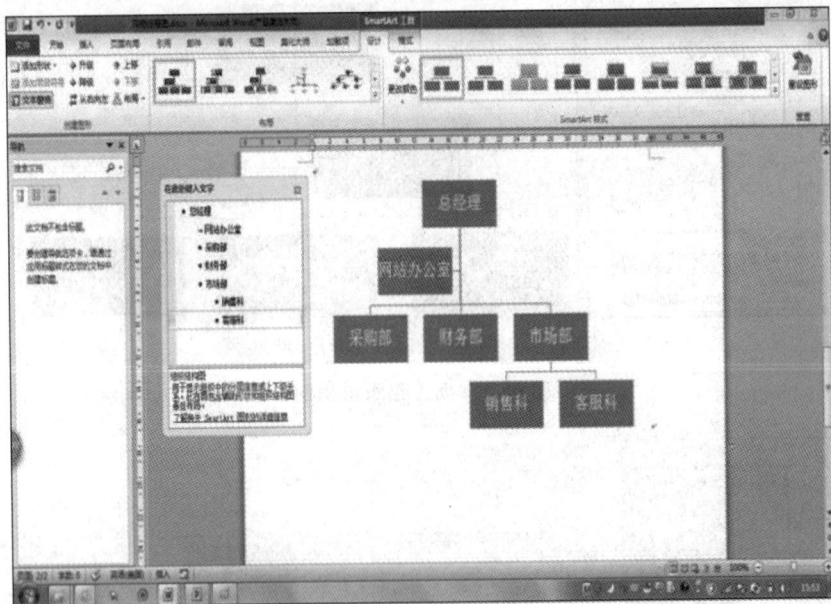

(b)

图 6-13　结构图布局设置

2. 美化组织结构图

（1）单击"SmartArt 工具：设计"选项卡"SmartArt 样式"组中的"更改颜色"按钮，在打开的下拉列表框中选择"彩色-强调文字颜色"，如图 6-14（a）所示。

（2）单击"SmartArt 工具：设计"选项卡"SmartArt 样式"组中的"文档的最佳匹配对象"下拉按钮，在打开的下拉列表框中选择"嵌入"，如图 6-14（b）所示。

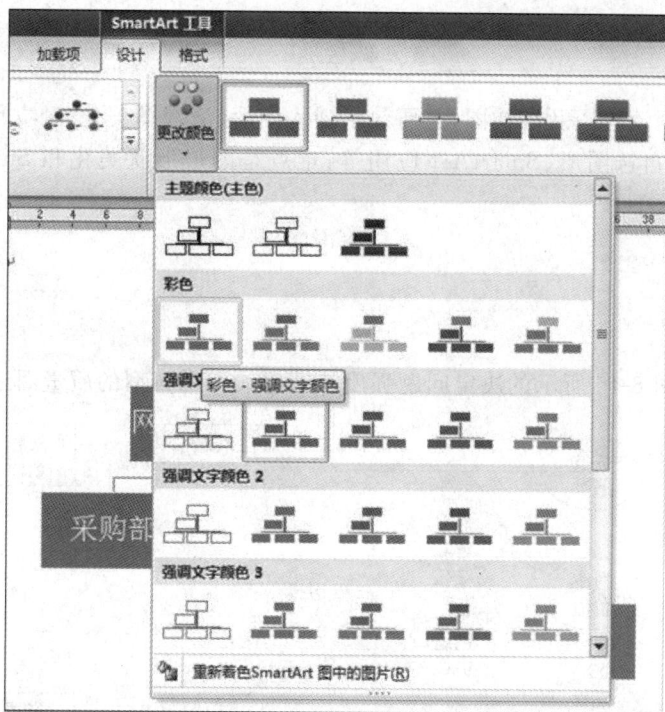

(a)

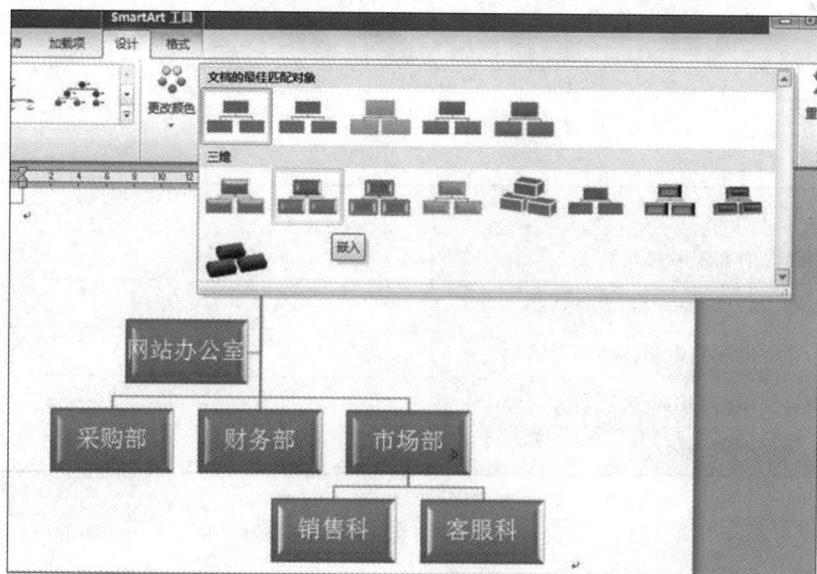

(b)

图 6-14 结构图布局设置

项目小结

本项目是绘制流程图及结构图，主要包括插入图形、流程图美化、独立图形组合、设置三维效果样式、改变自选图形、SmartArt 应用等，难点是图形形状美化和 SmartArt 图形结构修改。

拓展训练

模仿绘制如图 6-15 所示的决定问题强度特征射线图和典型的质量圈运作程序循环图。

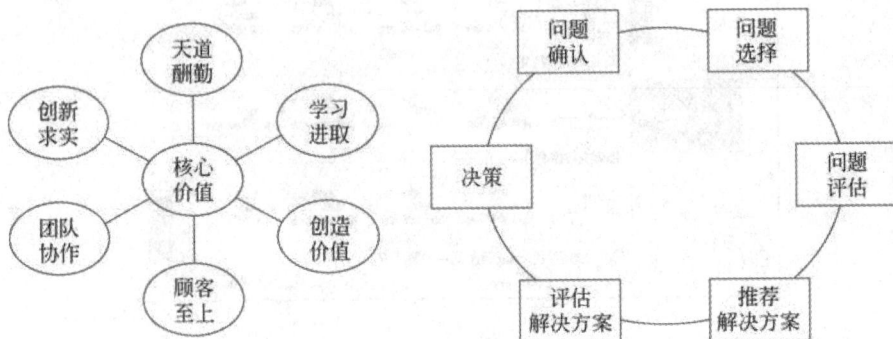

图 6-15　结构图

学习总结

本项目所用软件	
项目中包含的知识和操作技能	
你已熟知或掌握的知识和操作技能	
你认为还有哪些知识和技能需要强化	
项目中可使用的 Office 技巧	
学习本项目之后的体会	

项目 7　编辑排版长文档

在日常的工作和学习中，有时会遇到长文档的编辑。长文档内容多，目录结构复杂，如果不使用正确的方法，则很难使整篇文档的编辑达到满意的效果。

在本项目中，通过学习“长文档编辑排版”，掌握 Word 2010 中文档的编辑排版，主要包括建立文档纲目结构、制作文档目录、制作文档索引、文档的审阅和修订等。本项目完成后的效果如图 7-1 所示。

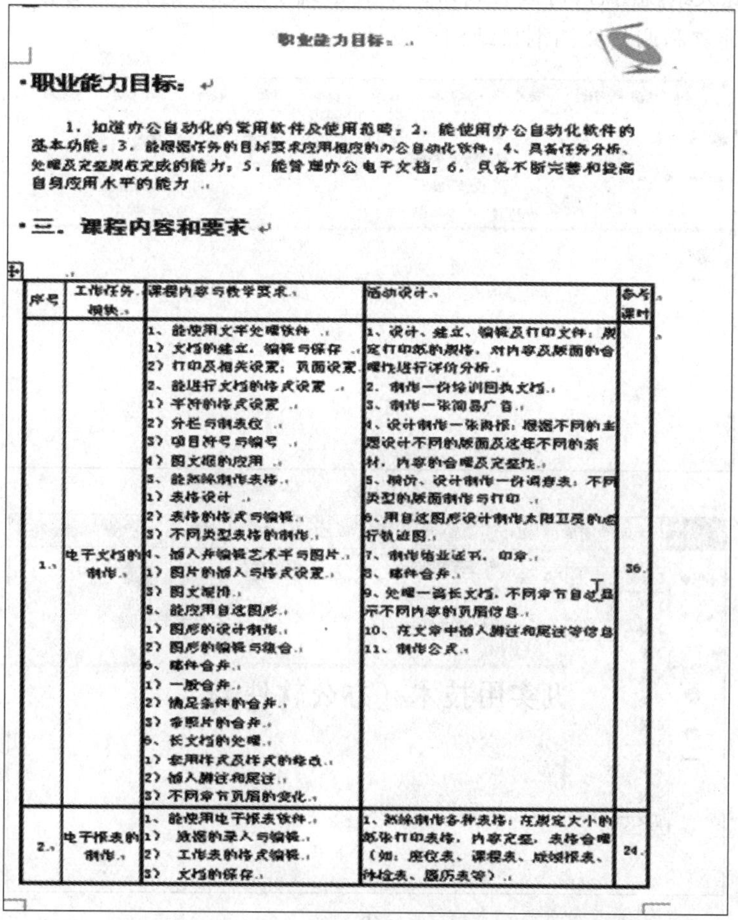
职业能力目标：

职业能力目标：

1. 知道办公自动化的常用软件及使用范畴；2. 能使用办公自动化软件的基本功能；3. 能根据任务的目标要求应用相应的办公自动化软件；4、具备任务分析、处理及完整规范完成的能力；5. 能管理办公电子文档；6. 具备不断完善和提高自身应用水平的能力

三. 课程内容和要求

序号	工作任务模块	课程内容与教学要求	活动设计	参考课时
1.	电子文档的制作	1、能使用文字处理软件 1）文档的建立、编辑与保存 2）打印及相关设置：页面设置 2、能进行文档的格式设置 1）字符的格式设置 2）分栏与制表位 3）项目符号与编号 4）图文框的应用 3、能熟练制作表格 1）表格设计 2）表格的格式与编辑 3）不同类型表格的制作 4、插入并编辑艺术字与图片 1）图片的插入与格式设置 3）图文混排 5、能应用自选图形 1）图形的设计制作 2）图形的编辑与组合 6、邮件合并 1）一般合并 2）满足条件的合并 3）带照片的合并 6、长文档的处理 1）套用样式及样式的修改 2）插入脚注和尾注 3）不同章节页眉的变化	1、设计、建立、编辑及打印文件：规定打印纸的规格，对内容及版面的合理性进行评价分析 2、制作一份培训回执文档 3、制作一张简易广告 4、设计制作一张海报：根据不同的主题设计不同的版面及选择不同的素材，内容的合理及完整性 5、模仿、设计制作一份调查表：不同类型的版面制作与打印 6、用自选图形设计制作太阳卫星的运行轨迹图 7、制作结业证书、印章 8、邮件合并 9、处理一篇长文档，不同章节自动显示不同内容的页眉信息 10、在文章中插入脚注和尾注等信息 11、制作公式	36
2.	电子报表的制作	1、能使用电子报表软件 1）数据的录入与编辑 2）工作表的格式编辑 3）文档的保存	1、熟练制作各种表格：在规定大小的纸张打印表格，内容完整，表格合理（如：座位表、课程表、成绩报表、体检表、履历表等）	24

图 7-1　长文档编辑

任务 1　制作长文档大纲

▶ 任务描述

文档的纲目结构是评价文档好坏的重要标准之一。同时,若要高效地完成一篇长文档,首先完成的工作是构建文档的纲目结构,而大纲视图是构建文档纲目结构的优秀途径。现在,对"计算机实用技术(办公软件)课程标准"进行大纲建立。

▶ 任务实施

(1) 启动 Word 2010,新建一个空白文档,然后单击 Word 窗口右下方的"大纲视图"按钮,切换到大纲视图。

(2) 切换到大纲视图后,可以看到窗口上方出现了"大纲"选择卡,如图 7-2(a)所示。该选项卡专门为建立和调整文档纲目结构所设计。

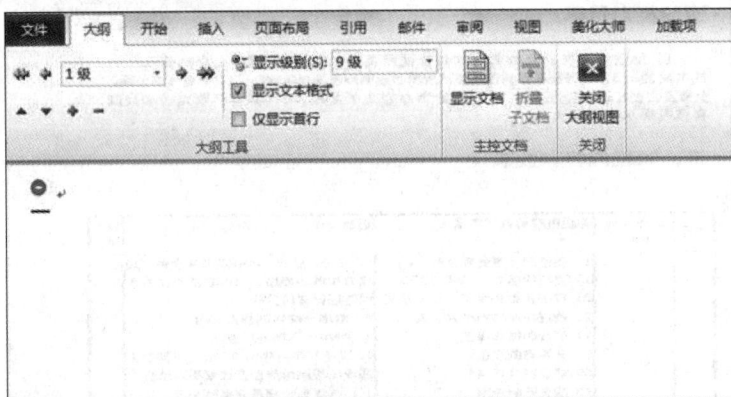

(a)

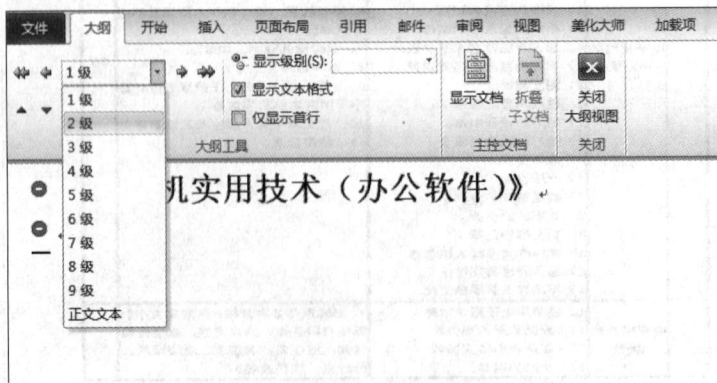

(b)

图 7-2　大纲设置

（3）在光标处输入"《计算机实用技术（办公软件）》"。

（4）将光标定位于"《计算机实用技术（办公软件）》"段落末尾，按回车键后得到新的一段。在"大纲"选项卡的"大纲工具"组中单击"大纲级别"下拉按钮，选择"2级"，如图7-2（b）所示。

（5）在光标处输入"一．前沿"。

（6）用同样的方法，如图7-3所示，输入所有标题。当把所有的三级标题输入完成后，可以发现凡是含有下属标题的一级标题段落前面的段落控制符由原来的一字形变成十字形。

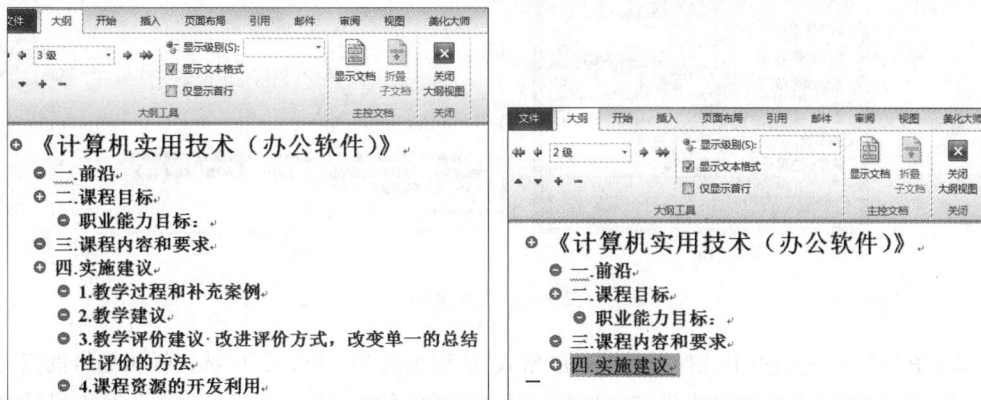

图7-3　大纲结构

（7）为什么把这些符号称为段落控制符呢？用鼠标指针单击"四．实施建设"前面的段落控制符，可以发现该段落以及它的下属段落被选中。双击"四．实施建设"前面的段落控制符，可以看到它的下属段落被折叠，再双击一下又可将其展开。可见这个小小的符号，在我们需要进行相关操作控制时，为我们带来了不少方便。

（8）前面提到的"折叠"的一个用途为，将所有含有下属标题的一级标题段落折叠，使我们更容易观看整个文档的一级标题纲要。当然，更方便的方法是使用"大纲"选项卡中"大纲工具"组中的"显示级别"命令。比如我们想看看文档的一级标题，则单击"显示级别"下拉按钮，在弹出的列表中选择"显示级别1"即可。

任务2　设置脚注和尾注

▶ 任务描述

脚注和尾注是对文档中的内容作注释。目录是文档中各级标题的列表，它通常位于文章的扉页之后，作用是方便读者快速地检阅或定位到感兴趣的内容。

▶ 任务实施

1. 插入脚注和尾注

（1）切换到页面视图下，将光标定位在要插入脚注的文字"课程标准"后面。

（2）单击工具栏中"引用"选项卡中的"脚注和尾注对话框启动器"按钮，打开"脚注和尾注"对话框，如图 7-4（a）所示。

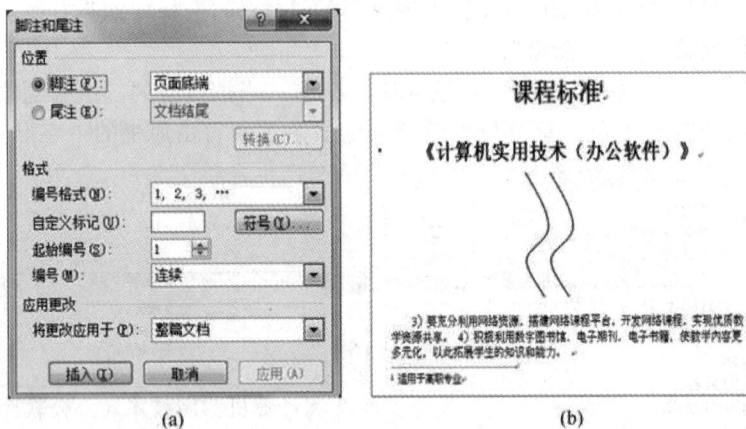

（a）

（b）

图 7-4　插入尾注

（3）在"位置"选项组中选择"尾注"，在"格式"选项组的"编号格式"中选择样张编号的格式。

（4）单击"插入"按钮完成设置，进入尾注编辑区，输入尾注内容，文档的头和尾的效果如图 7-4（b）的所示。

2. 生成目录

（1）将光标定位在标题之前，单击"页面布局"选项卡"页面设置"组中的"分隔符"按钮，在打开的下拉列表中选择"分节符/下一页"，生成一空白页。输入"目录"二字，字号自定。

（2）单击"引用"选项卡"目录"组中的"目录"按钮，在打开的下拉菜单中选择"插入目录"命令，弹出"目录"对话框，如图 7-5（a）所示。

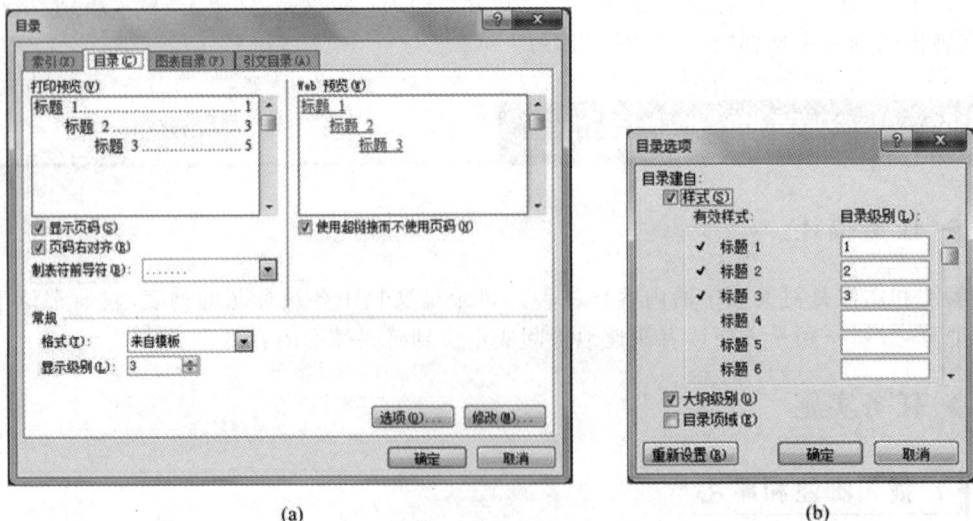

（a）

（b）

图 7-5　目录生成

（3）选中"显示页码"和"页码右对齐"复选框，在"制表符前导符"下拉列表框中选择"小圆点"样式的前导符；在"常规"区域的"格式"下拉列表框中选中"来自模板"；在"显示级别"中选择"3"。

（4）单击"目录"对话框右下角的"选项"按钮，打开"目录选项"对话框，如图7-5（b）所示。选中"样式"复选框，在"有效样式"列表对应的"目录级别"中，将"标题1""标题2""标题3"的目录级别设置为"1""2""3"级。选中"大纲级别"复选框，单击"确定"按钮。

（5）返回"目录"对话框，单击"目录"对话框右下角的"修改"按钮，打开如图7-6（a）所示的"样式"对话框，可以在"样式"列表中选择不同的目录样式。

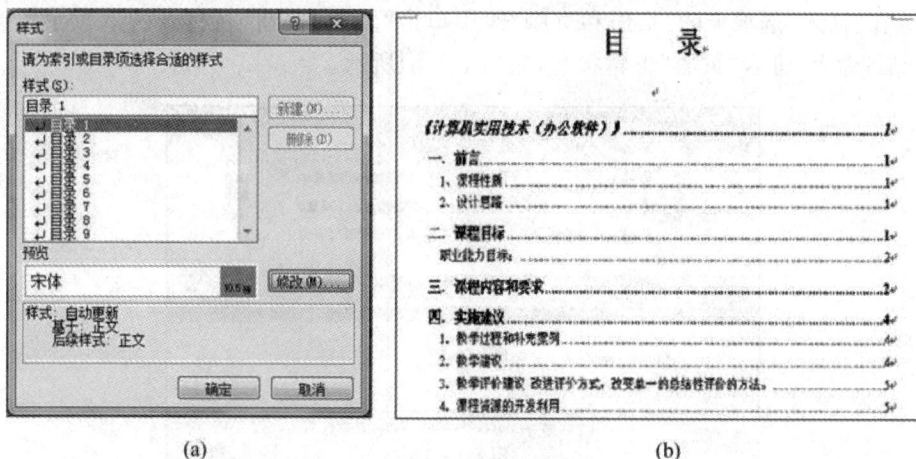

(a)   (b)

图7-6 修改目录

（6）选中"目录2"，单击"修改"按钮，打开"修改样式"对话框。单击"格式"按钮，弹出菜单选项，可以修改字体、段落、边框等。

（7）修改好后，返回"目录"对话框，单击"确定"按钮，即可插入目录，如图7-6（b）所示。目录是以"域"的方式插入到文档中的（会显示灰色底纹），因此可以进行更新。

（8）如果当目录制作完成后又对文档进行了修改，不管是修改了标题还是正文内容，为了保证目录的绝对正确，应对目录进行更新。操作方法为：将光标移至目录区域右击，在弹出的菜单中选择"更新域"命令，打开"更新目录"对话框。选择"更新整个目录"单选按钮，然后单击"确定"按钮即可更新目录。如果只是页码发生改变，可选中"只更新页码"单选按钮。

任务3 设置页眉和页脚

▶ 任务描述

由于工作的需要，很多人都需要为自己的Word文档设置页眉，但有时会要求为每一页设置不同的页眉，怎么做呢？章节页眉的自动更新便能满足这一需求。

长文档通常需要在每一页的底部插入该页面的页数,用于统计书籍的页数,同时更好地方便用户阅读和查阅。

▶ **任务实施**

1. 设置页眉

(1) 设置页眉和页脚时,最好从文章最前面开始,这样不容易混乱。按 Ctrl＋Home 组合键可快速定位到文档开始处。

(2) 在"插入"选项卡的"页眉和页脚"组中单击"页眉"按钮,在打开的下拉菜单中单击"编辑页眉"命令,进入"页眉"编辑状态,如图 7-7(a)所示。

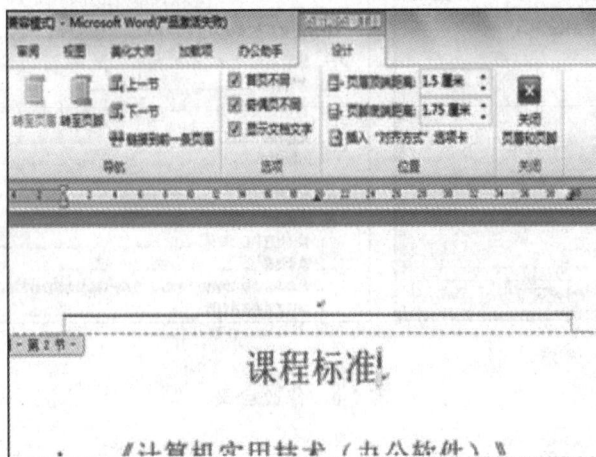

(a)

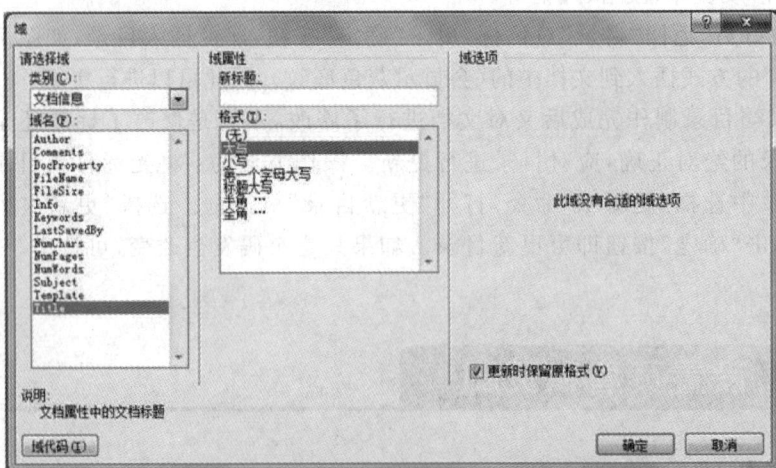

(b)

图 7-7 页眉设置

（3）在"页眉和页脚工具：设计"选项卡中，选中"首页不同"和"奇偶页不同"复选框。

（4）在正文第1页页眉处（奇数页）选择工具栏中的"插入"选项卡，在"文本"组中单击"文档部件"按钮，在打开的下一级菜单中选择"域"，弹出"域"对话框，如图7-7（b）所示。

（5）在奇数页页眉添加论文名。在"域"对话框中，在"类别"下拉列表框中选择"文档信息"，在"域名"列表框中选中Title；在"格式"列表框中选择"大写"。单击"确定"按钮，在所有的奇数页就添加了"文章的名称"的页眉，无须反复录入。

（6）利用插入域的方法，同样可以一次性设置好所有偶数页的标题，同理在"域"对话框中，在"类别"下拉列表框中选择"链接和引用"，在"域名"列表框中选择StyleRef；在"样式名"中选择"标题3"样式，表示引用"标题3"样式中的文字，如图7-8（a）所示。单击"确定"按钮后，每一章的标题都采用了"标题3"样式，这样就能自动根据当前节的"标题3"样式显示所对应的文字内容，无须反复录入，即可将文档"标题3"样式对应的文字插入到偶数页页眉，在页眉左侧插入图标。插入完成后的页眉、页脚效果如图7-8（b）所示。

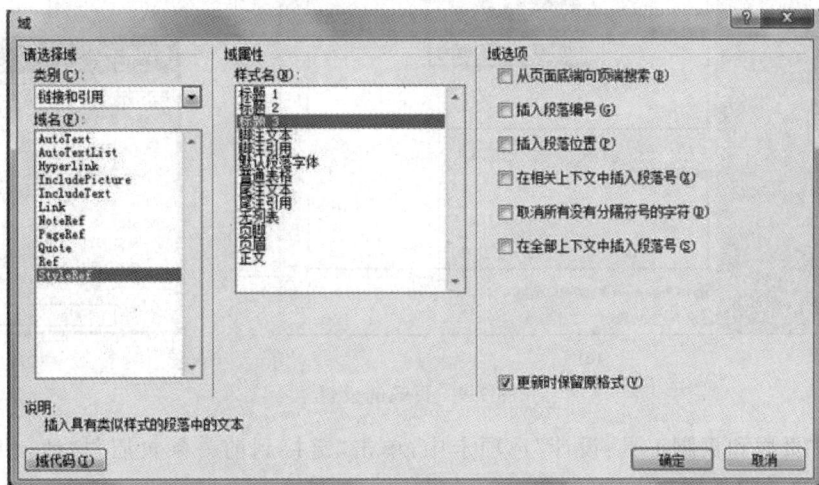

(a)

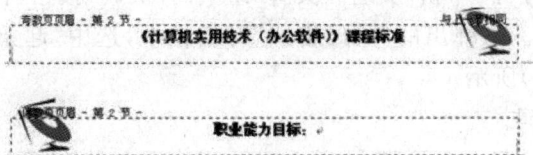

(b)

图7-8　域的设置

2. 设置页脚

（1）按Ctrl＋Home组合键快速定位到文档开始处。

（2）在"插入"选项卡的"页眉和页脚"组中单击"页脚"按钮，在打开的下拉菜单中单击"编辑页脚"命令，进入"页脚"编辑状态。

（3）在"页眉和页脚工具：设计"选项卡中，单击"页眉和页脚"组中的"页码"按钮，在打开的下拉菜单中选择"页面底部"→"简单/普通数字 2"选项，如图 7-9（a）所示。

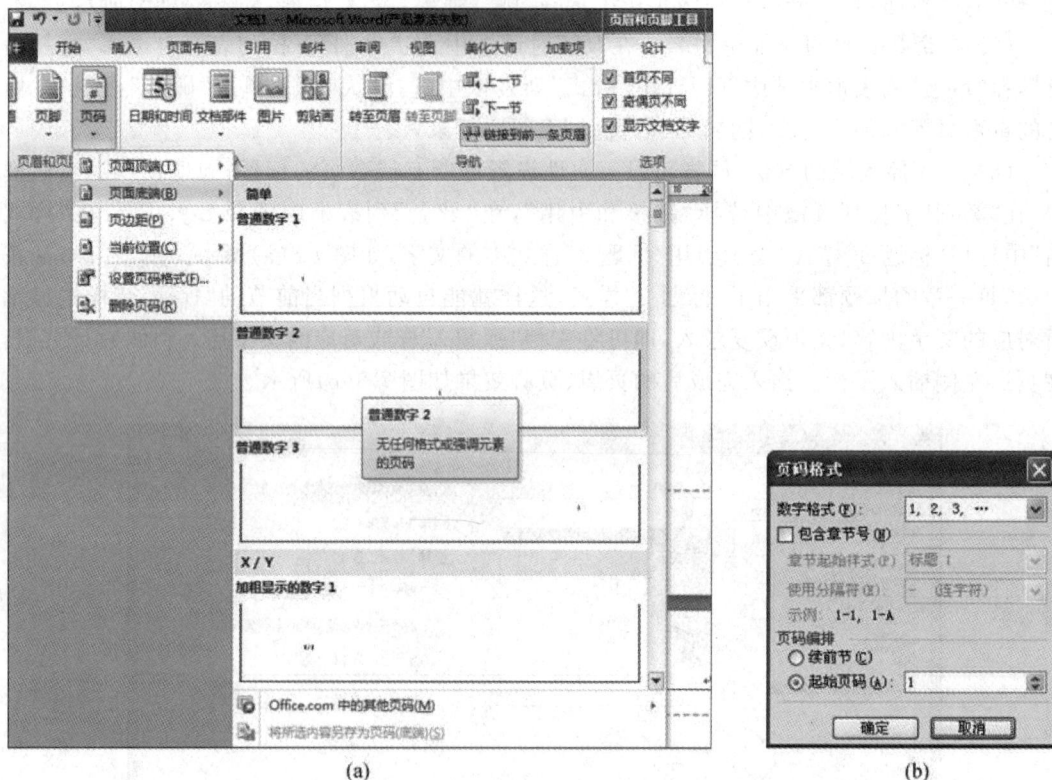

(a)　　　　　　　　　　　　　　　　(b)

图 7-9　页码的设置

（4）在"页眉和页脚工具：设计"选项卡中，单击"链接到前一条页眉"按钮，使它处于灰色状态，单击"关闭页眉和页脚"按钮。

（5）在"插入"选项卡中，单击"页眉和页脚"组中的"页码"按钮，在打开的下拉菜单中选择"设置页码格式"命令。在弹出的"页码格式"对话框中，选中"起始页码"单选按钮，单击"确定"按钮，如图 7-9（b）所示。

（6）删除目录页页码。

（7）将光标放在正文第一页页脚中，单击"插入"选项卡中的"页码"按钮，在打开的下拉菜单中选择"页面底部"→"简单/普通数字 2"选项，单击"关闭页眉和页脚"按钮。

项目小结

本项目通过长文档的编辑排版，掌握大纲视图的运用、插入脚注和尾注、生成目录、插入页眉和页脚、添加页码等方法。

拓展训练

编辑排版"毕业论文(设计)指导书"文档,针对该文档完成如下操作。

(1) 插入目录。

(2) 在标题"课程标准"处插入尾注,内容为"此标准适合高职高专"。

(3) 设置页眉页脚、页脚:正文页码与目录页码分别从第 1 页开始;页眉:奇偶页不同,用域概念,奇数页为文档信息,偶数页随当前页相应标题变化。

学习总结

本项目所用软件	
项目中包含的知识和操作技能	
你已熟知或掌握的知识和操作技能	
你认为还有哪些知识和技能需要强化	
项目中可使用的 Office 技巧	
学习本项目之后的体会	

项目 8　设计电子简报

在本项目中,利用 Word 2010 表格和单元格段落的独立性制作分栏排版、灵活多样的文字版面。通过学习制作电子简报,掌握 Word 2010 中文档的分栏排版和图文混排操作,主要包括版面设置、查找和替换、选择性粘贴、插入彩色横线条、编辑和链接文本框等。熟悉电子简报的制作,掌握图文混排的方法和技巧,总效果如图 8-1 所示。

图 8-1　简报效果

任务 1　设置版面

▶ 任务描述

制作一个电子简报,首先要确定其纸张的大小,对整个版面进行合理的布局,设置简报版面。

▶ 任务实施

1. 页面设置

（1）启动 Word 2010 应用程序，新建一个 Word 文档。

（2）单击"页面布局"选项卡中的"页面设置对话框启动器"按钮。

（3）在打开的"页面设置"对话框中选择"页边距"选项卡，分别将"页边距"的上、下边距和左、右边距设置为 2 厘米和 3 厘米，将"纸张方向"设置为"横向"，在"应用于"下拉列表框中选择"整篇文档"，如图 8-2 所示。

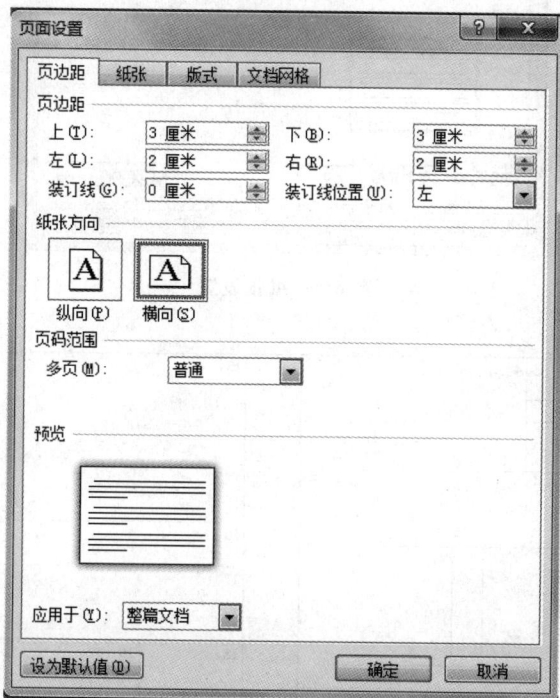

图 8-2 页边距设置

（4）选择"纸张"选项卡，在"纸张大小"下拉列表框中选择 A3，在"应用于"下拉列表框中选择"整篇文档"，如图 8-3 所示。

（5）单击"确定"按钮完成页面设置。

2. 版面设置

拟定一个版面设计方案，用表格将版面大致分成若干块，确定各版块的内容，各版块用数字代表，共 20 块，如图 8-4 所示。

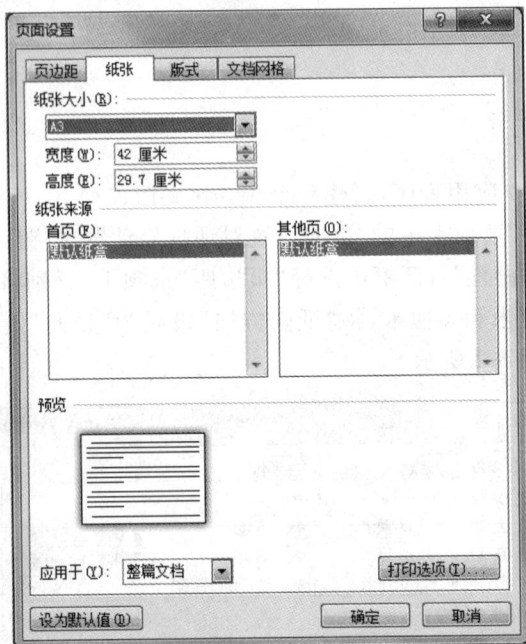

图 8-3　纸张设置

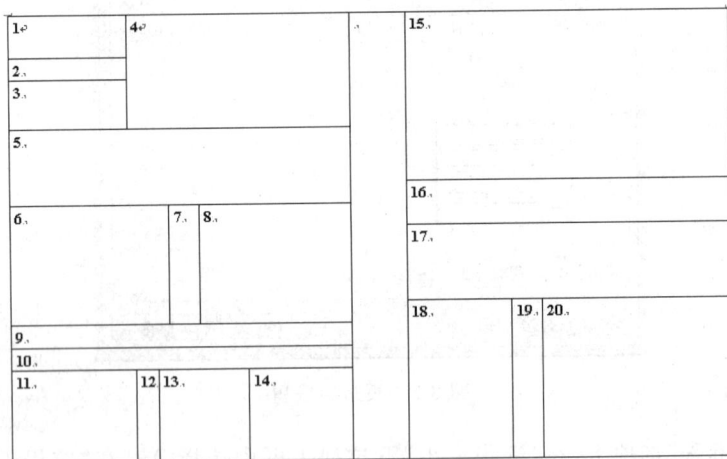

图 8-4　简报的布局

任务 2　添加拼音、双行合一、带圈字符及添加横线

▶ **任务描述**

设计简报题目，为题目设置字体间距、添加拼音、实现双行合一等。

▶ 任务实施

1. 添加拼音

（1）在版块 1 中输入文字"校园先锋"。单击"开始"选项卡中的"字体设置对话框启动器"按钮，在弹出的"字体"对话框的"字体"选项卡中设置"中文字体"为"华文行楷"，"字形"为"二号"；"校"和"先"的字体颜色为"橙色，强调文字颜色 6，淡色 40％"；"园"和"锋"的字体颜色为"橙色，强调文字颜色 6，深色 50％"。

（2）在"字体"对话框中选择"高级"选项卡，将"字符间距"设置为"加宽""1 磅"。按住 Ctrl 键选中"校"字和"先"字，将"位置"设置为"提升""3 磅"。同样，将"园"字和"锋"字的"位置"设置为"下降""3 磅"，单击"确定"按钮。

（3）添加拼音。选中"校园先锋"文字，单击"开始"选项卡"字体"组中的"拼音指南"按钮，在弹出的"拼音指南"对话框中，设置"字体"为"宋体"，如图 8-5 所示，在预览框中可以看到添加的拼音的预览效果，单击"确定"按钮。

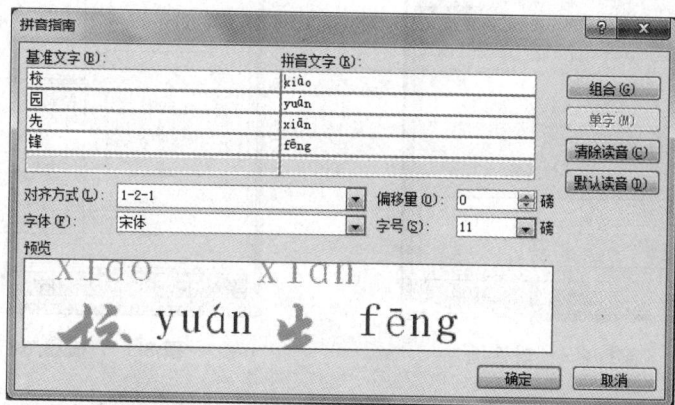

图 8-5 添加拼音

（4）选中"版块 1"，右击，在弹出的快捷菜单中选择"单元格对齐方式"→"垂直居中"命令，版块 1 制作完成。

2. 单元格格式设置

（1）在版块 2 中输入"——世界读书日专刊"，设置对齐方式为"垂直居中"。

（2）选中版块 2 单元格，单击"表格工具：设计"选项卡"表格样式"组中的"边框"下拉按钮，在弹出的下拉菜单中选择"边框和底纹"命令。在弹出的对话框中选择"底纹"选项卡，将"填充"设置为"灰色-25％"。

3. 双行合一

（1）在版块 3 中输入"重庆教育报大学生联合主办"。

（2）选中"教育报大学生"，单击"开始"选项卡"段落"组中的"中文版式"按钮，在弹出的下拉菜单中选择"双行合一"命令，如图 8-6 所示，单击"确定"按钮。

4. 在文本框中插入横线

（1）在版块 4 中录入相应的内容。

（2）选中标题，在"开始"选项卡中单击"黑体""五号""加粗""两端对齐"。

（3）将光标定位在文字后面，单击"表格工具：设计"选项卡"表格样式"组中的"边框"下拉按钮，在弹出的下拉菜单中选择"边框和底纹"命令，在弹出的对话框中单击"横线"按钮，在弹出的对话框中选择如图 8-7 所示的横线类型，单击"确定"按钮。

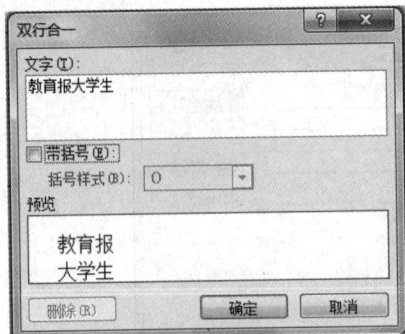

图 8-6 "双行合一"对话框　　　　　　　图 8-7 "横线"对话框

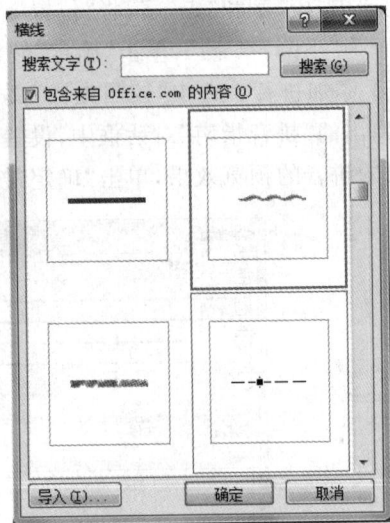

5. 设置带圈字符

（1）选中版块 17，单击"表格工具：设计"选项卡中的"边框"下拉按钮，在打开的下拉菜单中选择"边框和底纹"命令，弹出"边框和底纹"对话框。

（2）在"底纹"选项卡的"填充"下拉列表框中选择颜色为浅绿色。在"图案"选项中选择"样式"为 12.5%，"颜色"为褐色。如图 8-8 所示，单击"确定"按钮。

（3）输入"品味读书"，单击"开始"选项卡中的"字体启动器"按钮，在"字体"对话框中完成下面的设置：字符间距为"加宽""5 磅"，"颜色"为"橙色"，"字号"为"三号"，"加粗""倾斜"，加"着重号"。

（4）按住 Ctrl 键选中"品"和"读"。打开"字体"对话框，选择"字符间距"选项卡，将"位置""提升""3 磅"。同样，选中"味"和"书"，将"位置""降低""3 磅"。

（5）选中"品"字，单击"开始"选项卡"字体"组中的"带圈字符"按钮，在弹出的"带圈字符"对话框中，按图 8-9 所示进行设置。

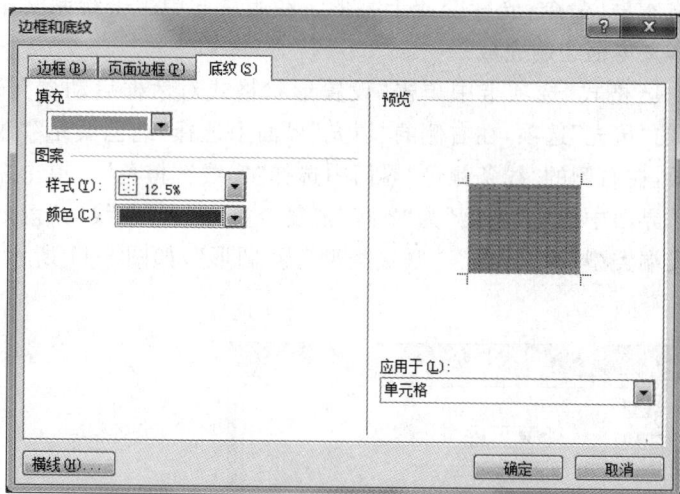

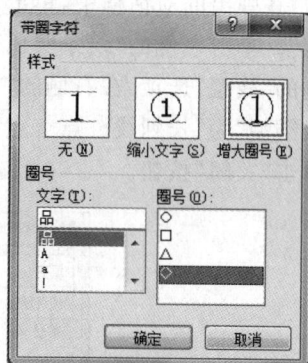

图 8-8　底纹设置

图 8-9　带圈字符设置

（6）依次设置"品""味""书""屋"文字为"带圈字符"。

（7）选中"品味书屋"文字，单击"开始"选项卡中的"字体对话框启动器"按钮，在弹出的对话框中将"字形"设置为"加粗""倾斜"，"着重号"为"·"，单击"确定"按钮，效果如图 8-10 所示。

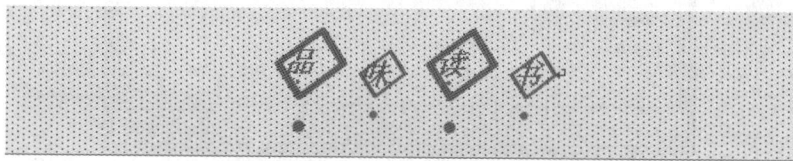

图 8-10　版块 17 效果图

任务 3　文本框的编辑和链接

▶ 任务描述

在单元格中插入文本框，设置文本框格式，修改文本框形状以及文本框插入链接实现文章的跳转等。

▶ 任务实施

1. 设置文本框格式

（1）在版块 5 中插入文本框。在"插入"选项卡的"文本"组中单击"文本框"按钮，在弹出的下拉菜单中选择"绘制竖排文本框"命令,光标变成十字形。在版块 5 中单击绘制文本框,拖动到合适大小时,松开左键,文本框绘制完成。

(2)选中文本框,在"绘图工具:格式"选项卡中单击"设置形状格式对话框启动器"按钮,在弹出的对话框中,单击左侧的"填充"选项,在右侧的"填充"界面中选择"纯色填充""浅蓝"。单击左侧的"线条颜色"选项,在右侧的"线条颜色"界面中选择"实线""橙色"。单击左侧的"线型"选项,在右侧的"线形"界面中设置"宽度"为"2 磅","复合类型"为"双线","短划线类型"为"长划线—点—点","线端类型"为"圆形","联接类型"为"圆形",如图 8-11 所示,单击"关闭"按钮。

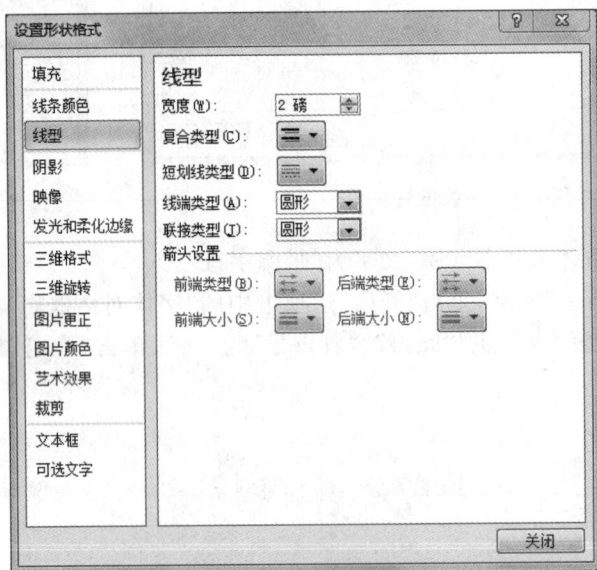

图 8-11　文本框线形设置

(3)改变文本框形状。选中文本框,在"绘图工具:格式"选项卡的"插入形状"组中单击"编辑形状"按钮,在弹出的下拉菜单中选择"更改形状"→"矩形"→"圆角矩形"命令。

2. 文本框链接

(1)在版块 20 中插入一个文本框,设置文本框格式与版块 5 相同。

(2)选中版块 5 的文本框,在"绘图工具:格式"选项卡的"文本"组中单击"创建链接"按钮(此时光标变成茶杯状),再将光标移至版块 20 的文本框中(此时光标成茶杯倾倒状),单击,将文本框链接起来。当版块 5 文本框输入的内容容纳不下时,输入的文字会自动流到版块 20 的文本框中(此时如果要修改文章,非常方便)。

文本框内的文本是不支持分栏的,如果想让这样的文章也分两栏显示出来,可以在一页中插入两个或三个(其中一个用于输入标题)文本框,并依次将它们链接起来,实现"人工"强制分栏的目的,非常方便。

任务 4 查找和替换

▶ 任务描述

查找和替换功能不仅可以用来查找和替换文本中的字符,还可以查找和替换字符格式,如查找或替换字体、字号、字体颜色等格式。

▶ 任务实施

1. 输入文字

(1) 在版块 10 中输入标题"读一本好书"。

(2) 分别在版块 11、13、14 中输入正文内容。版块 11、13、14 是分栏效果,可用两种方法实现:①用表格分为 3 块,每块输入相应内容;②将版块 11、13、14 合并为一个单元格,然后插入 3 个文本框,分别将 3 个文本框链接起来,这样也能实现分栏,并且相互是连接的(同版块 5 与版块 20 一样的方法创建文本框链接),如图 8-12 所示。

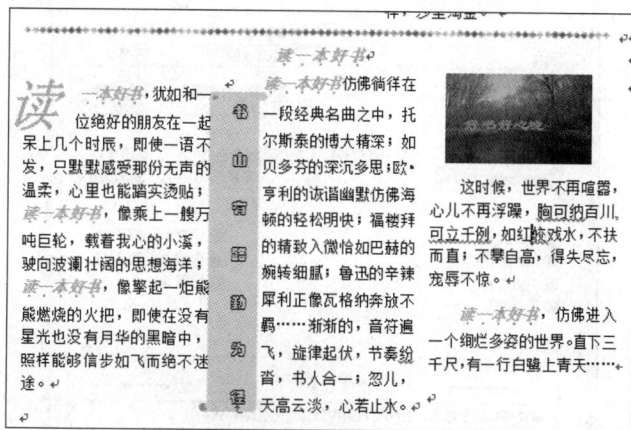

图 8-12 版块输入效果

2. 查找和替换

(1) 将光标定位于正文的开始处,在"开始"选项卡的"编辑"组中单击"替换"按钮,弹出"查找和替换"对话框,如图 8-13(a)所示。

(2) 在"查找内容"文本框中输入"读一本好书",在"替换为"文本框中输入"读一本好书"。单击"更多"按钮,打开折叠窗口,单击"格式"按钮,在弹出的菜单中选择"字体"命令,弹出"替换字体"对话框。

(3) 在"替换字体"对话框中打开"字体"选项卡,将"中文字体"设置为"黑体","字形"设

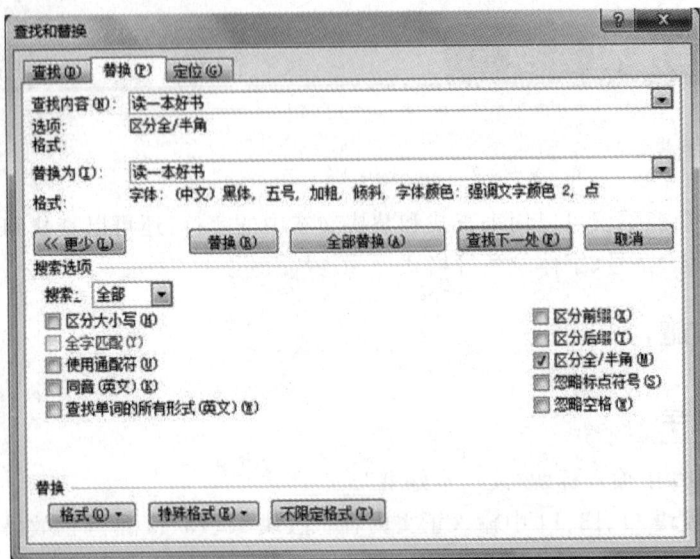

(a)

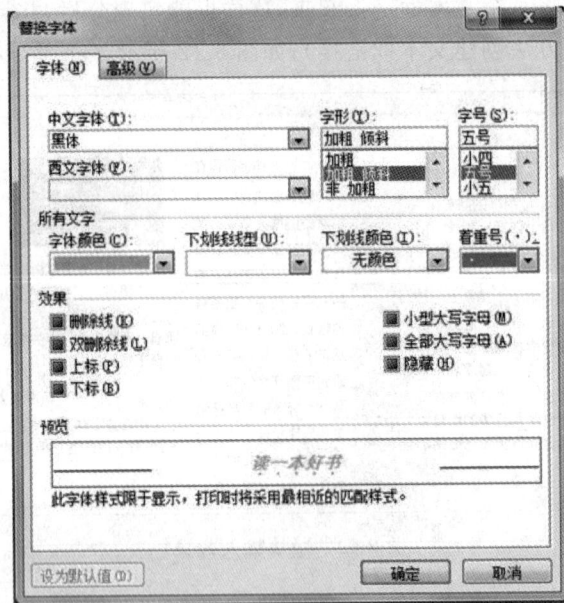

(b)

图 8-13　替换字体设置

置为"加粗倾斜"，"字号"设置为"五号"，"字体颜色"设置为"橙色"，"着重号"设置为"·"，单击"确定"按钮，如图 8-13(b)所示。

（4）在"查找和替换"对话框中，在"搜索"下拉列表框中选择"向下"，单击"全部替换"按钮，完成文档替换。关闭"替换"对话框，文章中的"读一本好书"的格式被全部替换了。

（5）设置段落格式。选中文本，单击"开始"选项卡中的"段落对话框启动器"按钮，弹出

"段落"对话框。在"缩进和距离"选项卡中,将"间距"下的"段前"和"段后"选项均设置为"0.5 行"。在"行距"下拉列表框中选择"1.5 倍行距",在"特殊格式"下拉列表框中选择"首行缩进",将"磅值"设置为"2 字符",如图 8-14 所示。单击"确定"按钮。

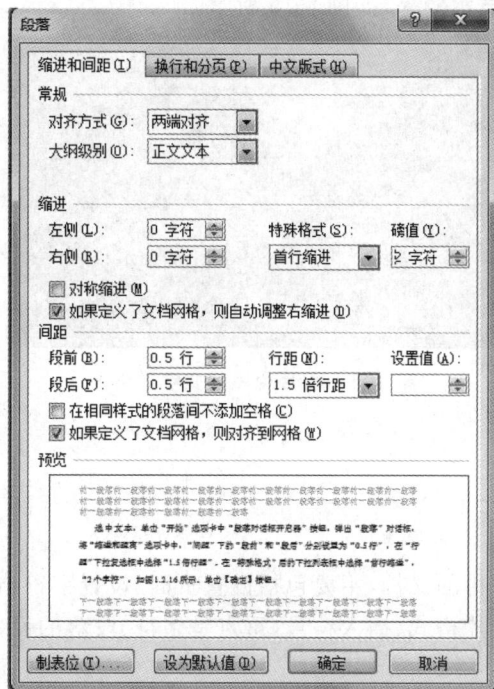

图 8-14　段落间距的设置

任务 5　在图片中添加文字

▶ 任务描述

在日常生活中,我们经常通过电视、报纸、书籍看到一些图片中有添加文字。在图片中添加文字说明不仅能够起到解释说明的作用,还能起到美化形象的效果。

▶ 任务实施

1. 插入图片

在版块 14 中插入一幅图片,调整到合适位置。

2. 添加文字

(1) 在图片中新建一个文本框,在文本框中输入文字"好书好心境"。

（2）设置文字格式。将"中文字体"设置为"隶书"，"字号"设置为"五号"，"字体颜色"设置为玫瑰红。在"设置形状格式"对话框中，在"填充"选项区域中将"颜色"设置为"无填充"；在"线条"选项区域中将"颜色"设置为"无颜色"。这样文字和图片背景可以很好地配合，文字不会影响图片的显示效果，如图 8-15 所示。

图 8-15　图片中添加文字效果图

项目小结

本项目是制作图文混排的文档，主要包括设置页面、设置字符格式、设置段落格式、设置分栏、设置艺术字、设置图片格式、插入符号，重点是字符、段落的设置，难点是分栏和艺术字的设置。

拓展训练

完成如图 8-16 所示的电子报的编辑排版。

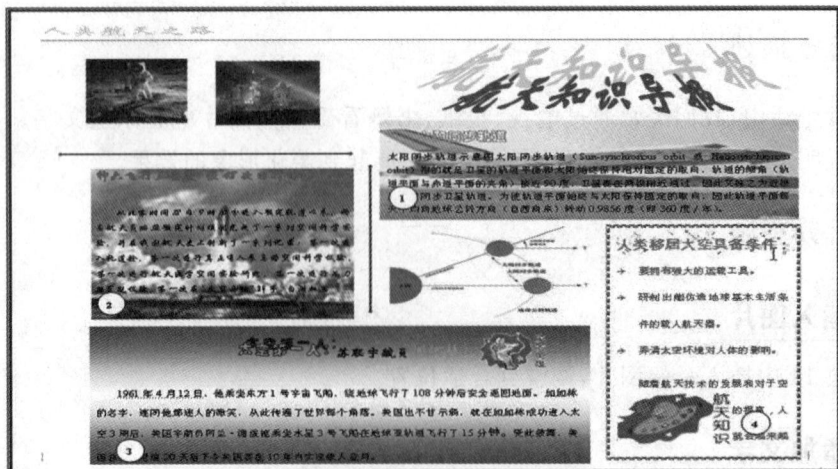

图 8-16　效果图

学习总结

本项目所用软件	
项目中包含的知识和操作技能	
你已熟知或掌握的知识和操作技能	
你认为还有哪些知识和技能需要强化	
项目中可使用的 Office 技巧	
学习本项目之后的体会	

第 3 篇

Excel 电子表格处理

项目 9　制作"电器门市第一季度销售记录表"

在本项目中,通过制作"电器门市第一季度销售记录表"来学习 Excel 2010 表格的基本操作。表格的基本操作主要包括建立表格、输入数据、编辑表格、表格计算、格式化表格和工作表输出等操作。总的效果如图 9-1 所示。

	A	B	C	D	E	F	G	H
1				电器门市第一季度销售记录表				
2	编号	月份 电器名称	一月 (台)	二月 (台)	三月 (台)	生产日期	单价 (元)	总计 (元)
3	0001	新飞冰箱			320	2005年6月1日	￥1,580	1,343,000
4	0002	海尔空调			280	2005年6月1日	￥2,358	1,768,500
5	0003	TCL电视			220	2005年6月1日	￥3,440	2,958,400
6	0004	小天鹅洗衣机			370	2005年6月1日	￥1,289	1,353,450
7	0005	创维电视			268	2005年6月1日	￥3,321	2,849,418
8	0006	奥克斯空调			50	2005年6月1日	￥1,800	846,000
9								
10								
11								

图 9-1　"电器门市第一季度销售记录表"效果图

任务 1　建立表格和输入数据

▶ 任务描述

在建立表格时,除了常规的字符输入外,还经常涉及工作表表头数据的输入、自动填充序列数据、复杂序列数据填充等。

▶ 任务实施

1. 建立表格

本任务的工作目标是建立一张"电器门市第一季度销售记录",输入销售记录数据能够并进行简单的计算。

启动 Excel 2010 后,出现如图 9-2 所示的工作界面。此时,可在窗口直接输入数据,建立工作表。如果需要重新建立一个新的工作表文件,可单击"文件"→"新建"→"空白工作簿"→"创建"按钮。

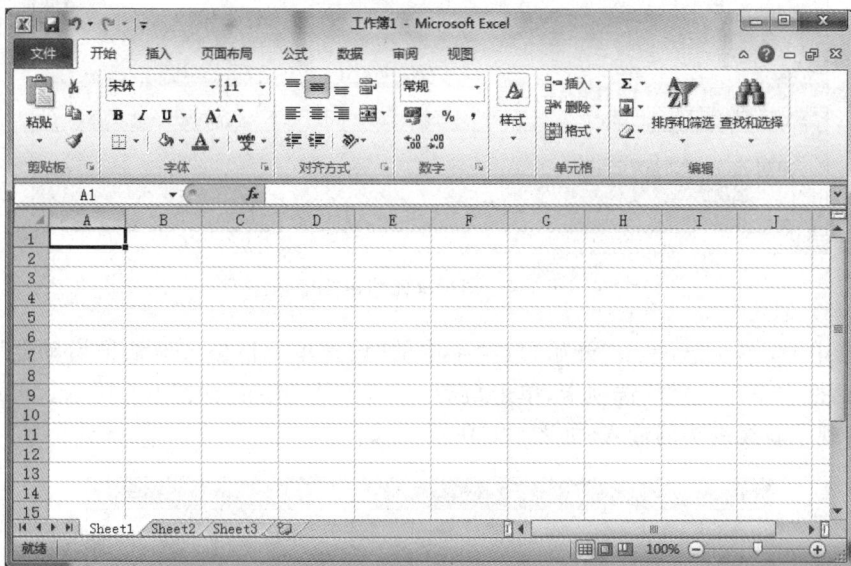

图 9-2　新建表格

2. 表头数据输入

在 Excel 2010 中,既可以输入数字,也可以输入汉字、英文、标点和一些特殊符号等。在输入数据时,应先选择需要输入数据的单元格,然后在该单元格内输入数据。

(1) 选择 A1 单元格,输入标题"电器门市第一季度销售记录表"。

(2) 在 A2:H2 区域的单元格中依次输入表头项目"编号""月份电器名称""一月(台)""二月(台)""三月(台)""生产日期""单价(元)""总计(元)",如图 9-3 所示。

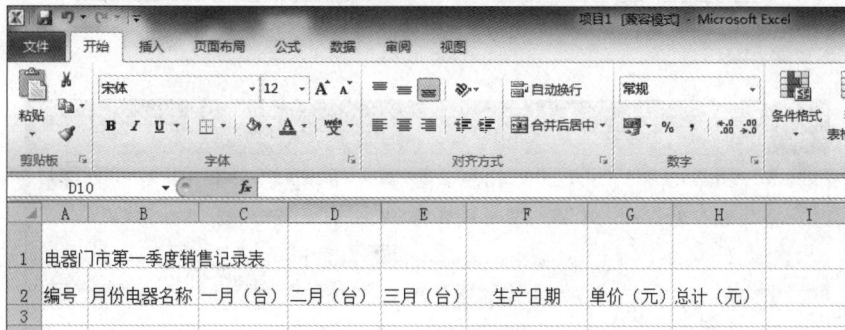

图 9-3　表头数据输入

(3) 双击 B2 单元格中,将光标移到月份与电器名称之间,按 Alt+Enter 组合键实现在

B2 单元格中换行。用同样的方法，实现 C2、D2、E2、G2 同一单元格中换行，如图 9-4 所示。

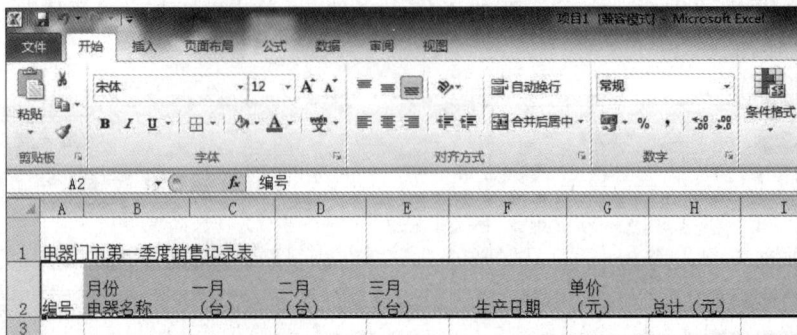

图 9-4　同一单元格中换行

（4）选中 B2 单元格，单击"开始"选项卡中的"设置单元格格式对话框启动器"按钮，在打开的对话框中单击"边框"选项卡，单击最后一个"斜线"按钮，如图 9-5 所示。再通过增添空格，就实现了斜线表头的输入，如图 9-6 所示。

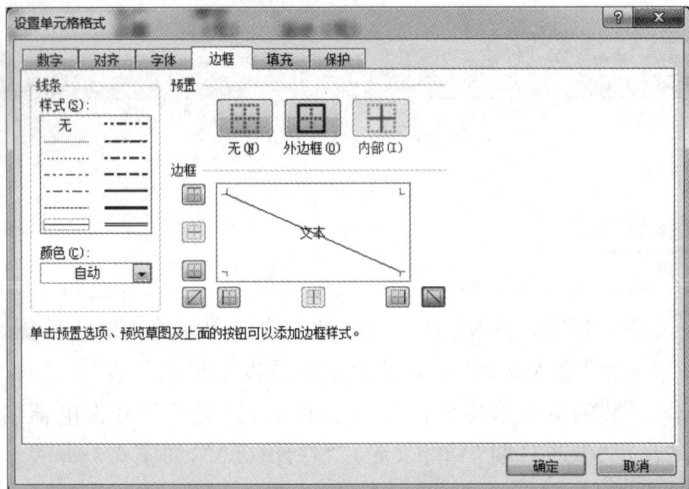

图 9-5　边框的设置

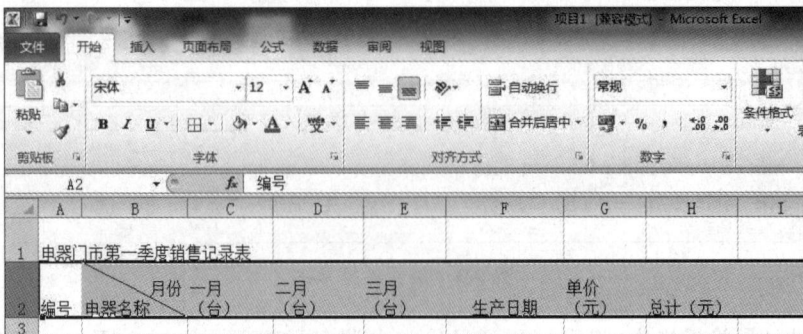

图 9-6　添加斜线表头

3. 自动填充序列数据

如果在相邻两个单元格中输入的数据为有序序列,可以通过拖动填充柄来进行数据填充。具体操作如下:

(1) 在 A3 和 A4 单元格中分别输入 0001 和 0002。

▶提示:为了留住数值 1 前面的三个 0,有两种方法:方法一,先输入单引号(英文标点符号)再输入 0001,如:'0001;方法二:将该单元格设置为"文本"格式,再输入 0001。

(2) 同时选中 A3:A4 单元格,移动光标至 A4 单元格右下角。

(3) 当鼠标指针变成"＋"形状时,按下鼠标左键往下拖至 A8 单元格后松开鼠标左键,完成"编号"列数据的输入,如图 9-7 所示。

图 9-7　自动序列填充

4. 复杂序列数据填充

除了利用填充柄可以填充有序序列外,Excel 2010 还提供了对等差数列、等比数列、日期等复杂序列数据的自动填充功能,具体操作如下。

(1) 在 F3 单元格输入"2005 年 6 月 1 日"。

(2) 选定 F3:F8 单元格区域。

(3) 单击"开始"选项卡"编辑"组中的"填充"按钮,在下拉菜单中选择"系列"命令,打开"序列"对话框,如图 9-8 所示。

(4) 在"序列产生在"区域中选中"列",在"类型"区域中选中"日期",在"步长值"文本框中输入数值 0。

(5) 单击"确定"按钮完成设置。

图 9-8　复杂序列数据填充

▶提示:如果没有选定需要填充的单元格区域,在"序列"对话框的"终止值"文本框中必须输入终止值。

任务2　编辑工作表

▶ 任务描述

Excel 2003工作表的编辑主要包括单元格错误数据的修改,工作表行和列的插入、删除、移动,单元格的插入、删除,工作表的移动、复制、删除等操作。

▶ 任务实施

1. 修改单元格数据

在单元格中修改输入错误的数据是最常见的操作,通常用下面两种方法来修改。

(1) 选定需要更改数据的单元格,直接输入正确的数据就可以覆盖原来的数据。

(2) 双击要更改数据的单元格,可对原有的数据进行插入、修改或删除操作。

2. 插入行、列

在制作工作表时,有时需要插入一行或几行,有时也需要插入一列或几列。具体操作如下。

(1) 选中"生产日期"列。

(2) 右击,在打开的快捷菜单中选择"插入"命令,即可在"生产日期"列的左侧插入一列,如图9-9和图9-10所示。

插入行的操作同上,在此不再赘述。

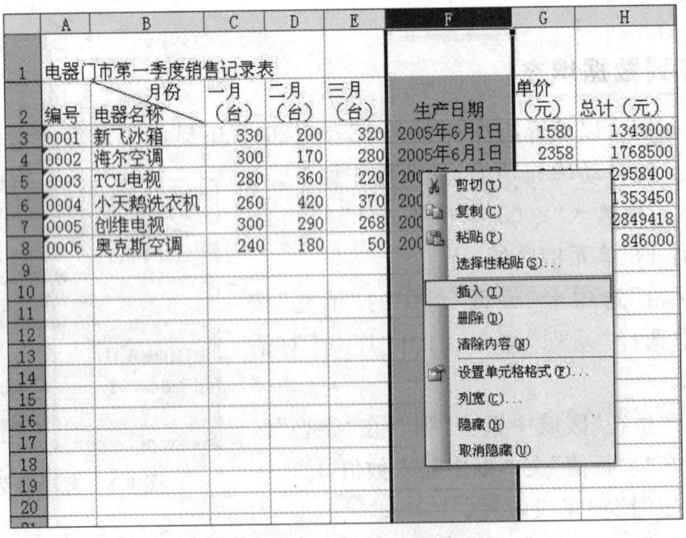

图9-9　"插入"快捷菜单命令

图 9-10　插入列

▶提示：如果要插入多行或多列，可选择与所需要插入的行数或列数相等的行或列，然后进行上述插入操作。

3. 删除插入行、列

（1）选中要删除的列。

（2）右击，在打开的快捷菜单中选择"删除"命令，即可删除所选列。

删除行是同样的操作：选中要删除的行，右击，在打开的快捷菜单中选择"删除"命令，即可删除所选行。

4. 插入批注

（1）选中 B3 单元格，右击，在快捷菜单中选择"插入批注"命令，在图 9-11 中选中批注（单击批注边框线），再右击，出现如图 9-12 所示的快捷菜单。

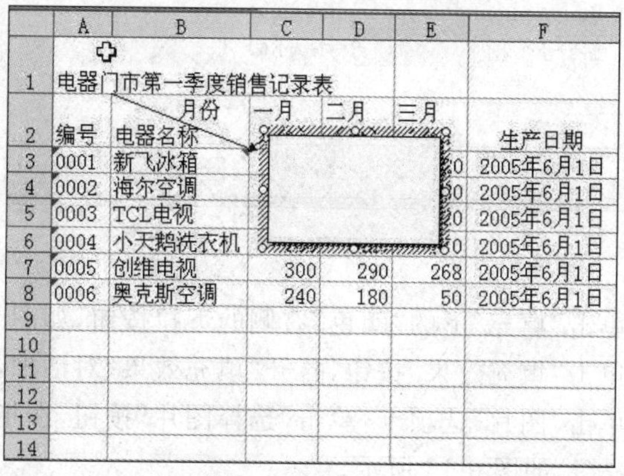

图 9-11　插入批注

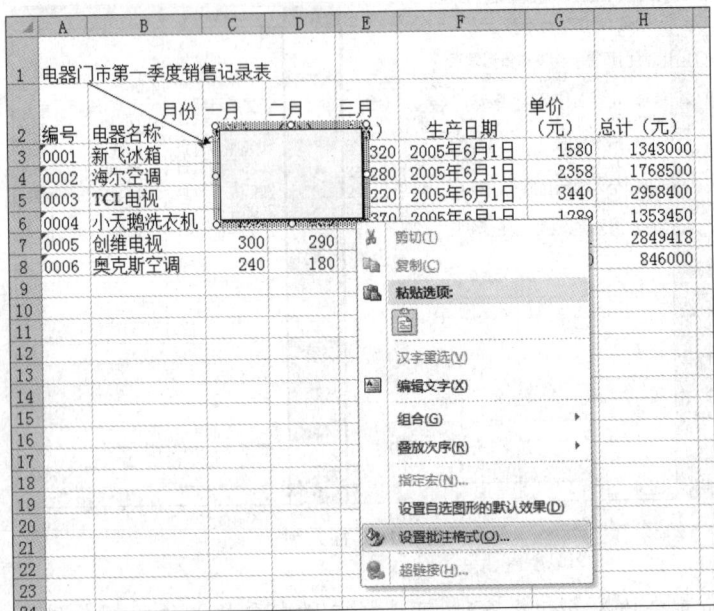

图 9-12　设置批注格式

（2）在图 9-12 中，选择"设置批注格式"命令，在打开的对话框中单击"颜色与线色"选项卡，如图 9-13 所示。

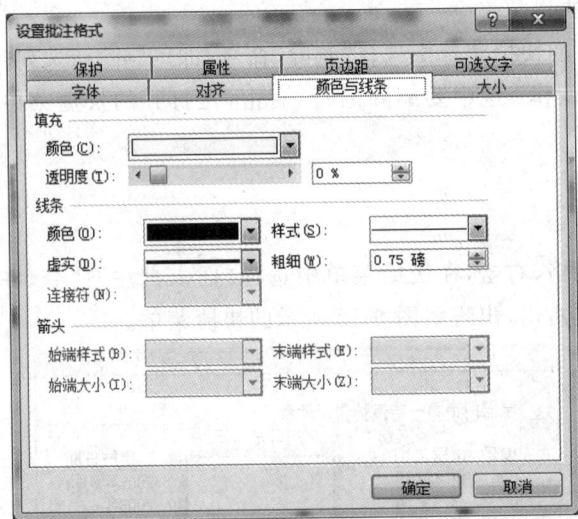

图 9-13　设置"颜色与线条"

（3）在图 9-13 中，单击"填充"下的"颜色"右侧的下拉按钮，如图 9-14 所示。

（4）在图 9-14 中，单击"填充效果"按钮，打开"填充效果"对话框，如图 9-15 所示。

（5）在图 9-15 中，单击"图片"选项卡，单击"选择图片"按钮，在指定路径下选择"新飞冰箱"图片。单击"确定"按钮，如图 9-16 所示。

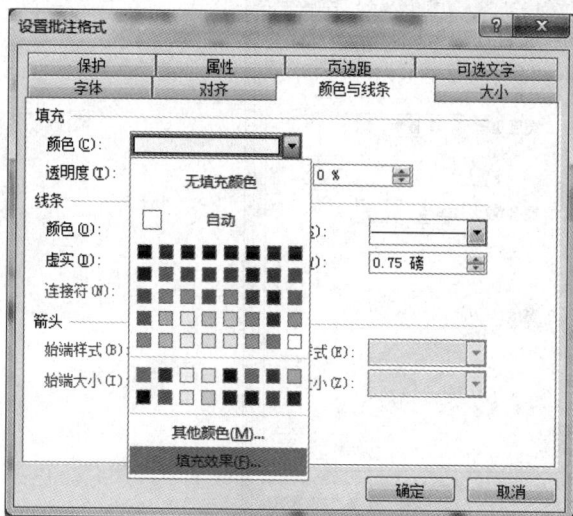

图 9-14　填充效果

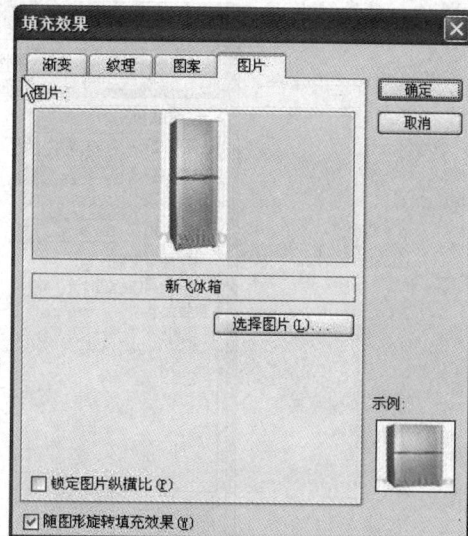

图 9-15　选择图片

（6）在图 9-16 中，冰箱的形状已变形，可以通过改变批注的大小来修正。选中 B3 单元格，右击，出现如图 9-17 所示的快捷菜单，选择"编辑批注"命令。右击批注边框线，选择"设置批注格式"命令，在打开的对话框中单击"大小"选项卡，进行"高度"和"宽度"的设置，如图 9-18 所示，单击"确定"按钮。

图 9-17　编辑批注

图 9-16　批注中插入图片

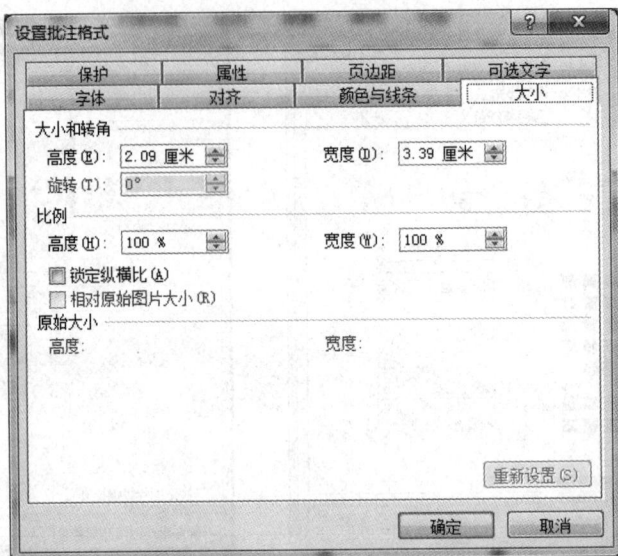

图 9-18　设置批注大小

（7）当鼠标指针移到 B3 单元格时，将出现如图 9-19 所示的批注效果。

图 9-19　批注插入图片效果

▶提示：在 B3 单元格中添加了批注，故在该单元格的右上方有一个红色实心三角形符号，但此符号是打印不出来的。

5. 行、列移动

（1）选中第 6 行，将光标移到第 6 行的边线上，当光标变成双向十字箭头时（见图 9-20），按住 Shift 键拖动到最后一行，再松开 Shift 键及鼠标左键，即达到如图 9-21 所示的效果，即将第 6 行移到最后一行。

（2）对列的移动操作与行相同。选中要移动的列（单击列号，即字母），将光标移到列的边线上，当光标变成双向十字箭头时，按住 Shift 键同时拖动到所需位置，再松开 Shift 键及鼠标左键。

图 9-20　选择要移动的行

图 9-21　移动行

6. 单元格的插入与删除

（1）将光标定位在需要插入单元格的位置。

（2）右击，在快捷菜单中选择"插入"命令。

（3）出现"插入"对话框，选中"活动单元格下移"单选按钮，如图 9-22 所示。

（4）单击"确定"按钮，当前单元格将下移，如图 9-23 所示。

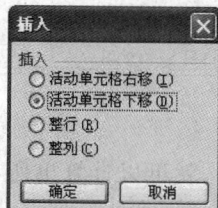

图 9-22　插入单元格对话框

图 9-23　插入单元格

如果要删除单元格或者选定的单元格区域,可执行如下操作。

(1) 选中需要删除的单元格或者单元格区域。

(2) 右击,在快捷菜单中选择"删除"命令。

(3) 出现"删除"对话框,选中"右侧单元格左移"单选按钮,如图9-24所示

(4) 单击"确定"按钮,右侧单元格将左移,如图9-25所示。

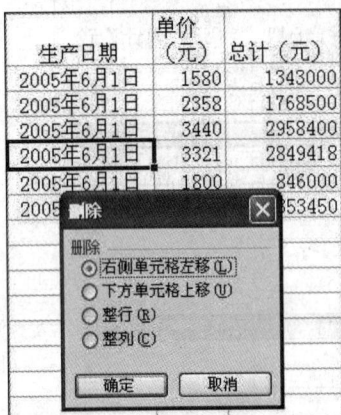

图 9-24　删除单元格对话框

图 9-25　删除单元格

7. 单元格中公式的编辑和计算

对单元格进行公式的计算是 Excel 2010 中常见的操作。首先必须在要计算的单元格或公式编辑栏中输入"＝"。具体操作如下。

(1) 将光标定位在 H3 单元格。

(2) 在 H3 单元格输入公式＝(C3＋D3＋E3)＊G3,不难发现在公式编辑栏中也对应出现公式,按回车键确认,如图9-26所示。

图 9-26　输入公式

(3) 拖动 H3 单元格右下方的填充柄到 H8 单元格,就可以计算出所有的"总计(元)",如图9-27所示。

图 9-27　公式复制

任务 3　格式化操作

▶ 任务描述

对表格和单元格的数据按照要求进行美化设计,主要包括单元格数据对齐设置,单元格数据字体、字号、颜色设置,以及表格边框线、底纹等设置。

▶ 任务实施

1. 标题居中设置

通常表格的标题都会放在表格的中间位置,将标题行居中的具体操作如下。

（1）选定 A1∶H1 单元格区域。

（2）单击"开始"选项卡的"字体"对话框"启动"按钮,打开"设置单元格格式"对话框。

（3）打开"对齐"选项卡,在"水平对齐"和"垂直对齐"下拉列表框中均选择"居中",并选中"合并单元格"复选框,如图 9-28 所示。

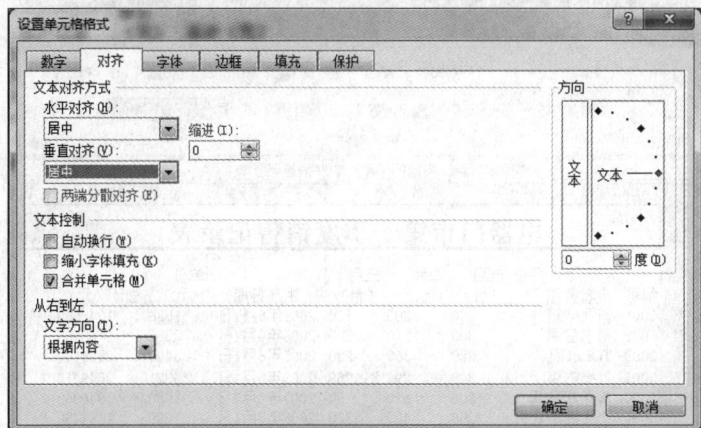

图 9-28　"设置单元格格式"对话框

（4）单击"确定"按钮，完成标题行的居中格式设置，如图 9-29 所示。

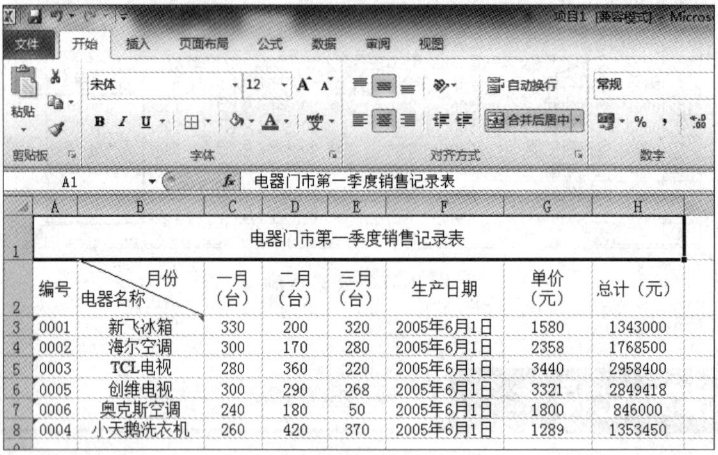

图 9-29　行标题居中

右击选定的 A1：H1 单元格区域，在打开的快捷菜单中选择"设置单元格格式"命令，也可以打开"设置单元格格式"对话框，进行标题行居中的设置。也可直接单击"开始"选项卡"对齐方式"组中的"合并后居中"按钮。

2. 单元格数据字符格式设置

在建立表格时，Excel 2010 默认的单元格数据字体为宋体、11 磅。可以根据不同的需要，对表格中的单元格数据的格式重新进行设置，具体操作如下。

（1）将光标定位在标题行。

（2）打开"设置单元格格式"对话框。

（3）选择"字体"选项卡，将标题字符设置为"宋体""加粗""20 磅"。

（4）单击"确定"按钮完成设置，如图 9-30 所示。

图 9-30　设置字体

（5）选定 G3：G8 区域，打开"设置单元格格式"对话框。

（6）选择"数值"选项卡，先在"分类"列表框中选择"货币"，再在"货币符号"下拉列表框中选择￥符号，如图 9-31 所示。

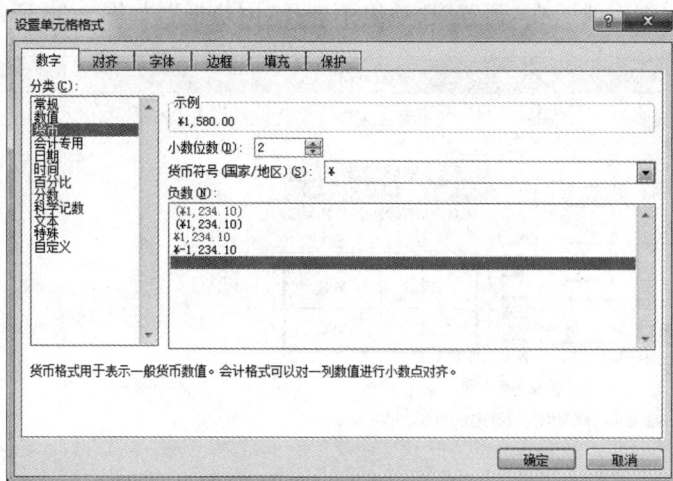

图 9-31 设置货币符号

（7）单击"确定"按钮，完成"单价（元）"列数值格式的设置。

也可直接单击"开始"选项卡的"数字"组中的"货币"按钮来设置货币符号。

3. 设置表格边框线、底纹

（1）将光标定位在表头行（A2：H2）。

（2）打开"设置单元格格式"对话框。

（3）选择"填充"选项卡，在颜色区域选择浅青绿色，如图 9-32 所示。

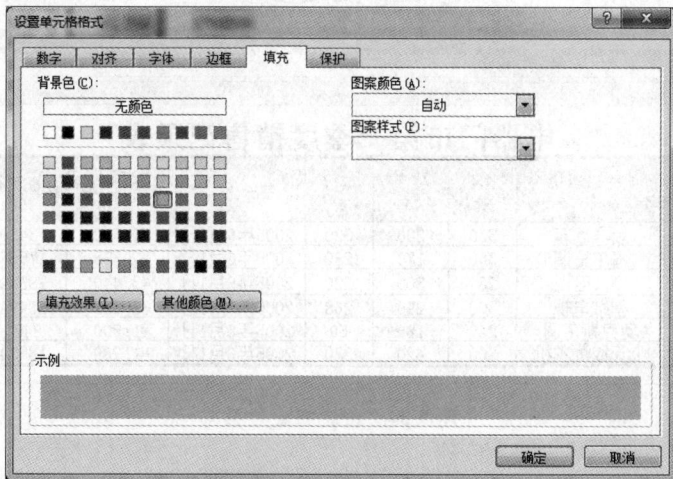

图 9-32 设置单元格底纹

（4）单击"确定"按钮，完成表头行底纹颜色的填充。

（5）选定 A2:H8 区域，在"设置单元格格式"对话框中选择"边框"选项卡。

（6）先在"样式"列表框中选择"粗实线"，在"预置"选项组中选择"外边框"。再在"样式"列表框中选择"细实线"，在"预置"选项组中选择"内边框"，如图 9-33 所示。

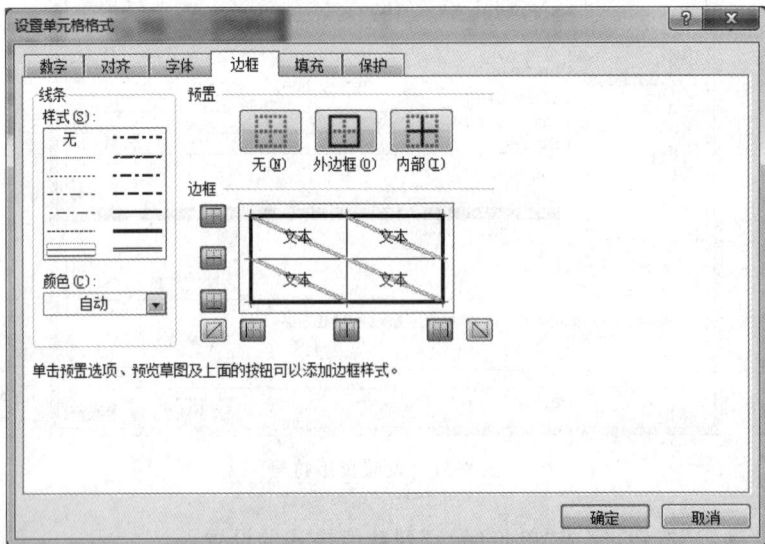

图 9-33　设置边框

（7）单击"确定"按钮，完成表格边框线的设置，效果如图 9-34 所示。

编号	电器名称\月份	一月（台）	二月（台）	三月（台）	生产日期	单价（元）	总计（元）
0001	新飞冰箱	330	200	320	2005年6月1日	¥1,580	1343000
0002	海尔空调	300	170	280	2005年6月1日	¥2,358	1768500
0003	TCL电视	280	360	220	2005年6月1日	¥3,440	2958400
0005	创维电视	300	290	268	2005年6月1日	¥3,321	2849418
0006	奥克斯空调	240	180	50	2005年6月1日	¥1,800	846000
0004	小天鹅洗衣机	260	420	370	2005年6月1日	¥1,289	1353450

电器门市第一季度销售记录表

图 9-34　设置完成效果

任务 4 输出工作表

▶ 任务描述

表格创建完毕,接下来要打印表格。在打印之前,最好先预览一下。当表格过长且超过一页时,可以"打印预览"。由于第二页没有标题和表头,因此容易造成对单元格数值含义的理解困难。若设置了打印标题,不管表格有多长,都能保证每页表上有标题和表头,让使用者一目了然。

▶ 任务实施

1. 打印预览

单击"页面布局"选项卡中的"页面设置"对话框"启动器"按钮,打开"页面设置"对话框,如图 9-35 所示。单击"打印预览"按钮,如图 9-36 所示。

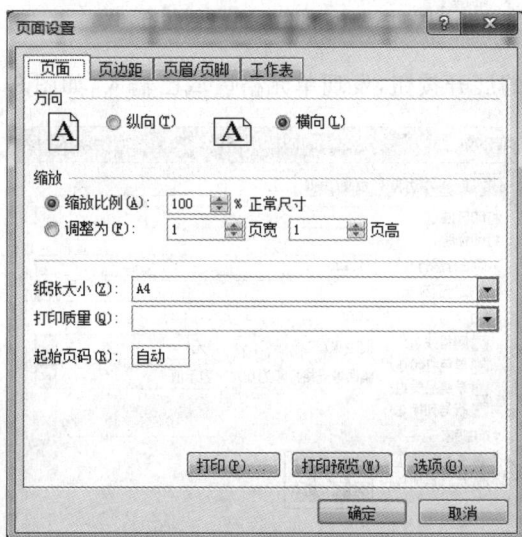

图 9-35 "页面设置"对话框

电器门市第一季度销售记录表

编号	电器名称	一月(台)	二月(台)	三月(台)	生产日期	单价(元)	总计(元)
0001	新飞冰箱	330	200	320	2005年6月1日	¥1,580	1,343,000
0002	海尔空调	300	170	280	2005年6月1日	¥2,358	1,768,500
0003	TCL电视	280	360	220	2005年6月1日	¥3,440	2,958,400
0004	小天鹅洗衣机	260	420	370	2005年6月1日	¥1,289	1,353,450
0005	创维电视	300	290	268	2005年6月1日	¥3,321	2,849,418
0006	奥克斯空调	240	180	50	2005年6月1日	¥1,800	846,000

图 9-36 打印预览

2. 打印标题设置

打印标题主要用于长表格。当表格过长且超过一页时,在第二页没有标题和表头,如图 9-37 所示。

0003	TCL 电视	280	360	220	2005年6月1日	¥3,440	2,958,400
0004	小天鹅洗衣机	260	420	370	2005年6月1日	¥1,289	1,353,450
0005	创维电视	300	290	268	2005年6月1日	¥3,321	2,849,418
0006	奥克斯空调	240	180	50	2005年6月1日	¥1,800	846,000

图 9-37　打印预览第二页

为了让第二页也有标题和表头,可按以下步骤操作。

(1) 选中要设置标题的表格,在"页面设置"对话框中,选择"工作表"选择卡。

(2) 在"打印标题"选项组中单击"顶端标题行"右侧的收缩按钮,在表格中选中标题和表头行,如图 9-38 所示。

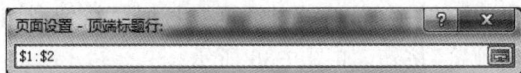

图 9-38　设置顶端标题行

(3) 单击图 9-38 中的展开按钮,发现单元格区域已输入,如图 9-39 所示。

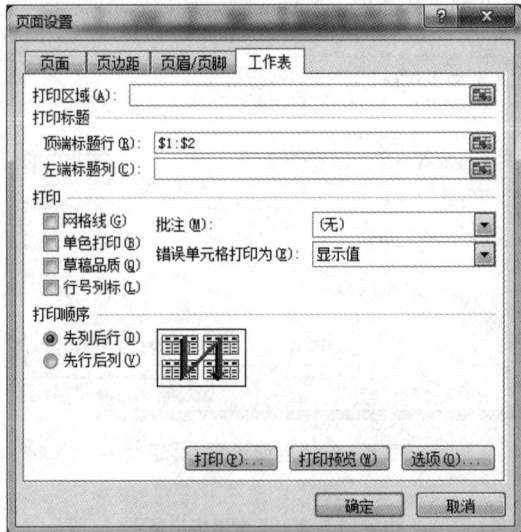

图 9-39　设置打印标题

(4) 在图 9-39 中,单击"打印预览"按钮。第一页如图 9-36 所示,但第二页就有变化了,如图 9-40 所示,增添了标题和表头。

也可使用"页面布局"选项卡中的"打印标题"按钮实现标题打印。

至此,我们完成了"电器门市第一季度销售记录表"的制作。

电器门市第一季度销售记录表

编号	电器名称	一月（台）	二月（台）	三月（台）	生产日期	单价（元）	总计（元）
0003	TCL电视	280	360	220	2005年6月1日	¥3,440	2,958,400
0004	小天鹅洗衣机	260	420	370	2005年6月1日	¥1,289	1,353,450
0005	创维电视	300	290	268	2005年6月1日	¥3,321	2,849,418
0006	奥克斯空调	240	180	50	2005年6月1日	¥1,800	846,000

图 9-40   第二页设置了顶端标题行

项目小结

本项目是表格的基本操作，主要包括建立表格、输入数据、编辑表格、表格计算、格式化表格和工作表输出等操作，重点是对表格的编辑，难点是数据序列填充和打印标题。当遇到长表格输出时，可使用顶端打印标题设置，完成同一张表每页都有表头输出。

拓展训练

建立"宏远发展有限公司.xls"工作簿，工作表 Sheet1 的内容如图 9-41 所示。

	A	B	C	D	E	F	G	H
1								
2		宏远发展有限公司2004年预算工作表						
3				2003年	2004年			
4		帐目	项目	实际支出	预计支出	调配拨款	差额	
5		001	员工工资	204186	260000	250000	10000	
6		002	各种保险费用	75000	79000	85000	-6000	
7		004	通讯费	19000	22000	24000	-2000	
8		005	差旅费	7800	8100	10000	-900	
9		003	设备维修费用	38000	40000	42000	-2000	
10		006	广告费	5600	6800	8500	-1700	
11								
12		007	水电费	1600	5300	5500	-200	
13			总和	351186	421200	425000		

图 9-41   工作表 Sheet1 的原始数据

针对"宏远发展有限公司.xls"工作簿工作表完成如下操作。

（1）设置工作表行和列。

① 在标题行下方插入一行，设置行高为 7.50 磅。

② 将 003 一行移至 002 一行的下方。

③ 删除 007 行上方的一行（空行）。

④ 调整第 C 列的宽度为 11.88 磅。

（2）设置单元格格式。

① 将单元区域 B2:G2 合并，设置单元对齐方式为居中；设置字体为"华文行楷"，字号为 20 磅，字体颜色为"蓝-灰"。

② 将单元格区域 D6:G13 应用货币符号¥，负数格式为－1,234.10(红色)。

③ 分别将单元格区域 B4:C4、E4:G4、B13:C13 合并，并设置单元格对齐方式为居中。

④ 将单元格区域 B4:G13 的对齐方式设置为水平居中；为单元格区域 B4:C13 设置棕黄色的底纹；为单元格区域 D4:G13 设置青绿色的底纹。

⑤ 设置表格边框线：将单元格区域 B4:G13 的外边框和内边框设置为红色的双实线。

（3）插入批注。为￥10,000.00(G6)单元格插入批注"超支"。

（4）重命名并复制工作表：将 Sheet1 工作表重命名为"2004 年宏远公司预算表"，并将此工作表复制并粘贴到 Sheet2 工作表中。

（5）设置打印标题：在 Sheet2 工作表的第 10 行前插入分页线；设置表格标题为打印标题。

（6）在 Sheet2 工作表空白处，输入以下公式：

$$x_{1,2} = \frac{-b \pm \sqrt{b^2 - 4ac}}{2a}$$

学习总结

本项目所用软件	
项目中包含的知识和操作技能	
你已熟知或掌握的知识和操作技能	
你认为还有哪些知识和技能需要强化	
项目中可使用的 Office 技巧	
学习本项目之后的体会	

项目 10　制作"阳光广告公司员工工资表"

在本项目中,我们将通过制作"阳光广告公司员工工资表"来学习 Excel 2010 中数据有效性及公式与函数的应用。数据有效性可以对某些数据有范围限制,常用的公式有加、减、乘、除,在本项目中还要学习 IF、SUM、AVERAGE、MAX、MIN 等函数的应用。总的效果如图 10-1 所示。

员工号	月份	姓名	性别	部门	岗位工资	工龄	应发工资	保险	所得税	扣款合计	实发工资
\multicolumn{12}{c}{阳光广告公司员工工资表}
1	12	李海东	男	科研	3342	16	4942	494	34	529	4414
2	12	杨光	女	公关	2440	6	3040	304	15	319	2720
3	12	高建	男	销售	2146	2	2346	235	12	246	2099
4	12	汤燕	女	市场	3313	21	5413	541	39	580	4833
5	12	廖一明	男	科研	2838	7	3538	354	20	374	3164
6	12	卢晓斌	男	综合	2871	19	4771	477	33	510	4261
7	12	张晓宇	女	销售	3612	9	4512	451	30	481	4031
8	12	周姗	女	文秘	2744	6	3344	334	18	353	2991
9	12	杨琪梅	男	市场	4430	15	5930	593	44	637	5293
10	12	江南	女	科研	4535	21	6635	663	51	715	5920
实发工资总计											39726
个人所得税平均值									30		
扣款最大值										715	
工龄最小值						2					

图 10-1　"阳光广告公司员工工资表"效果图

任务 1　数据有效性

▶ 任务描述

数据有效性是指对某些数据有范围限制,在进行数据输入时,可以出现提示范围,也可在当输入有误时给予警告,或者生成下拉菜单。

▶ 任务实施

1. 建立表格

建立一张"阳光广告公司员工工资表"并输入数据,如图 10-2 所示。

2. "月份"数据有效性的设置

在"阳光广告公司员工工资表"中,限制"月份"的数据范围为 1~12。

(1)在图 10-2 中,选中 B3:B12 数据区域,单击"数据"选项卡中的"数据有效性"下拉按钮,在下拉菜单中选择"数据有效性"命令,在打开的"数据有效性"对话框的"设置"选项卡中,在"允许"下拉列表框中选择"整数"选项,在"数据"下拉列表框中选择"介于"选项,在"最小值"数据框中输入 1,在"最大值"数据框中输入 12,如图 10-3 所示。

	A	B	C	D	E	F	G	H	I	J	K	L
1						阳光广告公司员工工资表						
2	员工号	月份	姓名	性别	部门	岗位工资	工龄	应发工资	保险	所得税	扣款合计	实发工资
3	1	12	李海东			3342	16					
4	2	12	杨光			2440	6					
5	3	12	高建			2146	2					
6	4	12	汤燕			3313	21					
7	5	12	廖一明			2838	7					
8	6	12	卢晓斌			2871	19					
9	7	12	张晓宇			3612	9					
10	8	12	周姗			2744	6					
11	9	12	杨琪梅			4430	15					
12	10	12	江南			4535	21					
13		实发工资总计										
14		个人所得税平均值										
15		扣款最大值										
16		工龄最小值										

图 10-2 新建表格

(2)在"数据有效性"对话框中单击"输入信息"选项卡,在"标题"数据框中输入"提示",在"输入信息"数据框中输入"请输入 1~12 的整数!",如图 10-4 所示。

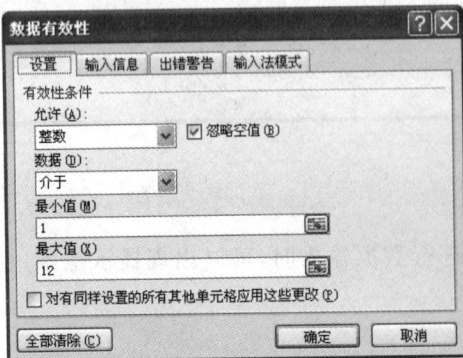

图 10-3 "设置"选项卡   图 10-4 "输入信息"选项卡

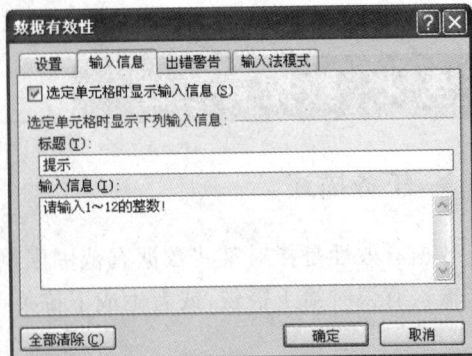

（3）在打开的"数据有效性"对话框中单击"出错警告"选项卡，在"样式"下拉列表框中选择"警告"选项，在"标题"数据框中输入"注意"，在"错误信息"数据框中输入"输入有误，请重新输入！"，如图10-5所示。

（4）单击"确定"按钮。

在进行了上述设置之后，当选中"月份"列任一单元格输入数据之前，会出现提示信息"请输入1～12的整数！"，如图10-6所示。当在B6单元格中输入13之后，按回车键，会出现如图10-7所示的警告框。

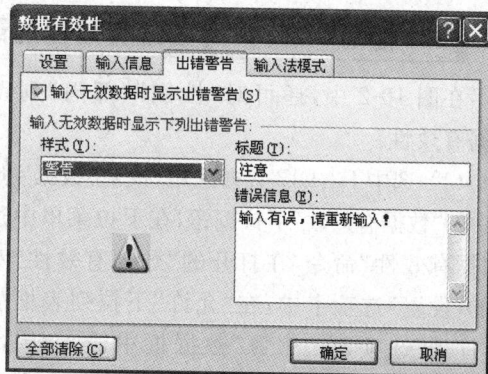

图10-5 "出错警告"选项卡

图10-6 "月份"列提示信息

图10-7 警告框

3. "性别""部门"列数据有效性的设置

在图 10-2 中，还可对"性别""部门"列设置数据有效性。

（1）选中 D3:D12 数据区域，单击"数据"选项卡中的"数据有效性"下拉按钮，在下拉菜单中选择"数据有效性"命令，在打开的"数据有效性"对话框的"设置"选项卡中，在"允许"下拉列表框中选择"序列"选项，在"来源"数据框中输入"男,女"（逗号为英文输入状态下符号），如图 10-8 所示。

（2）单击"确定"按钮。在进行了上述设置之后，单击 D3 单元格就会出现下拉按钮，在下拉菜单中可以选择性别，如图 10-9 所示。同理，也可以进行"部门"数据有效性的设置。

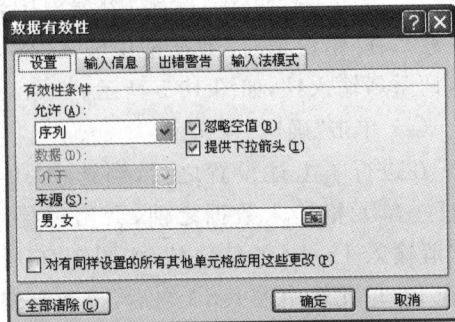

图 10-8 "性别"数据有效性设置

图 10-9 "性别"数据的输入

完成后的效果如图 10-10 所示。

图 10-10 完成后的效果

任务2 公式的应用

▶ **任务描述**

公式是 Excel 工作表中进行数值计算的等式。公式输入是以"＝"开始的。简单的公式有加、减、乘、除等计算,复杂一些的公式还可能包含函数。对于相同级别的运算符,Excel 默认是从左向右进行计算。如果需要改变公式的运算顺序,可以通过在公式中添加括号的方式来实现。

▶ **任务实施**

1. 应发工资的计算

公式:应发工资＝岗位工资＋工龄×100。

(1)选中 H3 单元格。

(2)在编辑栏中输入"＝",在 F3 单元格中输入"＋",在 G3 单元格中输入"＊100",如图 10-11 所示。按回车键(也可单击工具栏上的 ✓ 按钮),即完成了第一个员工的应发工资的计算。

员工号	月份	姓名	性别	部门	岗位工资	工龄	应发工资	保险	所得税	扣款合计	实发工资
1	12	李海东	男	科研	3342	16	3+G3*100				
2	12	杨光	女	公关	2440	6					
3	12	高建	男	销售	2146	2					
4	12	汤燕	女	市场	3313	21					
5	12	廖一明	男	科研	2838	7					
6	12	卢晓斌	男	综合	2871	19					
7	12	张晓宇	女	销售	3612	9					
8	12	周姗	女	文秘	2744	6					
9	12	杨琪梅	男	市场	4430	15					
10	12	江南	女	科研	4535	21					
实发工资总计											
个人所得税平均值											
扣款最大值											
工龄最小值											

图 10-11 员工应发工资的计算公式

(3)其余员工应发工资的计算可通过拖动填充柄来实现。

当光标移到 H3 单元格右下角,变成"＋"形状后,按住左键不放,拖动到 H12 单元格再松开左键,即可完成全部员工应发工资的计算,如图 10-12 所示。

2. 保险的计算

公式:保险＝应发工资×10％。

图 10-12　用填充柄实现全部员工算应发工资计算

参照应发工资计算的操作步骤,先输入公式,再拖动填充柄即可实现保险的计算,如图 10-13 所示。

图 10-13　保险的计算

任务3　IF 函数的应用

▶ 任务描述

在工作中,经常需要对某个单元格中的情况进行判断:如果结果为真,则返回某个值;如果结果为假,则返回另外一个值。这就需要使用 IF 函数。IF 函数的语法如下。

```
IF(logical_test, [value_if_true],[value_if_false])
```

其中,logical_test 为所要判断的逻辑条件,[value_if_true]为条件为真的时候所返回的数值,[value_if_false]为条件为假时所返回的数值。

▶ 任务实施

用 IF 函数计算个人所得税。个人所得税的计算方法为:工资低于 3000 元(含 3000 元)时,以工资的 5‰作为个人所得税;如果工资高于 3000 元时,3000 元内个人所得税以工资的 5‰计算,工资高于 3000 元部分,以 10‰作为个人所得税率。

1. 插入 IF 函数

选中单元格 J3,单击编辑栏左侧的"插入函数"按钮,在打开的"插入函数"对话框中,在"或选择类别"下拉列表框中选择"常用函数"选项,在"选择函数"列表框中选择 IF 函数,如图 10-14 所示,单击"确定"按钮。

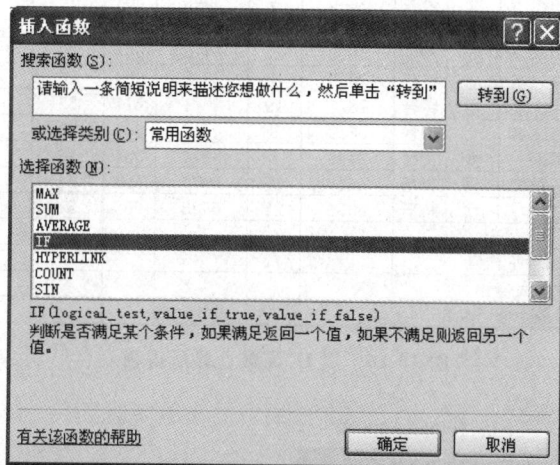

图 10-14　插入 IF 函数

2. IF 函数参数设置

(1) 在 Logical_test 文本框中输入 H3<=3000,表示判断的条件为工资是否超过 3000。

(2) 在 Value_if_true 文本框中输入 H3 * 0.005,表示工资不大于 3000 时,所得税为应发工资的 5‰。

(3) 在 Value_if_false 文本框中输入 15+(H3-3000) * 0.01,表示工资大于 3000 时,所得税为 15 元加上超过 3000 的部分即 H3-3000 的所得税,按工资的 10‰计算,即(H3-3000) * 0.01,如图 10-15 所示。

(4) 单击"确定"按钮,然后拖动填充柄即可实现所得税的计算,如图 10-16 所示。

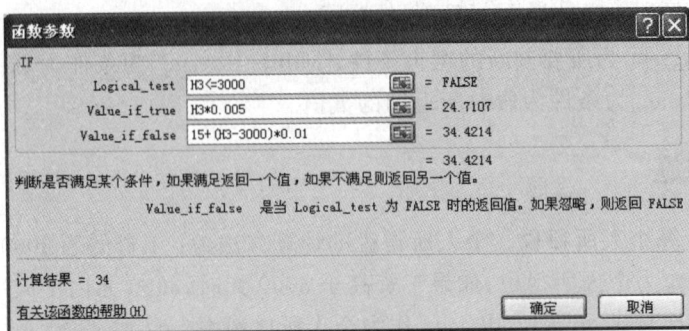

图 10-15　IF 函数参数的输入

图 10-16　用 IF 函数计算所得税

任务4　常用函数的应用

▶ 任务描述

在工作中,如果要计算某个单元格区域或多个不连续的单元格区域中的和、最大值、最小值、平均值等,可以使用 SUM、MAX、MIN、AVERAGE 函数。

▶ 任务实施

1. 扣款合计的计算

公式:扣款合计＝各种保险＋所得税。

计算结果如图 10-17 所示。

图 10-17 扣款合计的计算

2. 实发工资的计算

公式：实发工资＝应发工资－扣款合计。

计算结果如图 10-18 所示。

图 10-18 实发工资的计算

3. 实发工资总计的计算

（1）选中 L13 单元格。

（2）单击"开始"选项卡中的"自动求和"下拉按钮，如图 10-19 所示。

（3）在下拉菜单中选择"求和"命令，可以看到单元格 L13 中已经插入了 SUM 函数，确认求和区域为 L3：L12，如图 10-20 所示。

（4）按 Enter 键，完成后的效果如图 10-21 所示。

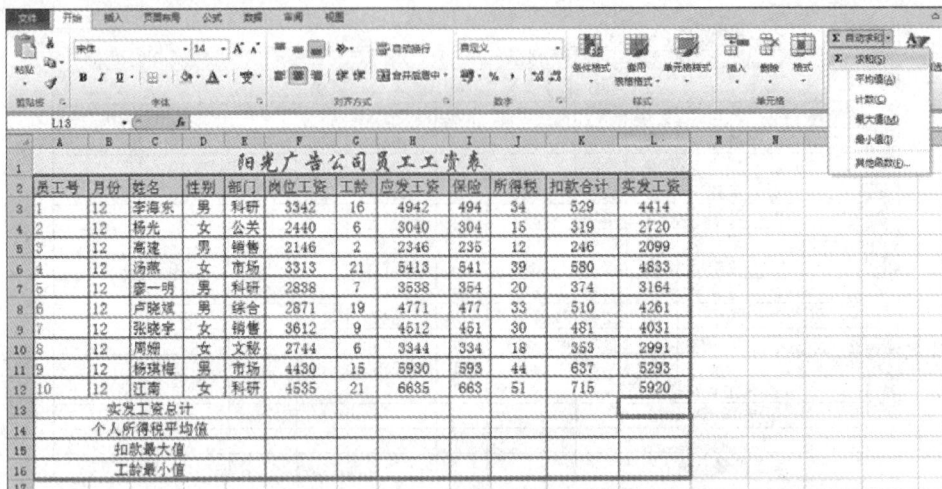

图 10-19 "自动求和"按钮的下拉菜单

图 10-20 SUM 函数的插入

员工号	月份	姓名	性别	部门	岗位工资	工龄	应发工资	保险	所得税	扣款合计	实发工资
1	12	李海东	男	科研	3342	16	4942	494	34	529	4414
2	12	杨光	女	公关	2440	6	3040	304	15	319	2720
3	12	高建	男	销售	2146	2	2346	235	12	246	2099
4	12	汤燕	女	市场	3313	21	5413	541	39	580	4833
5	12	廖一明	男	科研	2838	7	3538	354	20	374	3164
6	12	卢晓斌	男	综合	2871	19	4771	477	33	510	4261
7	12	张晓宇	女	销售	3612	9	4512	451	30	481	4031
8	12	周姗	女	文秘	2744	6	3344	334	18	353	2991
9	12	杨琪梅	男	市场	4430	15	5930	593	44	637	5293
10	12	江南	女	科研	4535	21	6635	663	51	715	5920

阳光广告公司员工工资表

实发工资总计 —— 39726
个人所得税平均值
扣款最大值
工龄最小值

图 10-21 实发工资总计的计算

4. 个人所得税平均值的计算

（1）选中 J14 单元格。

（2）单击编辑栏左侧的"插入函数"按钮，在打开的"插入函数"对话框中，在"或选择类别"下拉列表框中选择"常用函数"选项，在"选择函数"列表框中选择 AVERAGE 函数，如图 10-22 所示，单击"确定"按钮。

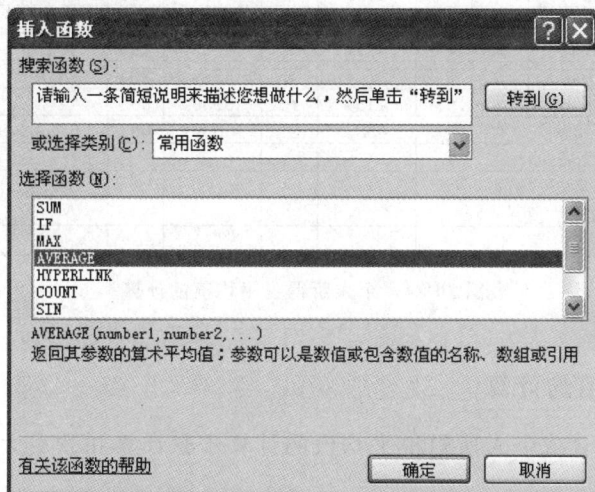

图 10-22　插入 AVERAGE 函数

（3）这时会打开 AVERAGE 的"函数参数"对话框。在 Number1 文本框中输入 J3：J12，如图 10-23 所示。

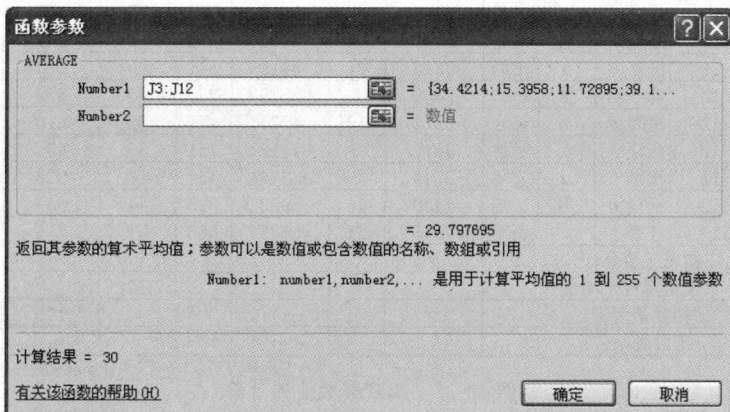

图 10-23　AVERAGE 函数参数设置

（4）单击"确定"按钮，结果如图 10-24 所示。

J14			f_x	=AVERAGE(J3:J12)							
	A	B	C	D	E	F	G	H	I	J	K	L
1	阳光广告公司员工工资表											
2	员工号	月份	姓名	性别	部门	岗位工资	工龄	应发工资	保险	所得税	扣款合计	实发工资
3	1	12	李海东	男	科研	3342	16	4942	494	34	529	4414
4	2	12	杨光	女	公关	2440	6	3040	304	15	319	2720
5	3	12	高建	男	销售	2146	2	2346	235	12	246	2099
6	4	12	汤燕	女	市场	3313	21	5413	541	39	580	4833
7	5	12	廖一明	男	科研	2838	7	3538	354	20	374	3164
8	6	12	卢晓斌	男	综合	2871	19	4771	477	33	510	4261
9	7	12	张晓宇	女	销售	3612	9	4512	451	30	481	4031
10	8	12	周姗	女	文秘	2744	6	3344	334	18	353	2991
11	9	12	杨琪梅	男	市场	4430	15	5930	593	44	637	5293
12	10	12	江南	女	科研	4535	21	6635	663	51	715	5920
13	实发工资总计											39726
14	个人所得税平均值										30	
15	扣款最大值											
16	工龄最小值											

图 10-24　个人所得税平均值的计算

5. 扣款最大值的计算

参照实发工资总计或个人所得税平均值的计算步骤计算扣款最大值,结果如图 10-25 所示。

K15			f_x	=MAX(K3:K12)							
	A	B	C	D	E	F	G	H	I	J	K	L
1	阳光广告公司员工工资表											
2	员工号	月份	姓名	性别	部门	岗位工资	工龄	应发工资	保险	所得税	扣款合计	实发工资
3	1	12	李海东	男	科研	3342	16	4942	494	34	529	4414
4	2	12	杨光	女	公关	2440	6	3040	304	15	319	2720
5	3	12	高建	男	销售	2146	2	2346	235	12	246	2099
6	4	12	汤燕	女	市场	3313	21	5413	541	39	580	4833
7	5	12	廖一明	男	科研	2838	7	3538	354	20	374	3164
8	6	12	卢晓斌	男	综合	2871	19	4771	477	33	510	4261
9	7	12	张晓宇	女	销售	3612	9	4512	451	30	481	4031
10	8	12	周姗	女	文秘	2744	6	3344	334	18	353	2991
11	9	12	杨琪梅	男	市场	4430	15	5930	593	44	637	5293
12	10	12	江南	女	科研	4535	21	6635	663	51	715	5920
13	实发工资总计											39726
14	个人所得税平均值										30	
15	扣款最大值										715	
16	工龄最小值											

图 10-25　扣款最大值的计算

6. 工龄最小值的计算

参照实发工资总计或个人所得税平均值的计算步骤计算工龄最小值,结果如图 10-26 所示。

G16			fx	=MIN(G3:G15)							
	A	B	C	D	E	F	G	H	I	J	K	L

	阳光广告公司员工工资表										
员工号	月份	姓名	性别	部门	岗位工资	工龄	应发工资	保险	所得税	扣款合计	实发工资
1	12	李海东	男	科研	3342	16	4942	494	34	529	4414
2	12	杨光	女	公关	2440	6	3040	304	15	319	2720
3	12	高建	男	销售	2146	2	2346	235	12	246	2099
4	12	汤燕	女	市场	3313	21	5413	541	39	580	4833
5	12	廖一明	男	科研	2838	7	3538	354	20	374	3164
6	12	卢晓斌	男	综合	2871	19	4771	477	33	510	4261
7	12	张晓宇	女	销售	3612	9	4512	451	30	481	4031
8	12	周姗	女	文秘	2744	6	3344	334	18	353	2991
9	12	杨琪梅	男	市场	4430	15	5930	593	44	637	5293
10	12	江南	女	科研	4535	21	6635	663	51	715	5920
实发工资总计											39726
个人所得税平均值									30		
扣款最大值										715	
工龄最小值						2					

图 10-26 工龄最小值的计算

至此,完成了"阳光广告公司员工工资表"的制作。

项目小结

本项目是表格的计算,主要包括数据有效性、常用公式、常用函数的应用,重点是用公式和函数对单元格的计算,难点是数据有效性和 IF 函数的应用。

拓展训练

建立"2013—2014 年软件 301 班级学生成绩表.xls"工作簿,工作表 Sheet1 的内容如图 10-27 所示。

针对"2013—2014 年软件 301 班级学生成绩表.xls"工作簿工作表完成如下操作。

(1)设置"性别"列数据有效性,设置输入的成绩的数据有效性为 0～100。

(2)计算每位同学的总分和平均分。

(3)计算每门课程的平均分。

(4)计算每门课程的最高分和最低分。

(5)总评。用 IF 函数实现以下运算:如果该同学平均分≥90,总评为优秀;80≤平均分<90,总评为良好;70≤平均分<80,总评为中等;60≤平均分<70,总评为及格;平均分<60,总评为不及格。

学号	姓名	性别	JAVA 程序设计	企业数据库管理	桌面应用程序设计	计算机网络技术	中国哲学导论	总分	平均分	总评
01	李治明	男	98	89	69	67	65			
02	王松	男	78	78	89	90	80			
03	柳杰	男	89	85	78	78	70			
04	袁春梅	女	69	78	85	77	80			
05	陈林	男	98	90	90	79	75			
06	董承波	男	97	89	72	75	86			
07	邹建星	男	80	88	91	78	80			
08	左云娇	女	83	78	84	74	93			
09	何耀	男	79	84	83	73	89			
10	谭浩宇	男	70	83	87	72	85			
11	周兴敏	女	75	72	79	76	93			
12	张关键	男	93	77	89	66	89			
13	曾华明	男	85	78	65	78	90			
14	蒋云阳	男	80	74	76	79	78			
15	廖艳丽	女	93	73	85	84	87			
每门课程平均分										
每门课程最高分										
每门课程最低分										

图 10-27　2013—2014 年软件 301 班级学生成绩表

学习总结

本项目所用软件	
项目中包含的知识和操作技能	
你已熟知或掌握的知识和操作技能	
你认为还有哪些知识和技能需要强化	
项目中可使用的 Office 技巧	
学习本项目之后的体会	

项目 11 制作"中原商贸城第一季度汽车销售情况表"

在本项目中,我们将通过制作"中原商贸城第一季度汽车销售情况表"来学习 Excel 2010 表格数据处理的基本操作。其中,利用 Excel 2010 工作表中提供的数据透视表功能对工作表中的数据进行分析,如通过设置数据项,可重新组织数据,并进行计算。特别需要提醒的是,数据透视表对工作表中的数据源进行分析和计算,数据透视表中显示的数据是只读的,不能对其进行修改。本项目操作主要包括数据排序、数据筛选、数据分类汇总、数据透视表和数据透视图、数据合并计算等操作。

任务 1 数据排序、数据筛选和数据分类汇总

▶ 任务描述

完成对"中原商贸城第一季度汽车销售情况表"中数据的处理:①数据排序,包含自动排序、自定义排序;②数据筛选,包含自动筛选和高级筛选;③数据分类汇总,实现数据能够按照不同的类别进行统计。

▶ 任务实施

1. 建立工作簿

启动 Excel 2010 后,新建工作簿"工作簿 1",在 Sheet1 中直接输入原始数据,通过公式计算"总计",并进行表格各项设置,包括:标题跨行居中,字体、字号设置,表格内容水平居中、垂直居中,加边框线等。

该任务通过对原始数据进行处理,在工作簿"工作簿 1"中要得到多个工作表,依次取名为"自动排序""自定义排序""自动筛选""高级筛选""分类汇总"。设置完成后,以"数据处理"为文件名进行保存,如图 11-1 所示。

对原始数据进行处理,最后要得到多个工作表,其操作主要通过工作表的复制完成。比如,要得到第二张"自动排序"工作表,先将"原始数据表"复制,得到"原始数据表(2)",再将

"原始数据表（2）"重命名为"自动排序"。工作表的复制操作如下。

（1）右击"原始数据表"工作表的标签，在出现的快捷菜单中选择"移动或复制工作表"命令，打开"移动或复制工作表"对话框，如图 11-2 所示。

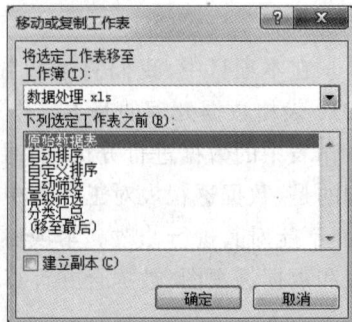

图 11-1　"数据处理"效果　　　图 11-2　"移动或复制工作表"对话框

（2）在"下列选定工作表之前"列表框中选择 Sheet2，选中"建立副本"复选框。如果没有选中"建立副本"复选框，则只完成工作表的移动操作，不会复制工作表。

（3）单击"确定"按钮完成设置，在 Sheet2 工作表的前面复制了一个名为"原始数据表（2）"的工作表。

（4）将"原始数据表（2）"工作表重命名为"自动排序"。

按住 Ctrl 键的同时，拖动工作表标签到目标位置也可以复制工作表。

其他新工作表的生成与以上操作类似。操作完成后在工作簿 Book1 中建立了各种工作表（每个工作表中都有数据且一样，皆为原始数据），如图 11-1 所示。

▶提示：如果要跨工作簿进行工作表的移动或复制，则必须在"移动或复制工作表"对话框中的"工作簿"列表框中选择目标工作簿。

另外，对工作表的删除操作如下。

（1）右击 Sheet3 工作表的标签。

（2）在出现的快捷菜单中选择"删除"命令，可删除 Sheet3 工作表。

2. 数据排序

（1）自动排序。切换到"自动排序"工作表，将光标定位在"总计"列的任意单元格，单击"开始"选项卡"编辑"组中的"排序和筛选"按钮，在下拉菜单中单击"升序"按钮，"总计"中的数据自动按升序排序显示，如图 11-3 所示。

图 11-3 "总计"列排序结果

（2）自定义排序。选定"自定义排序"工作表数据区域内的任意单元格，单击"开始"选项卡"编辑"组中的"排序和筛选"按钮，在下拉菜单中选择"自定义排序"命令，打开"排序"对话框。在"主要关键字"中选择"三月"，按"升序"排序；在"次要关键字"中选择"总计"，按"升序"排序，如图 11-4 所示。

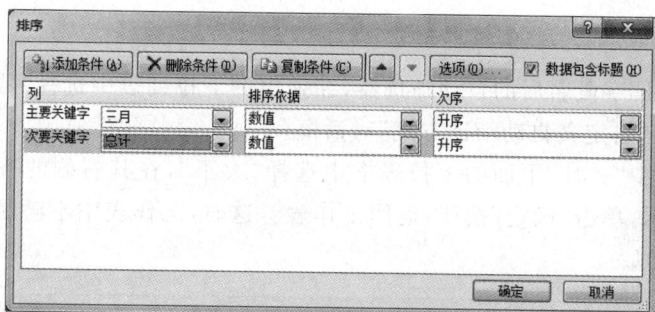

图 11-4 "排序"对话框

单击"确定"按钮，排序结果如图 11-5 所示。

图 11-5 按主、次关键字排序结果

▶ **提示**：当主关键字的值相同时，按次关键字进行排序。在图 11-5 中，E7＝E8＝600，即主关键字"三月"的值相同，则第 7 行和第 8 行的排序的先后，就由次关键字"总计"的大小来决定。

3. 数据筛选

1）自动筛选

使用“自动筛选”表的数据，筛选出“一月”的销量大于或等于 600 的记录。操作步骤如下。

（1）在“数据处理”工作簿中，单击“自动筛选”标签切换到“自动筛选”工作表，选中数据区域内的任意单元格，单击“数据”选项卡“排序和筛选”组中的“筛选”按钮，打开自动筛选器，如图 11-6 所示。

	A	B	C	D	E	F
1	中原商贸城第一季度汽车销售情况表					
2	品牌	产地	一月	二月	三月	总计
3	奥迪A8	一汽大众	120	180	150	450
4	赛欧	上汽通用	350	380	480	1210
5	帕斯特	上海大众	580	790	860	2230
6	捷达王	一汽大众	800	600	750	2150
7	保罗	上海大众	640	680	600	1920
8	别克	上汽通用	780	890	600	2270
9	宝来	一汽大众	600	300	200	1100
10	桑坦纳200	上海大众	600	900	850	2350
11	奥迪A6	一汽大众	320	380	330	1030

图 11-6　打开自动筛选器

（2）单击“一月”字段名后的自动筛选器，在弹出的下拉列表中选择“数字筛选”→“自定义筛选”命令，弹出“自定义自动筛选方式”对话框。

（3）在对话框中“一月”下面的下拉表框中选择“大于”，在其右侧的下拉列表框中输入 600，如图 11-7 所示，单击“确定”按钮，返回工作表。这时，工作表中不满足条件的行被隐藏起来了，如图 11-8 所示。

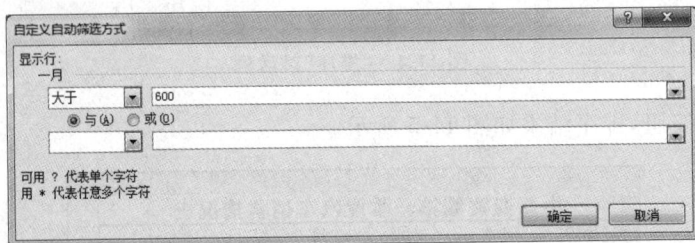

图 11-7　“自定义自动筛选方式”对话框

	A	B	C	D	E	F
1	中原商贸城第一季度汽车销售情况表					
2	品牌	产地	一月	二月	三月	总计
6	捷达王	一汽大众	800	600	750	2150
7	保罗	上海大众	640	680	600	1920
8	别克	上汽通用	780	890	600	2270
12						

图 11-8　自动筛选结果

2）高级筛选

高级筛选与自动筛选不同，它要求在一个工作表区域内单独指定筛选条件，与数据区域分开。高级筛选的功能有以下几个：指定与两列或两列以上有关的筛选条件及连接符"或"；对既定的某列指定 3 个或更多的筛选条件，此时，至少要用到一个"或"的连接符；指定计算条件。下面以"中原商贸城第一季度汽车销售情况表"为例，我们给出这样的条件：筛选出一汽大众、上汽通用、上海大众三个产地"一月"销售量不低度于 750 的记录。具体操作如下。

（1）选取"高级筛选"工作表中的任意空白单元格并填写条件区域，如图 11-9 中下方的小方框（B13:C16）所示。

（2）单击"数据"选项卡"排序和筛选"组中的"筛选"→"高级"按钮。

（3）在"高级筛选"对话框中，选中"将筛选结果复制到其他位置"单选按钮，分别选取"列表区域"和"条件区域"，"复制到"位置可选取 A18 单元格，设置如图 11-10 所示。选取的列表区域和条件区域内必须包含标题行。

图 11-9　选取条件区域

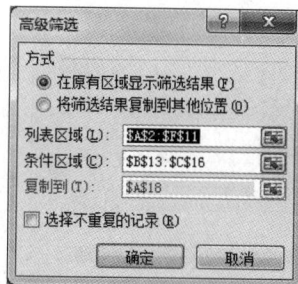

图 11-10　"高级筛选"对话框

（4）单击"确定"按钮，筛选后结果如图 11-11 所示。

图 11-11　高级筛选结果

4. 分类汇总

通过分类汇总可以将数据按照不同的类别进行统计。分类汇总时不需要输入公式，也不需要使用函数，Excel 2010 将自动处理并插入分类结果。下面以"中原商贸城第一季度汽车销售情况表"为例，按"产地"统计"一月""二月"和"三月"销售量的平均值，具体操作如下。

（1）将光标定位于"产地"列的任一单元格，单击"数据"选择卡"排序和筛选"组中的"排序"按钮，按"产地"进行"升序"或"降序"排序。

▶提示：分类汇总分两步完成：①按进行分类的字段进行排序，即分类的字段名为主关键字；②进行汇总计算。

（2）单击"数据"选择卡"分级显示"组中的"分类汇总"按钮，打开"分类汇总"对话框。

（3）在"分类字段"下拉列表框中选择"产地"，在"汇总方式"下拉列表框中选择"平均值"，在"选定汇总项"列表框中选定"一月""二月""三月"选项，如图 11-12 所示。

（4）单击"确定"按钮，得到的汇总结果如图 11-13 所示。

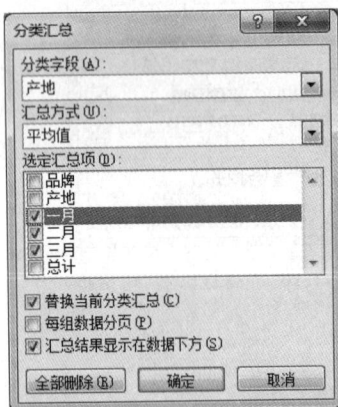

图 11-12　"分类汇总"对话框　　　　图 11-13　汇总结果

▶提示：在图 11-13 所示汇总结果窗口左侧显示了分类汇总的标志，其中 + 是"显示明细数据符号"；− 是"隐藏明细数据符号"；1、2、3 为分级显示标记。单击 1 只显示总的汇总值；单击 2 显示各类汇总值；单击 3 显示所有的明细数据。

任务 2　数据透视表（图）的应用

▶ 任务描述

可以利用 Excel 2010 工作表中提供的数据透视表功能对工作表中的数据进行分析，如通过设置数据项重新组织数据，并进行计算。特别需要提醒的是，数据透视表对工作表中的数据源进行分析和计算，数据透视表中显示的数据是只读的，不能对其进行修改。

▶ 任务实施

1. 建立数据源

新建工作簿"工作簿 2",将 Sheet1 重命名为"数据源",将 Sheet2 重命名为"数据源透视表",将 Sheet3 重命名为"数据透视图"。在"数据源"表中输入原始数据,用于建立数据透视表,如图 11-14 所示。当数据透视表和数据透视图建立完成后,将工作簿"工作簿 2"以"数据透视表(图)"为文件名进行保存,建立数据透视表和数据透视图的具体操作如下。

图 11-14 "数据源"表的原始数据

(1)选定"数据源"表中数据区域内任意单元格,单击"插入"选项卡"表格"组中的"数据透视表"→"数据透视表"按钮,弹出"创建数据透视表"对话框,如图 11-15 所示。

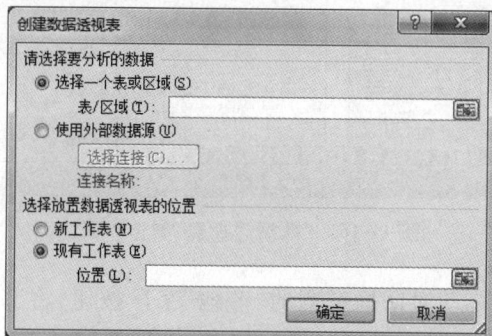

图 11-15 "创建数据透视表"对话框

（2）在"请选择要分析的数据"选项组中选中"选择一个表或区域"单选按钮，拖动鼠标选定 A2:F13 单元格区域。在"选择放置数据透视表的位置"选项组中选中"现有工作表"单选按钮，单击"现有工作表"下方的 ![] 按钮，再单击"数据透视表"标签和 A1 单元格（表示建立的数据透视表放置于"数据透视表"工作表中，并从 A1 单元格开始放），如图 11-16 所示。

（3）在图 11-16 中，单击 ![] 按钮，结果如图 11-17 所示。

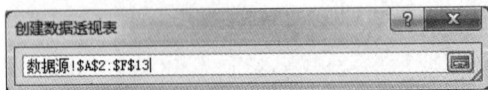

图 11-16　选中放置"数据透视表"的位置

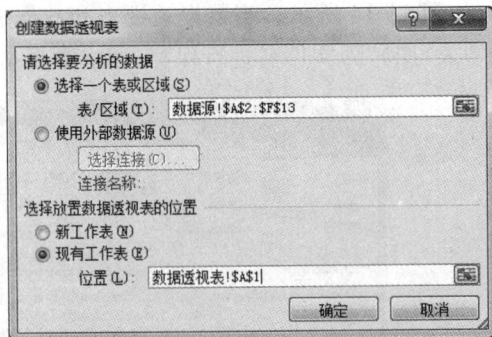

图 11-17　"创建数据透视表"对话框设置

（4）在图 11-17 中，单击"确定"按钮，如图 11-18 所示。

图 11-18　"数据透视表"制作界面

在图 11-18 中用鼠标拖动对话框右侧的"产地"字段按钮，将其放置到右下侧"列标签"区域；拖动"品牌"字段放置到"行标签"区域；拖动"中原商贸城"字段到"数值"区域，在"数据透视表工具:设计"选项卡的"数据透视表样式"组中任选数据透视表样式，如图 11-19 所示。

图 11-19　生成"数据透视表"

图 11-18"数据透视表"制作界面各项说明如下。

① 报表筛选：把字段拖到"报表筛选"框中，相当于以该字段进行分类，系统会自动对它排序。

② 行标签：把字段拖到"行标签"框中，表示在生成的数据透视表中行的方向上要显示的数据项。

③ 列标签：把字段拖到"列标签"框中，表示在生成的数据透视表中列的方向上要显示的数据项。

④ 数值：把字段拖到中，表示对该字段进行汇总，默认汇总方式为求和，可以改变汇总方式。

▶提示：若要对各商贸城的数据求平均值，可单击"数值"框数据区域"求和项"右侧的下拉按钮，选中"值字段设置"打开"值字段设置"对话框，在"计算类型"列表框中选择"平均值"，如图 11-20 所示。单击"确定"按钮，返回到布局对话框，"求和"项被改为"平均值项"。

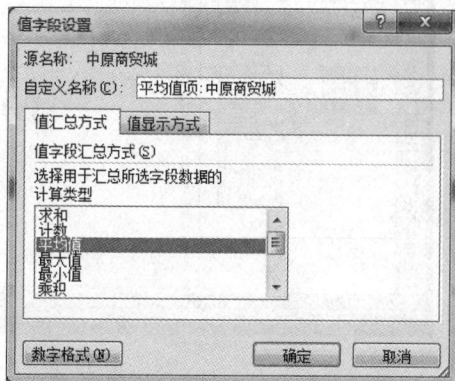

图 11-20　"值字段设置"对话框

2. 数据透视图建立

（1）选定"数据源"表中数据区域内任意单元格，单击"插入"选项卡"表格"组中的"数据透视表"→"数据透视图"按钮，弹出"创建数据透视表"对话框，如图 11-15 所示。

（2）在"请选择要分析的数据"选项组中选中"选择一个表或区域"单选按钮，拖动鼠标选定 A2:F13 单元格区域。在"选择放置数据透视表的位置"选项组中选中"现有工作表"单选按钮,单击"现有工作表"下方的 ▼ 按钮,再单击"数据透视图"标签和 A1 单元格(表示建立的数据透视表放置于"数据透视图"工作表中,并从 A1 单元格开始放),如图 11-21 所示。

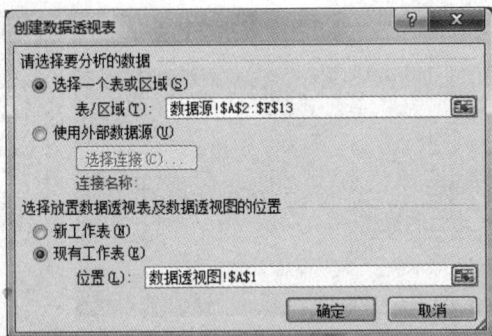

图 11-21　创建新数据透视图

(3) 单击"确定"按钮,结果如图 11-22 所示。

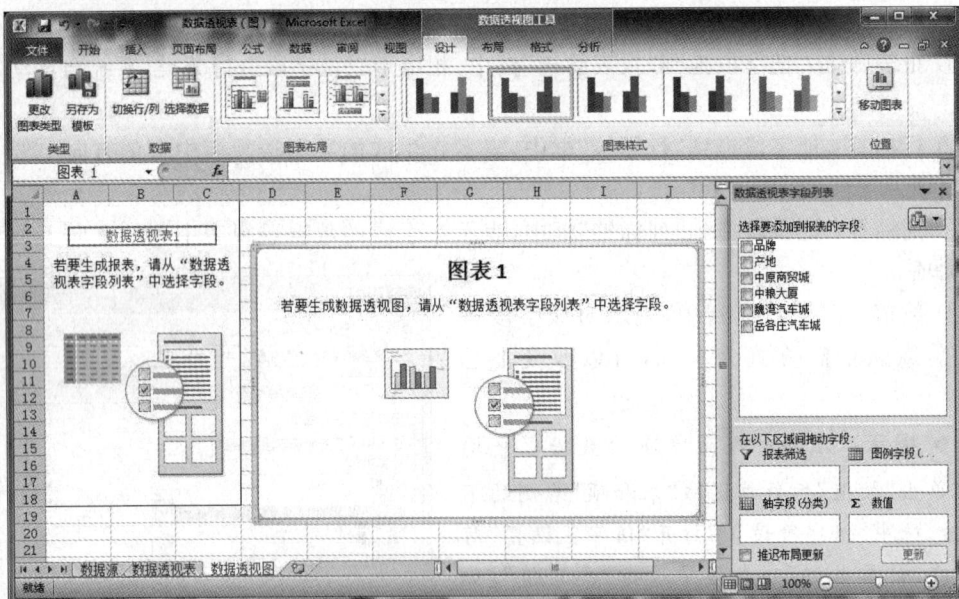

图 11-22　"数据透视图"制作界面

(4) 在图 11-22 中,用鼠标拖动对话框右侧的"产地"字段按钮,将其放置到右下侧"图例字段"区域;拖动"品牌"字段放置到"轴字段(分段)"区域;拖动"中原商贸城"字段到"数值"区域,在"数据透视表工具:设计"选项卡中任选一种图表样式,如图 11-23 所示,生成了数据透视表和数据透视图。

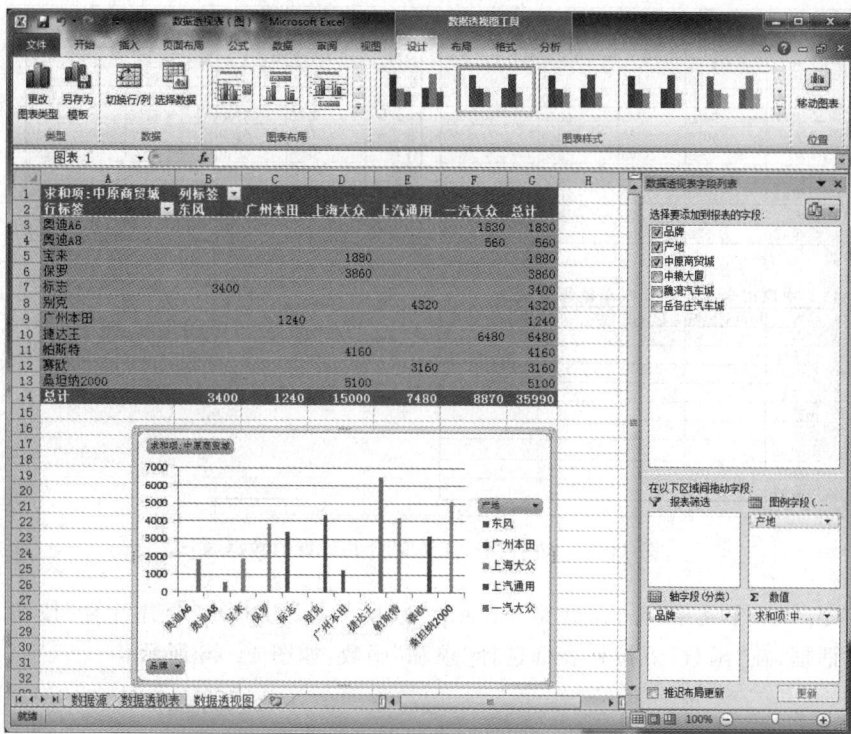

图 11-23　生成了数据透视表和数据透视图

任务3　数据合并计算

▶ 任务描述

Excel 2010 提供了两种合并计算的方法：一种是对同一工作簿的数据进行合并计算，这种情况适用于源数据位置存在差异而进行数据汇总；另一种是对不同工作簿的数据进行合并计算，这种情况适用于源数据位置在不同数据表中具有相同的位置而进行数据汇总。

▶ 任务实施

1. 同一工作簿的数据进行合并计算

利用"中原市上半年各市场汽车销售情况表"和"中原市下半年各市场汽车销售情况表"，通过合并计算完成"中原市全年各市场汽车销售情况表"的统计。具体操作如下。

（1）建立工作簿"工作簿3"，在 Sheet1 工作表中输入数据源，如图 11-24 所示。合并计算的结果从 B16 单元格开始放置，第 14、15 行为合并结果的标题和表头。合并计算完成后以"同一工作簿的合并计算"文件名保存。

	A	B	C	D	E	F	G	H	I	J	K
1	中原市上半年各市场汽车销售情况表						中原市下半年各市场汽车销售情况表				
2	品牌	中原商贸城	中粮大厦	魏湾汽车城	岳各庄汽车城		品牌	中原商贸城	中粮大厦	魏湾汽车城	岳各庄汽车城
3	别克	4020	3486	5800	3870		别克	4320	3886	4600	4170
4	帕斯特	4860	3690	3800	4060		帕斯特	4160	3890	4300	4260
5	桑坦纳	5400	5200	6020	7000		桑坦纳	5100	5800	5720	6300
6	捷达王	6080	5960	5480	6320		捷达王	6480	6260	6480	5820
7	保罗	4060	3840	3680	2880		保罗	3860	4040	4280	3080
8	赛欧	2660	3460	2980	3060		赛欧	3160	3060	2480	3360
9	奥迪A6	1230	1820	2050	1460		奥迪A6	1830	1320	1750	1660
10	宝来	2080	1800	1400	1520		宝来	1880	2400	1800	1620
11	奥迪A8	520	400	640	580		奥迪A8	560	420	580	600
12											
13											
14	中原市全年各市场汽车销售情况表										
15	品牌	中原商贸城	中粮大厦	魏湾汽车城	岳各庄汽车城						
16	别克										
17	帕斯特										
18	桑坦纳										
19	捷达王										
20	保罗										
21	赛欧										
22	奥迪A6										
23	宝来										
24	奥迪A8										
25											

图 11-24　进行同一工作簿合并计算的数据源

（2）单击 B16 单元格，单击"数据"选项卡"数据工具"组中的"合并计算"按钮，打开"合并计算"对话框，在"函数"下拉列表框选择"求和"函数，如图 11-25 所示。

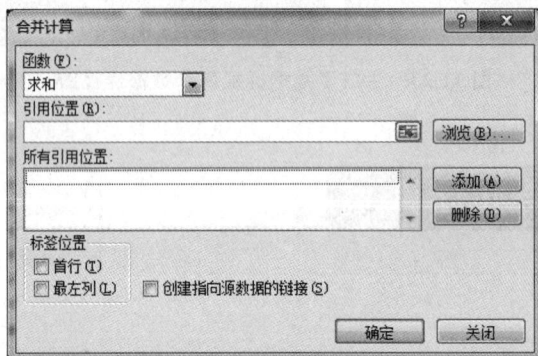

图 11-25　"合并计算"对话框

（3）单击"引用位置"框右侧的■按钮，然后选择 Sheet1 中 B3:E11 单元格区域，"引用位置"框出现"＄B＄3：＄E＄11"字样，如图 11-26 所示。

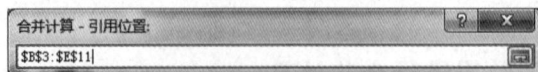

图 11-26　"合并计算-引用位置"对话框

（4）单击"引用位置"框右侧的■按钮，返回到"合并计算"对话框，可以看到"引用位置"区域出现在"引用位置"框中。单击"添加"按钮，当前引用位置区域添加到"所有引用位置"列表中。

（5）重复第（4）步操作，将 Sheet1 中 H3:K11 单元格区域添加到"所有引用位置"列表中,如图 11-27 所示。

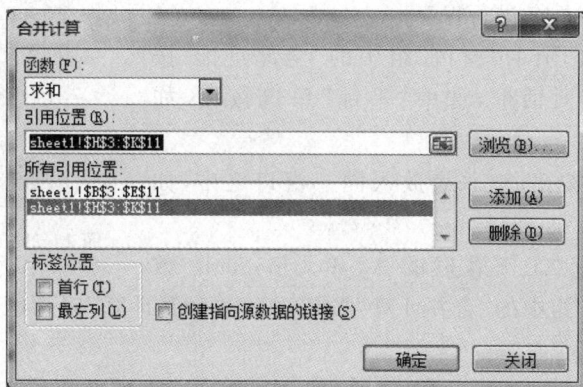

图 11-27　所有引用完成后的"合并计算"对话框

（6）单击"确定"按钮,完成合并计算,如图 11-28 所示。将工作簿以"同一工作簿合并计算"为文件名保存后关闭。

	A	B	C	D	E	F	G	H	I	J	K
1	中原市上半年各市场汽车销售情况表						中原市下半年各市场汽车销售情况表				
2	品牌	中原商贸城	中粮大厦	魏湾汽车城	岳各庄汽车城		品牌	中原商贸城	中粮大厦	魏湾汽车城	岳各庄汽车城
3	别克	4020	3486	5800	3870		别克	4320	3886	4600	4170
4	帕斯特	4860	3690	3800	4060		帕斯特	4160	3890	4300	4260
5	桑坦纳	5400	5200	6020	7000		桑坦纳	5100	5800	5720	6300
6	捷达王	6080	5960	5480	6320		捷达王	6480	6260	6480	5820
7	保罗	4060	3840	3680	2880		保罗	3860	4040	4280	3080
8	赛欧	2660	3460	2980	3060		赛欧	3160	3060	2480	3360
9	奥迪A6	1230	1820	2050	1460		奥迪A6	1830	1320	1750	1660
10	宝来	2080	1800	1400	1520		宝来	1880	2400	1800	1620
11	奥迪A8	520	400	640	580		奥迪A8	560	420	580	600
12											
13											
14	中原市全年各市场汽车销售情况表										
15	品牌	中原商贸城	中粮大厦	魏湾汽车城	岳各庄汽车城						
16	别克	8340	7372	10400	8040						
17	帕斯特	9020	7580	8100	8320						
18	桑坦纳	10500	11000	11740	13300						
19	捷达王	12560	12220	11960	12140						
20	保罗	7920	7880	7960	5960						
21	赛欧	5820	6520	5460	6420						
22	奥迪A6	3060	3140	3800	3120						
23	宝来	3960	4200	3200	3140						
24	奥迪A8	1080	820	1220	1180						

图 11-28　合并计算结果

2. 不同工作簿的数据进行合并计算

（1）依次建立三个新工作簿,取名为"工作簿 4""工作簿 5"和"工作簿 6"。将"工作簿 3"中 Sheet1"中原市上半年各市场汽车销售情况表"数据复制到"工作簿"的 Sheet1 中;将"工作簿 3"中 Sheet1"中原市下半年各市场汽车销售情况表"数据复制到"工作簿 5"的 Sheet1中;在"工作簿 6"的第 1 行中输入标题"中原市全年各市场汽车销售情况表"。"工作簿 4"和"工作簿 5"中的 Sheet1 工作表为进行不同工作簿合并计算的数据源,合并计算结果放于"工作簿 6"的 Sheet1 工作表中,合并计算完成后,以"不同工作簿的合并计算"为文件名进行保存。

(2) 单击"视图"选项卡"窗口"组中的"全部重排"按钮,出现"重排窗口"对话框,选中"平铺"单选按钮,如图 11-29 所示。

(3) 单击"确定"按钮,三张表放入同一窗口之中,如图 11-30 所示。

(4) 将光标定位于"工作簿 6"的 A2 单元格,单击"数据"选项卡"数据工具"组中的"合并计算"按钮,打开"合并计算"对话框,在"函数"下拉列表框选择"求和"函数。

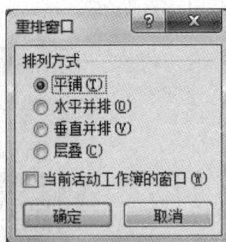

图 11-29 "重排窗口"对话框

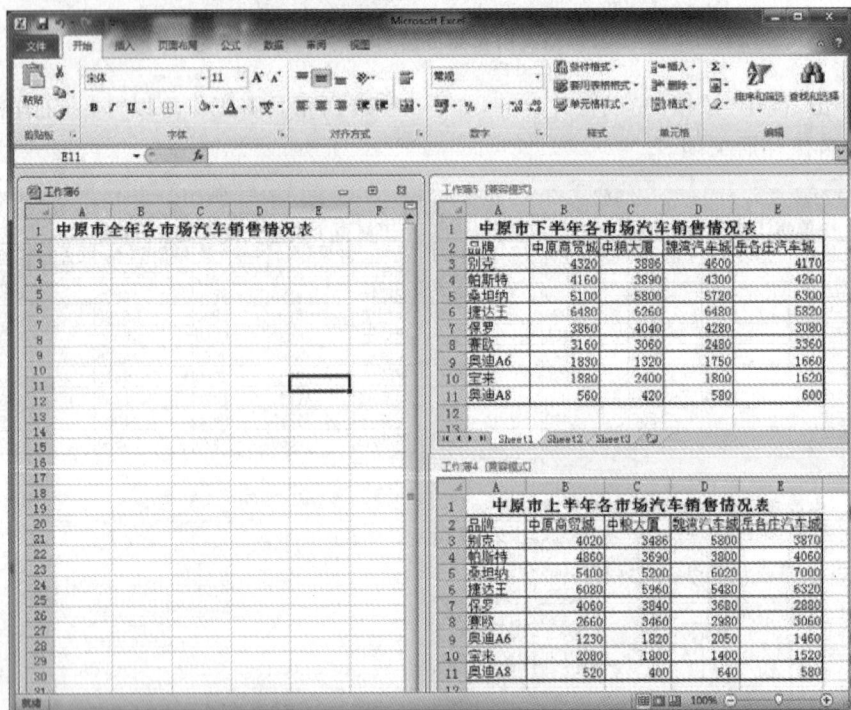

图 11-30 平铺窗口

(5) 单击"引用位置"框右侧的 █ 按钮,然后选择"工作簿 4"中 A2:E11 单元格区域,"引用位置"框出现"[工作簿 4.xls]Sheet1!＄A＄2:＄E＄11"字样。

(6) 单击"引用位置"框右侧的 █ 按钮,返回到"合并计算"对话框,可以看到"引用位置"区域出现在"引用位置"框中。单击"添加"按钮,当前引用位置区域添加到"所有引用位置"列表中。

(7) 重复第(5)、(6)步操作,将"工作簿 5"中 A2:E11 单元格区域添加到"所有引用位置"列表中。

(8) 在"标签位置"中,选中"首行"和"最左列"复选框,如图 11-31 所示。

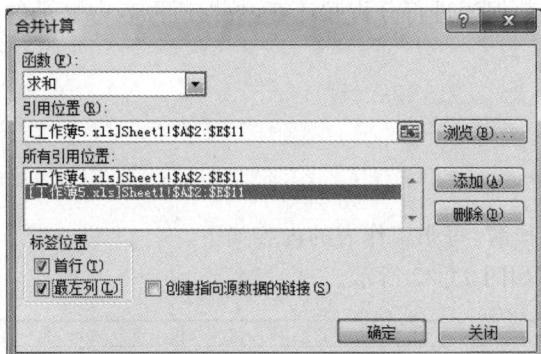

图 11-31 所有引用完成后的"合并计算"对话框

（9）单击"确定"桉钮，完成合并计算，如图 11-32 所示。将工作簿以"不同工作簿合并计算"为文件名保存后关闭。

图 11-32 完成"合并计算"效果图

项目小结

本项目操作主要包括数据排序、数据筛选、数据分类汇总、数据透视表和数据透视图、数据合并计算等操作。通过设置数据项，可重新组织数据，并进行计算。特别需要提醒的是数据透视表对工作表中的数据源进行分析和计算，数据透视表中显示的数据是只读的，不能对其进行修改。

拓展训练

建立“拓展训练”工作簿，每张工作表的内容如下。

Sheet1 工作表内容如图 11-33 所示。

	A	B	C	D	E	F	G
1	2003年度农场农作物产量（吨）						
2	单位	小麦	玉米	谷子	大豆	棉花	番薯
3	黄河农场	9050	8460	2360	1200	4200	2340
4	劳改农场	8820	4430	0	2410	9120	3120
5	胜利农场	11900	6230	1230	3220	8460	4630
6	团结农场	7320	3400	2610	0	7830	5360
7	红星农场	9820	7530	3210	4230	5620	0
8	富民农场	15400	7210	4320	2210	6840	7430
9	解放农场	6300	2320	2430	3210	10500	2630
10	丰收农场	5400	1230	2230	2450	14800	3420
11	粮食产量总计						
12							

Sheet1 / Sheet2 / Sheet3 / Sheet4 / Sheet5 / 数据源 / Sheet6

图 11-33　**Sheet1** 工作表内容

Sheet2 工作表内容如图 11-34 所示。

	A	B	C	D	E	F	G
1	2003年度农场农作物产量（吨）						
2	单位	小麦	玉米	谷子	大豆	棉花	番薯
3	黄河农场	9050	8460	2360	1200	4200	2340
4	劳改农场	8820	4430	0	2410	9120	3120
5	胜利农场	11900	6230	1230	3220	8460	4630
6	团结农场	7320	3400	2610	0	7830	5360
7	红星农场	9820	7530	3210	4230	5620	0
8	富民农场	15400	7210	4320	2210	6840	7430
9	解放农场	6300	2320	2430	3210	10500	2630
10	丰收农场	5400	1230	2230	2450	14800	3420
11							
12							

Sheet1 / Sheet2 / Sheet3 / Sheet4 / Sheet5 / 数据源 / Sheet6

图 11-34　**Sheet2** 工作表内容

Sheet3 工作表内容与 Sheet2 工作表相同。

Sheet4 工作表内容如图 11-35 所示。

Sheet5 工作表内容如图 11-36 所示。

数据源工作表内容与 Sheet5 工作表相同。Sheet6 工作表现为空表，用于放置数据透视表。

针对“拓展训练”工作簿的每张工作表完成如下操作。

(1) 应用公式(函数)：使用 Sheet1 工作表中的数据，计算“粮食产量总计”，结果分别放

	A	B	C	D	E	F	G	H	I	J	K
1	黄河农场农作物亩产情况表（公斤/亩）						丰收农场农作物亩产情况表（公斤/亩）				
2	农作物	2000年度	2001年度	2002年度	2003年度		农作物	2000年度	2001年度	2002年度	2003年度
3	小麦	600	610	590	604		小麦	640	600	608	606
4	玉米	580	570	590	600		棉花	280	320	308	312
5	谷子	310	300	290	296		番薯	590	580	610	580
6	大豆	590	580	600	570		大豆	620	560	608	560
7	棉花	300	290	298	302		玉米	584	580	586	604
8	番薯	580	600	590	570		谷子	318	320	320	340
9											
10	农场农作物亩产情况统计表（公斤/亩）										
11	农作物	2000年度	2001年度	2002年度	2003年度						
12											
13											
14											

Sheet1 / Sheet2 / Sheet3 / Sheet4 / Sheet5 / 数据源 / Sheet6 /

图 11-35　Sheet4 工作表内容

	A	B	C	D	E	F
1	2003年度农场农作物产量					
2	单位	农作物	产量（吨）			
3	团结农场	大豆	0			
4	团结农场	棉花	7830			
5	团结农场	番薯	5360			
6	胜利农场	小麦	11900			
7	胜利农场	玉米	6230			
8	劳改农场	棉花	9120			
9	劳改农场	番薯	3120			
10	解放农场	小麦	6300			
11	解放农场	玉米	2320			
12	解放农场	谷子	2430			
13	黄河农场	谷子	2360			
14	黄河农场	大豆	1200			
15	黄河农场	棉花	4200			
16	黄河农场	番薯	2340			
17	红星农场	小麦	9820			
18	红星农场	玉米	7530			
19	红星农场	谷子	3210			
20	富民农场	大豆	2210			
21	富民农场	棉花	6840			
22	富民农场	番薯	7430			
23	丰收农场	棉花	14800			
24	丰收农场	番薯	3420			
25						

Sheet1 / Sheet2 / Sheet3 / Sheet4 / Sheet5 / 数据源 / Sheet6 /

图 11-36　Sheet5 工作表内容

在相应的单元格中。

（2）数据排序：使用 Sheet2 工作表中的数据，以"小麦"为主要关键字，降序排列。

（3）数据筛选：使用 Sheet3 工作表中的数据，筛选出"小麦"和"棉花"产量均大于或等于 8000 的记录。

（4）数据合并计算：使用 Sheet4 工作表"黄河农场农作物亩产情况表"和"丰收农场农作物亩产情况表"中的数据，在"农场农作物亩产情况统计表"中进行"平均值"合并计算。

（5）数据分类汇总：使用 Sheet5 工作表中的数据，以"农作物"为分字段，将"产量"进行"求和"分类汇总。

（6）建立数据透视表：使用"数据源"工作表中的数据，以"单位"为行字段，以"农作物"为列字段，以"产量"为求和项，从 Sheet6 工作表的 A1 单元格起建立数据透视图（及数据透视表）。

学习总结

本项目所用软件	
项目中包含的知识和操作技能	
你已熟知或掌握的知识和操作技能	
你认为还有哪些知识和技能需要强化	
项目中可使用的 Office 技巧	
学习本项目之后的体会	

项目 12 制作"2015 年软件技术专业期终考试成绩表"

在本项目中,我们通过制作"2015 年软件技术专业期终考试成绩表"来学习 Excel 2010 图表的基本操作。利用 Excel 2010 提供的图表功能来直观、生动地表现数据。图表和工作表是互相链接的,当工作表中的数据发生改变时,图表中对应项的数据也自动改变。

邮件合并用于套用信函和大量邮件的处理,如通知书的填写等。在 Excel 2010 中还提供了宏录制功能,以实现相同功能的快速操作。

任务 1　图表创建和编辑

▶ 任务描述

通过制作"2015 年软件技术专业期终考试成绩表"来学习 Excel 2010 图表的基本操作。利用 Excel 2010 提供的图表功能来直观、生动地对考试成绩数据进行分析。

▶ 任务实施

1. 建立工作簿

启动 Excel 2010 后,新建工作簿"工作簿 1",在 Sheet1 中直接输入原始数据,并进行表格各项设置,包括标题跨行居中,字体、字号设置,表格内容水平居中、垂直居中,加边框线等,并将工作簿"工作簿 1"以"图表操作"为文件名进行保存,如图 12-1 所示。

2. 图表操作-创建柱状图

(1) 打开"图表操作"中的 Sheet1 工作表,单击"插入"选项卡"图表"组中的"柱形图"按钮,如图 12-2 所示。

(2) 单击"二维柱形图"中的第一个图形,出现的工具栏如图 12-3 所示。

(3) 单击"选择数据"按钮,打开"选择数据源"对话框。选中"姓名""高等数学"和"大学英语"三列中数据,如图 12-4 所示。再单击"确定"按钮,即可生成所选数据的柱形图,如图 12-5 所示。

图 12-1 "图表操作"原始数据

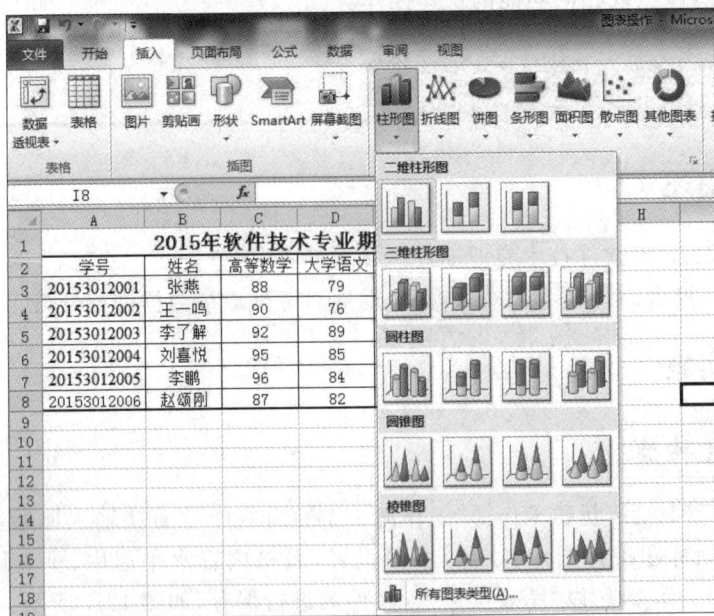

图 12-2 插入图表界面

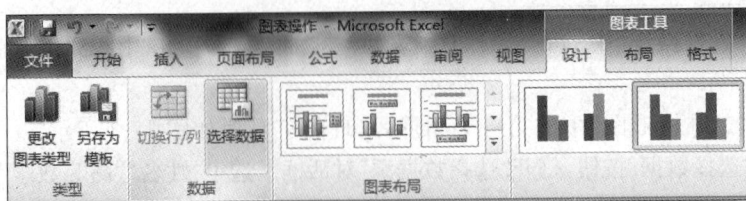

图 12-3 图表设计

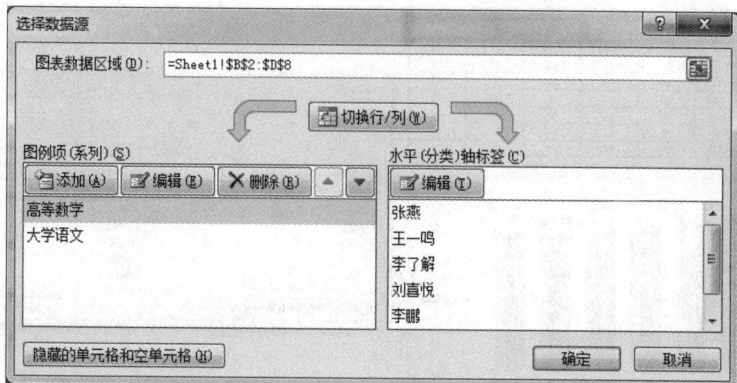

图 12-4 选择数据区域

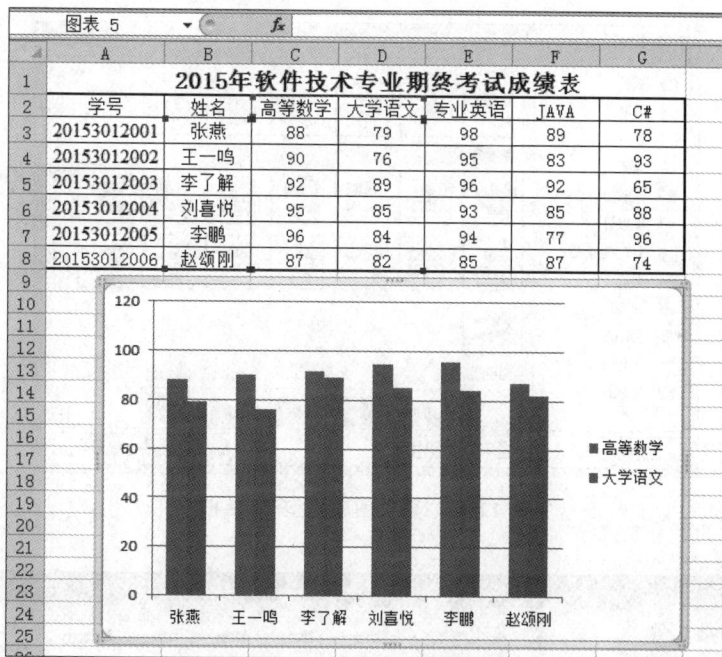

图 12-5 完成后的柱状图

3. 图表操作-编辑柱状图

（1）改变数据源：要求增加"专业英语"柱状图。在图12-3中，单击"选择数据"按钮，在"选择数据源"对话框中添加"专业英语"数据，单击"确定"按钮，如图12-6所示。

▶ 提示：若选择不连续单元格中的数据，可按住 Ctrl 键。

（2）更改图表类型：要求将图表类型改为"条形图"。在图12-3中，单击"更改图表类型"按钮，打开"更改图表类型"对话框，选中"条形图"中第一排中最后一个图形，如图12-7所示，单击"确定"按钮，得到了新的图表，如图12-8所示。

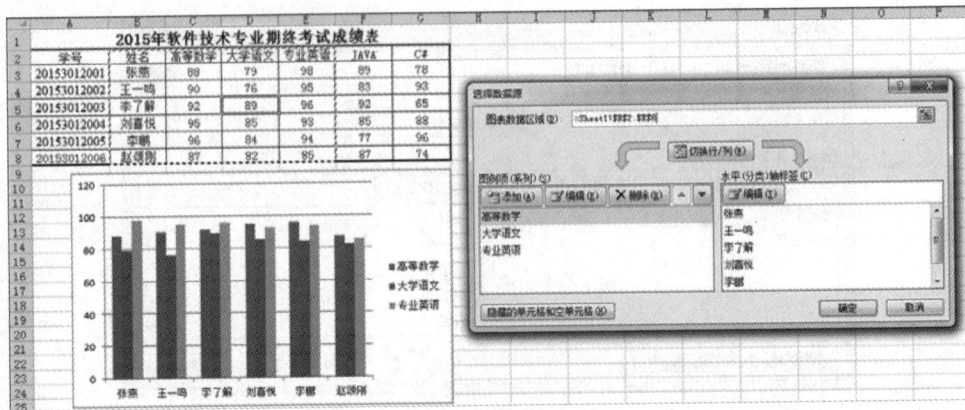

图 12-6 增加"专业英语"柱形图

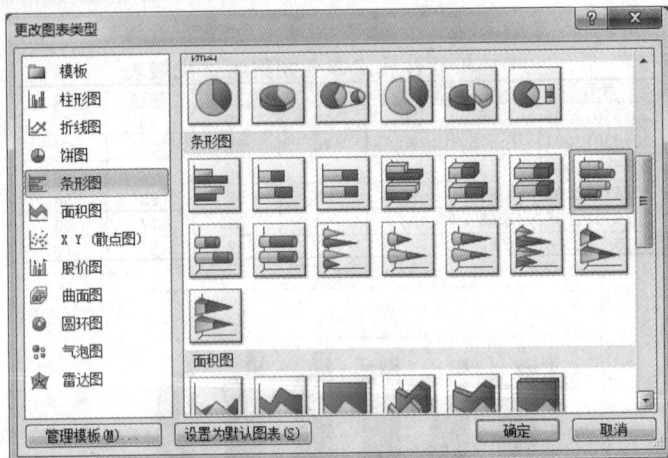

图 12-7 "更改图表类型"对话框

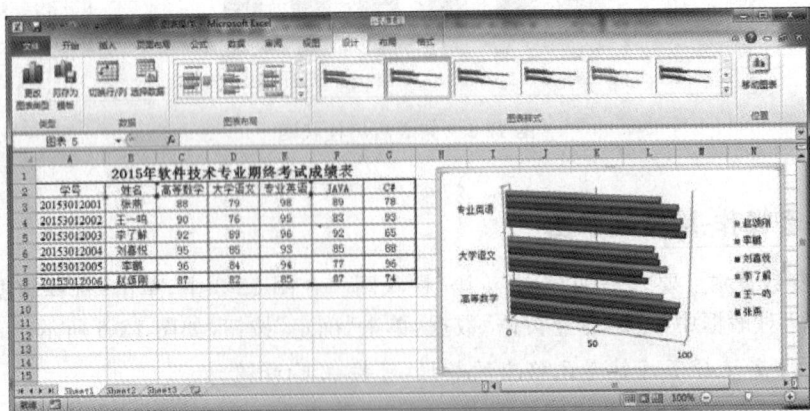

图 12-8 条形图

以上两项的修改是通过"图表工具:设计"选项卡中的功能来实现。

（3）改变图表布局：将图 12-5 完成后的柱状图重新进行布局。要求增加图表标题为"考试成绩分析图"，横坐标为"姓名"，纵坐标为"成绩"，并将刻度最大值设为 100。主要通过图 12-9 中"图表工具:布局"选项卡来实现。单击相应的"图表标题""坐标轴标题""图例"以及"数据标签"按钮进行添加操作，如图 12-10 所示。

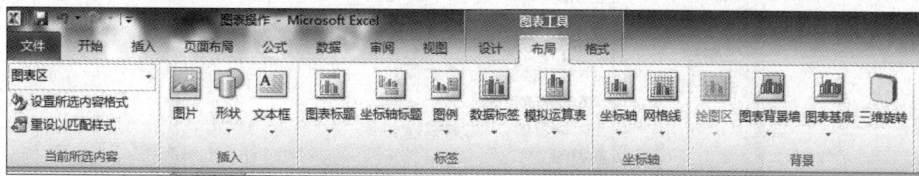

图 12-9 "图表工具:布局"选项卡

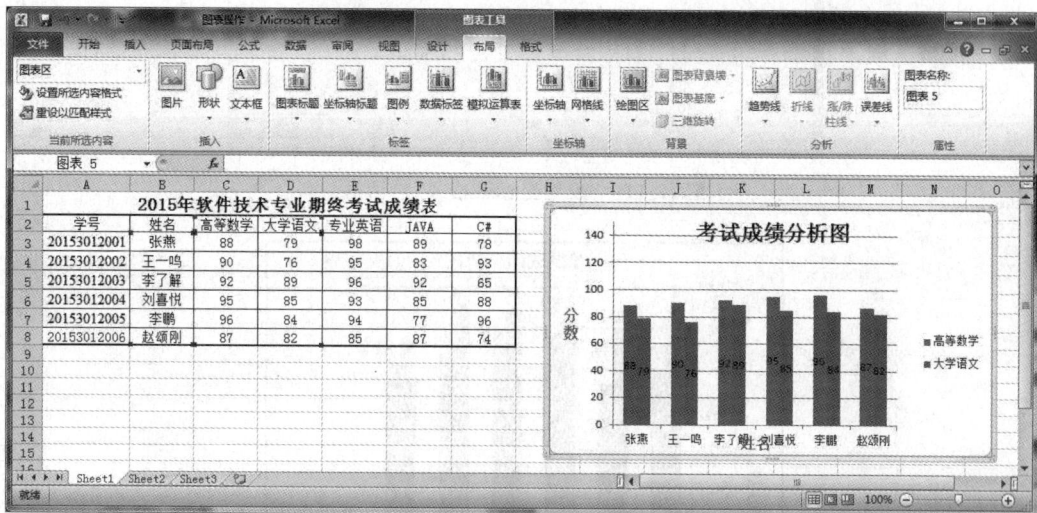

图 12-10 修改部分布局的结果

在图 12-10 中，改变纵坐标的刻度，将最高分设为 100，最低分设为 0，刻度间隙为 10。具体操作为在图 12-9 中，选择"图表工具:布局"→"坐标轴"→"主要纵坐标轴"→"其他主要纵坐标轴选项"命令，打开"设置坐标轴格式"对话框，如图 12-11 所示，在此可进行最小值、最大值和主要刻度设置，改变图形如图 12-12 所示。

另外，使用"图表工具:格式"选项卡中的功能，可以对图表的形状样式、艺术字样式等进行设置，如图 12-13 所示。改变后结果如图 12-14 所示。

▶提示：其实，对图表的编辑操作有很多，但不论是对"图表区""绘图区""图例""分类轴标题"，还是对"数值轴标题"区域进行修改，只要双击要修改区域，即可出现快捷菜单，在快捷菜单中可以对各项进行编辑修改。这里不再多述。

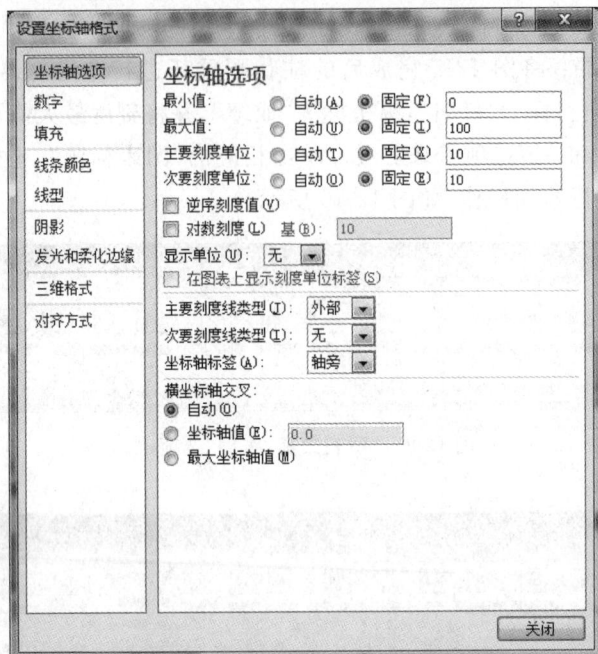

图 12-11　"设置坐标轴格式"对话框

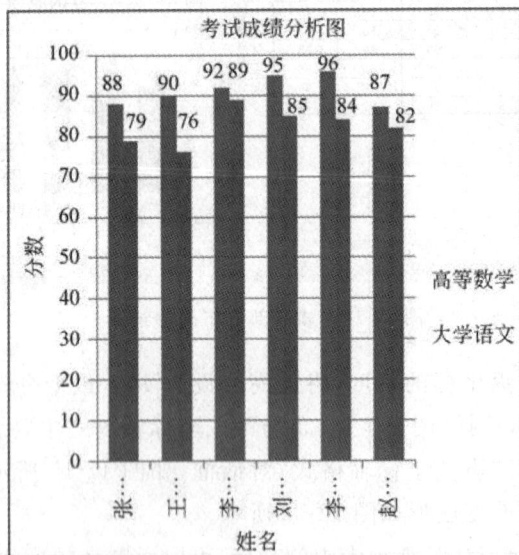

图 12-12　坐标轴改变结果

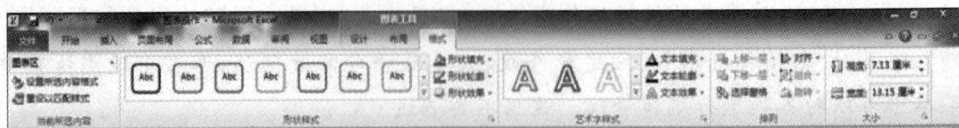

图 12-13　"图表工具"中"格式"选项

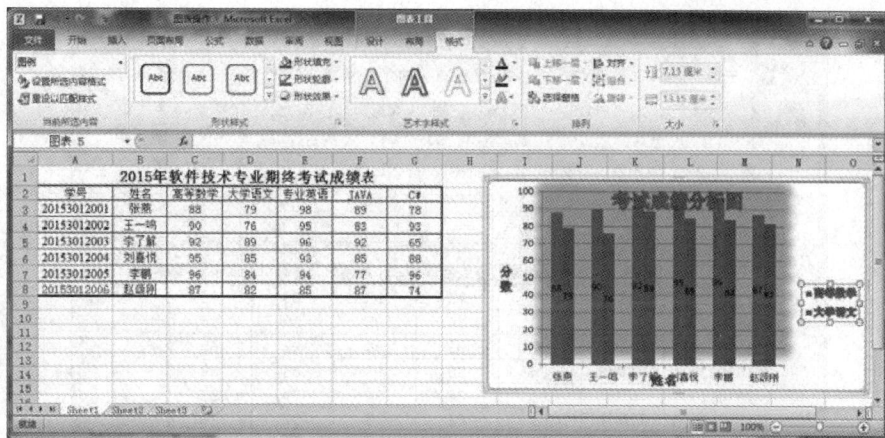

图 12-14 图表格式改变结果

任务 2 邮件合并

▶ 任务描述

邮件合并用于套用信函和大量邮件的处理,在此任务中将完成通知书的填写。

▶ 任务实施

1. 建立邮件合并数据源

(1) 新建 Excel 2010 工作簿,以"邮件合并数据源"为文件名进行保存。

(2) 将"图表操作"工作簿中 Sheet1 工作表的数据复制到"邮件合并数据源"工作簿的 Sheet1 工作表中,并将标题行删除,如图 12-15 所示。

2. 建立进行邮件合并的主文档

(1) 启动 Word 2010,新建文档,以"邮件合并主文档"为文件名进行保存。

(2) 在"邮件合并主文档"文档,完成如下内容,如图 12-16 所示,完成后进行保存。

3. 开始邮件合并

(1) 打开"邮件合并主文档.doc"文档,单击"邮件"选项卡中的"开始邮件合并"下拉按钮,在下拉菜单中单击"邮件合并分步向导"命令,打开"邮件合并"任务窗格,如图 12-17 所示。

(2) 在"邮件合并"任务窗格中,选择文档类型为"信函",单击任务窗格下方的"下一步:正在启动文档"。

(3) 在图 12-18 所示的"选择开始文档"任务窗格中选择"使用当前文档",单击任务窗格下方的"下一步:选取收件人",出现图 12-19。

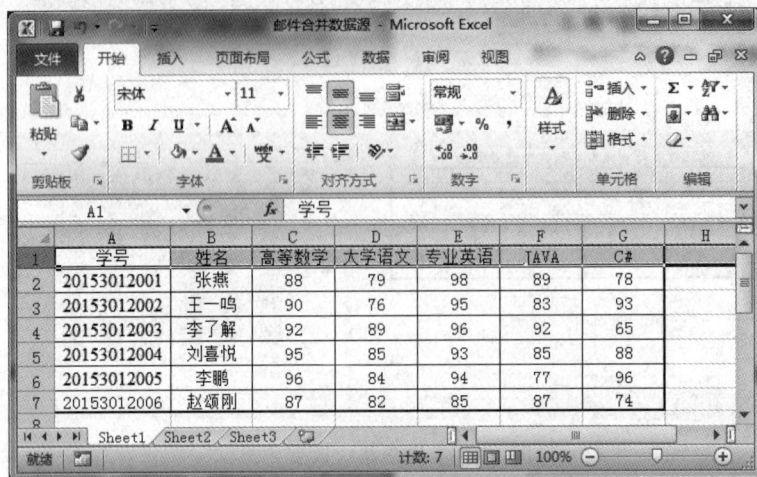

图 12-15　邮件合并数据源

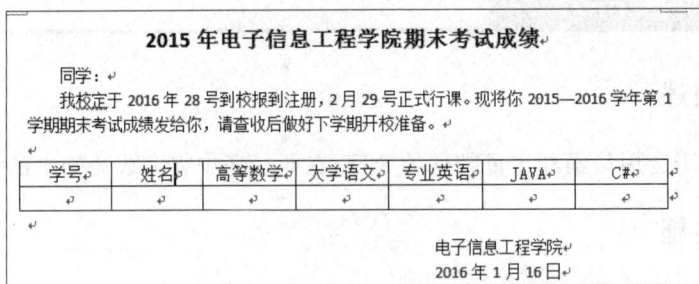

图 12-16　邮件合并主文档

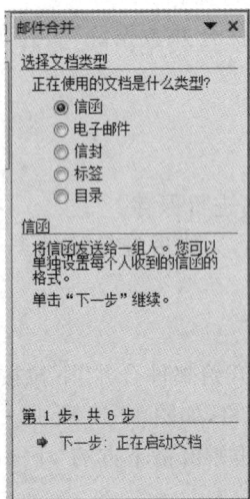

| 图 12-17　"邮件合并"任务窗格之一 | 图 12-18　"邮件合并"任务窗格之二 | 图 12-19　"邮件合并"任务窗格之三 |

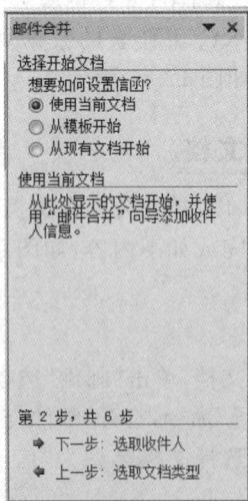

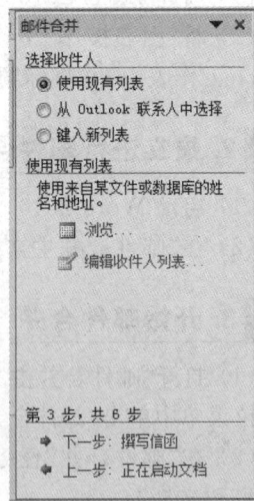

▶提示：选择"邮件合并"命令后，在"邮件合并"任务窗格会提示邮件合并所有的步骤，如果想对某一步进行修改，随时可以单击"上一步……"或"下一步……"进行设置的修改。

（4）在图 12-19 中，单击"浏览"按钮。在"选取数据源"对话框中进行邮件合并"数据源"的选择。在图 12-20 中，选中"邮件合并数据源.xls"工作簿。单击"打开"按钮，出现图 12-21。

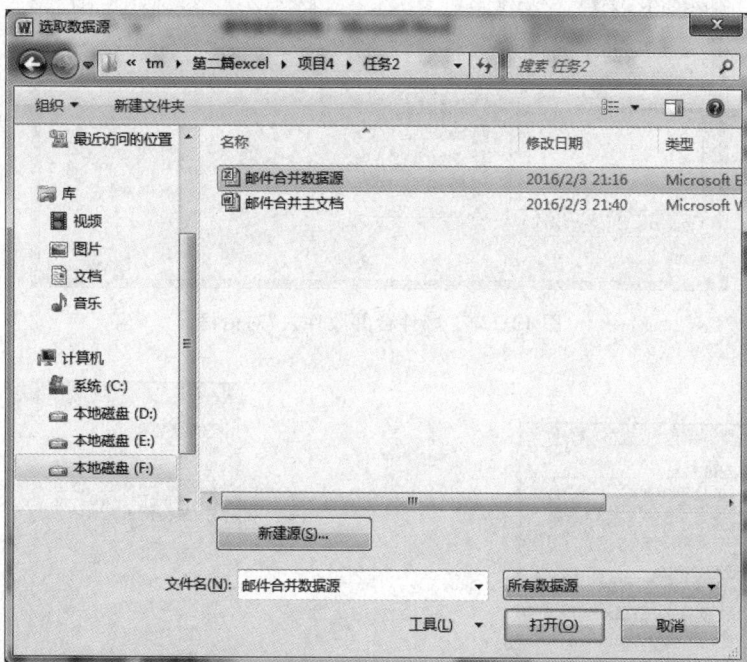

图 12-20 "选取数据源"对话框

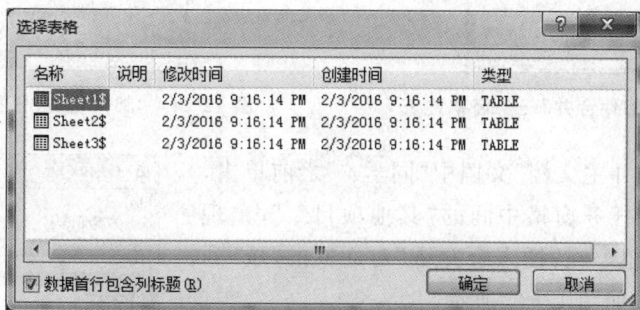

图 12-21 "选择表格"对话框

（5）在图 12-21 中，单击"确定"按钮，出现图 12-22 所示的对话框。

（6）在图 12-22 中，单击"确定"按钮，出现图 12-23 所示的任务窗格。

（7）在图 12-23 中，单击任务窗格下方的"下一步：撰写信函"，出现图 12-24 所示的任务窗格。

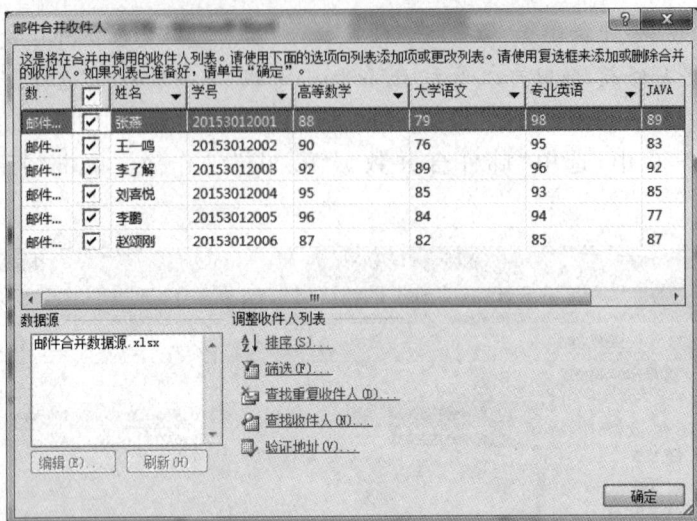

图 12-22 "邮件合并收件人"对话框

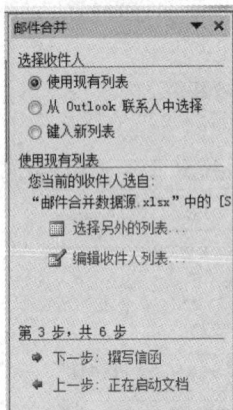

图 12-23 "邮件合并"任务窗格之三

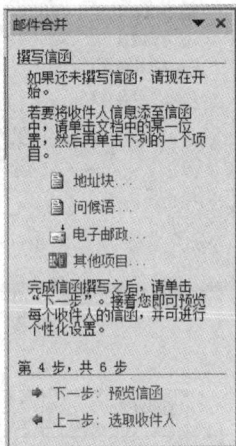

图 12-24 "邮件合并"任务窗格之四

（8）在"邮件合并主文档"文档中"同学："之前单击，在图 12-24 中，单击任务窗格中间的"其他项目…"，出现"插入合并域"对话框。在"插入合并域"对话框的"域"列表框中选择"姓名"，如图 12-25 所示。

（9）在图 12-25 中，单击"插入"按钮，则在"邮件合并主文档"文档中"同学："之前加上了"《姓名》"，如图 12-26 所示，并且图 12-25 中的"取消"按钮变成了"关闭"按钮，如图 12-27 所示。

（10）在图 12-27 中，单击"关闭"按钮。

（11）参照第（8）、（9）、（10）的操作，分别插入"《学

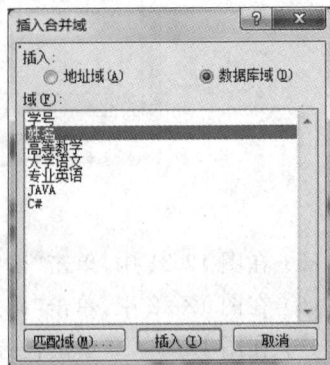

图 12-25 "插入合并域"对话框之一

号»""《姓名»""《高等数学»""《大学语文»""《专业英语»""《JAVA»"和"《C♯»"合并域,如图 12-28 所示。

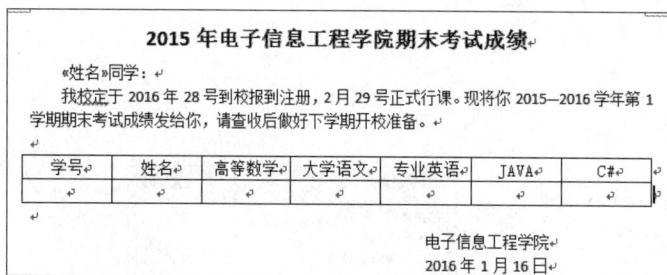

图 12-26 插入"《姓名》"合并域的主文档

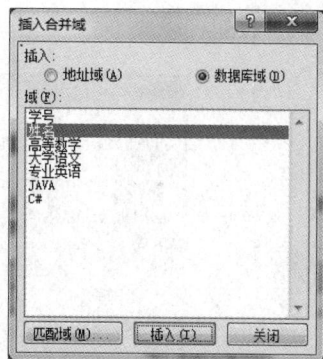

图 12-27 "插入合并域"对话框之二

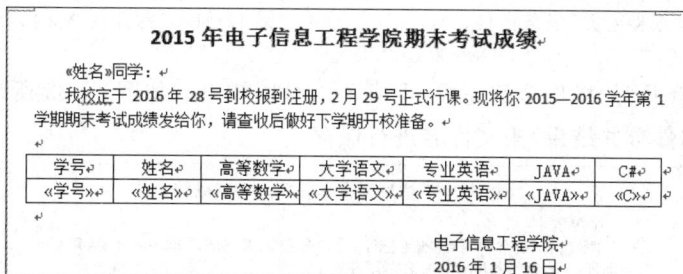

图 12-28 插入了合并域的主文档

(12) 在图 12-24 所示的"邮件合并"任务窗格中,单击任务窗格下方的"下一步:预览信函",结果如图 12-29 所示,生成了第一张通知书。

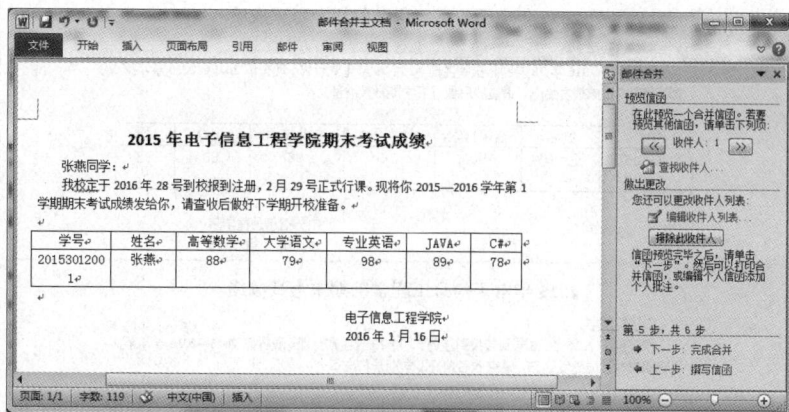

图 12-29 "邮件合并"任务窗格之五

(13) 在图 12-29 所示的"邮件合并"任务窗格中,单击任务窗格下方的"下一步:完成合并",出现图 12-30 所示的任务窗格。

（14）在图 12-30 所示的"邮件合并"任务窗格中，单击任务窗格中间的"编辑个人信函"，出现"合并到新文档"对话框，在此对话框中，选中"全部"单选按钮，如图 12-31 所示，再单击"确定"按钮。

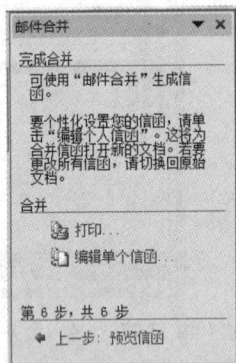

图 12-30 "邮件合并"任务窗格之六

图 12-31 "合并到新文档"对话框

至此，"邮件合并"的操作全部完成，生成了六份通知书。如图 12-32 所示为邮件合并结果。新文档以"邮件合并结果"为文件名进行保存。

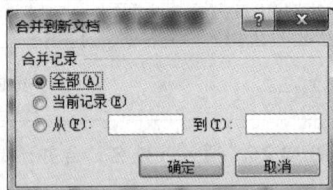

2015 年电子信息工程学院期末考试成绩

张燕同学：

　　我校定于 2016 年 28 号到校报到注册，2月 29 号正式行课。现将你 2015—2016 学年第 1 学期期末考试成绩发给你，请查收后做好下学期开校准备。

学号	姓名	高等数学	大学语文	专业英语	JAVA	C#
2015301200 1	张燕	88	79	98	89	78

电子信息工程学院
2016 年 1 月 16 日

2015 年电子信息工程学院期末考试成绩

王一鸣同学：

　　我校定于 2016 年 28 号到校报到注册，2月 29 号正式行课。现将你 2015—2016 学年第 1 学期期末考试成绩发给你，请查收后做好下学期开校准备。

学号	姓名	高等数学	大学语文	专业英语	JAVA	C#
2015301200 2	王一鸣	90	76	95	83	93

电子信息工程学院
2016 年 1 月 16 日

2015 年电子信息工程学院期末考试成绩

李了解同学：

　　我校定于 2016 年 28 号到校报到注册，2月 29 号正式行课。现将你 2015—2016 学年第 1 学期期末考试成绩发给你，请查收后做好下学期开校准备。

学号	姓名	高等数学	大学语文	专业英语	JAVA	C#
2015301200 3	李了解	92	89	96	92	65

电子信息工程学院
2016 年 1 月 16 日

图 12-32 邮件合并结果

2015 年电子信息工程学院期末考试成绩

刘喜悦同学：

我校定于 2016 年 28 号到校报到注册，2 月 29 号正式行课。现将你 2015—2016 学年第 1 学期期末考试成绩发给你，请查收后做好下学期开校准备。

学号	姓名	高等数学	大学语文	专业英语	JAVA	C#
2015301200 4	刘喜悦	95	85	93	85	88

电子信息工程学院
2016 年 1 月 16 日

2015 年电子信息工程学院期末考试成绩

李鹏同学：

我校定于 2016 年 28 号到校报到注册，2 月 29 号正式行课。现将你 2015—2016 学年第 1 学期期末考试成绩发给你，请查收后做好下学期开校准备。

学号	姓名	高等数学	大学语文	专业英语	JAVA	C#
2015301200 5	李鹏	96	84	94	77	96

电子信息工程学院
2016 年 1 月 16 日

2015 年电子信息工程学院期末考试成绩

赵颂刚同学：

我校定于 2016 年 28 号到校报到注册，2 月 29 号正式行课。现将你 2015—2016 学年第 1 学期期末考试成绩发给你，请查收后做好下学期开校准备。

学号	姓名	高等数学	大学语文	专业英语	JAVA	C#
2015301200 6	赵颂刚	87	82	85	87	74

电子信息工程学院
2016 年 1 月 16 日

图 12-32 （续）

任务 3 宏录制和保护工作簿（表）

▶ 任务描述

在 Excel 2010 中，我们可以对整个工作簿的结构和窗口进行指定保护，以防止未经授权人的许可而擅自修改、添加、删除工作簿中工作表的操作。在各行各业的财务、统计、预算等领域，防止数据的泄密和被非法修改是非常重要的。

宏是微软公司为其 Office 软件包设计的一个特殊功能，目的是让用户文档中的一些任务实现自动化。Office 中的 Word 和 Excel 都有宏。在下面讨论 Excel 中的宏。

如果在 Excel 中重复进行某项工作，可用"宏"使其自动执行。宏是将一系列的 Excel 命令和指令组合在一起，形成一个命令，以实现任务执行的自动化。我们可创建并执行一个宏，以替代人工进行一系列费时而重复的 Excel 操作。

宏录制类似摄像机,把我们的操作摄下来,下次做同样的操作时直接调用即可。

▶ 任务实施

本任务中将创建一个名为 A1A 的宏,将宏保存在当前工作簿中,用 Ctrl＋Shift＋Z 作为快捷键,功能为将选定的行设置行高为 30 磅。

1. 新宏录制

(1) 打开"图表操作"工作簿,另存为"宏录制"工作簿。在"宏录制"工作簿中,删除各工作表中图表,并保存。打开 Sheet1 工作表。

(2) 选择"视图"选项卡中的"宏"→"录制宏"命令,如图 12-33 所示,出现"录制新宏"对话框。

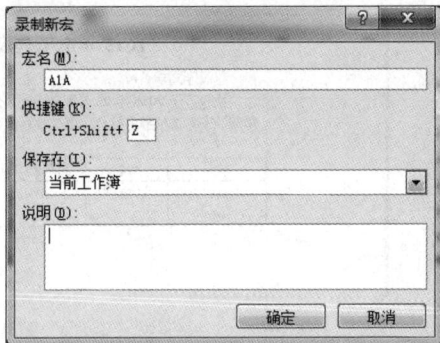

(3) 在"录制新宏"对话框中,在"宏名"列表框中输入宏的名称 A1A,在"快捷键"下方区域中按下 Shift＋Z 键,"保存在"设置为"当前工作簿",如图 12-34 所示。

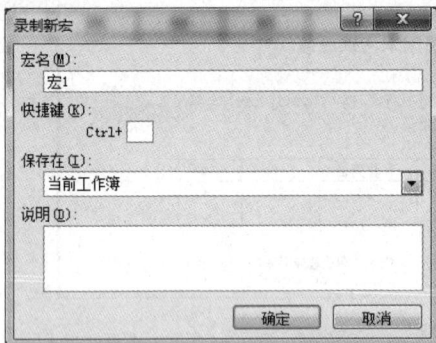

图 12-33 "录制新宏"对话框   图 12-34 设置宏名及保存位置

(4) 在图 12-34 中,单击"确定"按钮。选中 Sheet1 工作表的第 5 行右击,在出现的快捷菜单中选择"行高"命令,并设置"行高"为 30,如图 12-35 所示。

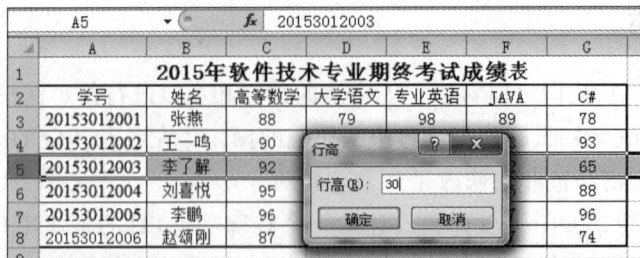

图 12-35 录制新宏

(5) 在图 12-35 中,单击"确定"按钮,如图 12-36 所示,第 5 行的行高被设置为 30。再单击"视图"选项卡中的"宏"→"停止录制"命令,宏录制操作结束。

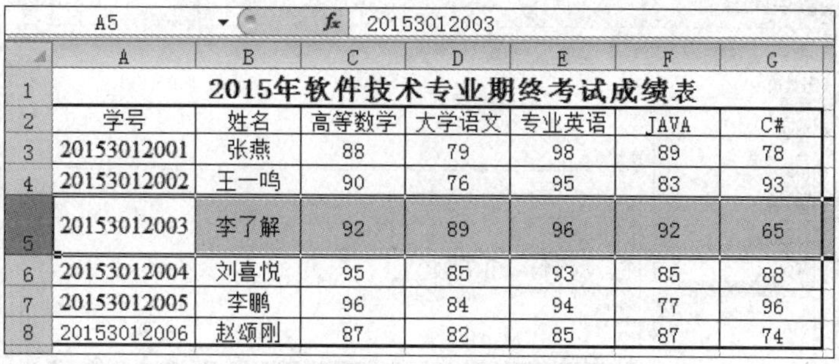

A5 | 20153012003

	A	B	C	D	E	F	G
1	2015年软件技术专业期终考试成绩表						
2	学号	姓名	高等数学	大学语文	专业英语	JAVA	C#
3	20153012001	张燕	88	79	98	89	78
4	20153012002	王一鸣	90	76	95	83	93
5	20153012003	李了解	92	89	96	92	65
6	20153012004	刘喜悦	95	85	93	85	88
7	20153012005	李鹏	96	84	94	77	96
8	20153012006	赵颂刚	87	82	85	87	74

图 12-36 宏录制结果

如何使用已录制好的宏？具体操作如下。

单击 Sheet2 工作表标签，选中第 5 行，按 Ctrl＋Shift＋Z 组合键，则 Sheet2 工作表第 5 行的行高也变为 30 了，如图 12-37 所示。

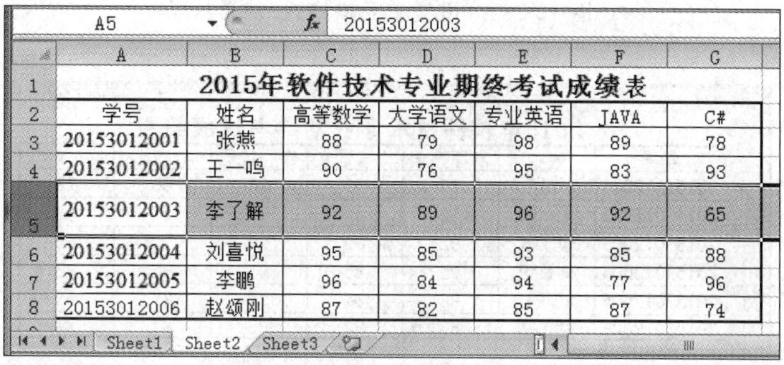

A5 | 20153012003

	A	B	C	D	E	F	G
1	2015年软件技术专业期终考试成绩表						
2	学号	姓名	高等数学	大学语文	专业英语	JAVA	C#
3	20153012001	张燕	88	79	98	89	78
4	20153012002	王一鸣	90	76	95	83	93
5	20153012003	李了解	92	89	96	92	65
6	20153012004	刘喜悦	95	85	93	85	88
7	20153012005	李鹏	96	84	94	77	96
8	20153012006	赵颂刚	87	82	85	87	74

图 12-37 新宏的应用

宏录制其实就是将工作的一系列操作结果录制下来，并命名存储（相当于 Visual Basic 中一个子程序），以实现任务执行的自动化。

在实际工作中，我们常常需要对工作表中某些行或列或单元格进行隐藏指定保护操作，防止输入的数据直接泄露。

2. 单元格数据隐藏

(1) 打开"图表操作"工作簿，选择需要隐藏的 D4 单元格。

(2) 单击"开始"选项卡"字体"组中的"对话框启动器"按钮，打开"设置单元格格式"对话框。

(3) 打开"数值"选项卡，在"分类"列表框中选择"自定义"选项，在"类型"框中输入";;;"（三个英文半角分号），如图 12-38 所示。

(4) 单击"确定"按钮，结果如图 12-39 所示。

3. 行、列数据隐藏

(1) 选择需要隐藏的 D 列，右击，在出现的快捷菜单中选择"隐藏"命令，如图 12-40 所示，完成列的隐藏操作，结果如图 12-41 所示。在 C 列与 E 列中出现了一条粗的竖线。

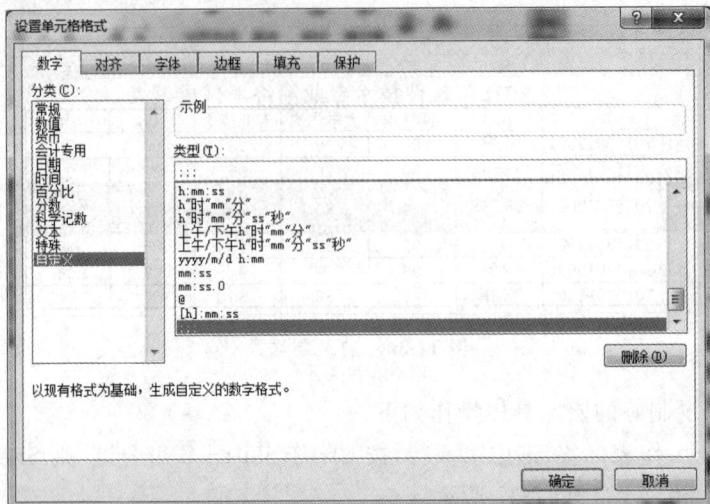

图 12-38 "设置单元格格式"对话框

图 12-39 隐藏 D4 单元格数据

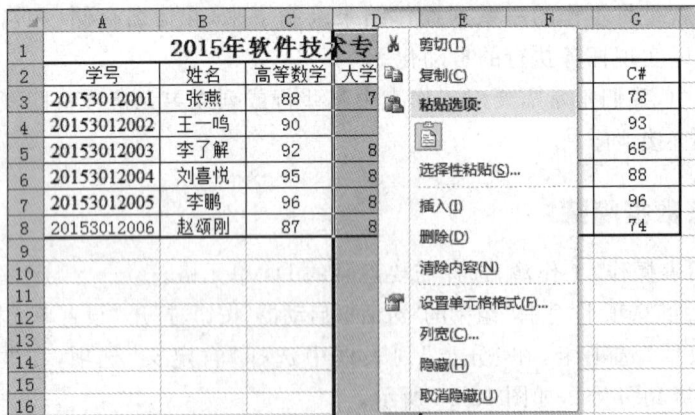

图 12-40 选择隐藏列命令

▶ 提示：隐藏行的操作与隐藏列的操作类似。

（2）如果要取消列的隐藏，同时选中 D 列和 E 列再右单，在出现的快捷菜单中选择"取消隐藏"命令，即可取消列的隐藏操作。

图 12-41 隐藏 D 列效果

4. 工作簿结构和窗口保护

在 Excel 2010 中,我们可以对整个工作簿的结构和窗口进行指定保护,以防止未经授权人的许可而擅自修改、添加、删除工作簿中工作表的操作,或查看其中隐藏的工作表,还可以防止他人改变工作簿的大小和位置。对工作簿结构和窗口保护具体操作如下。

(1)打开需要保护的工作簿"图表操作"。

(2)单击"审阅"选项卡"更改"组中的"保护工作簿"按钮,出现"保护结构和窗口"对话框,如图 12-42 所示。

(3)选中"结构"复选框可以保护工作簿结构。

(4)选中"窗口"复选框可以保护工作簿窗口。

(5)为了防止他人取消工作簿保护,可以在密码文本框中输入密码,设置密码保护。

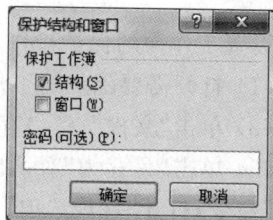

图 12-42 "保护结构和窗口"对话框

▶提示:在"保护结构和窗口"对话框中,选中"结构"复选框,工作簿中的工作表将不能进行移动、复制、删除、插入和重命名工作表等操作,如图 12-43 所示;选中"窗口"复选框则不能改变窗口。

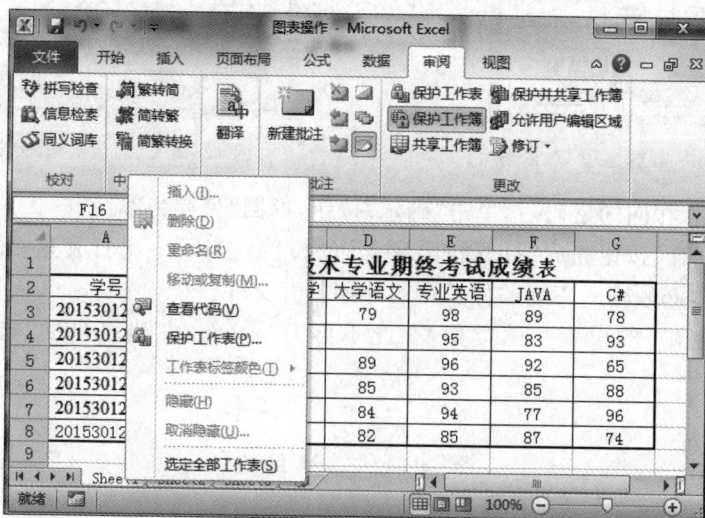

图 12-43 保护工作簿后不能对工作表进行相关操作

（6）要取消对工作簿的保护，先打开工作簿，单击"审阅"选项卡的"更改"组中的"保护工作簿"工具按钮，出现"撤销工作簿保护"对话框，如图 12-44 所示。如果设置了密码，则必须输入正确密码后，才能撤销对工作簿的保护。

图 12-44 "撤销工作簿保护"对话框

5. 保护工作簿

Excel 2010 是一个功能强大的电子表格，而且被广泛地应用于各行各业的财务、统计、预算等领域，防止数据的泄密和被非法修改就变得非常重要了。在 Excel 2010 中，我们可以针对整个工作簿指定保护。Excel 2010 中提供了 3 级层次的工作簿的保护。

（1）打开权限密码保护，防止不知道密码的人打开工作簿。

（2）修改权限密码保护，使不知道密码的人能够查看工作簿，但是不能修改。

（3）建议只读保护，能够选择是否将工作簿作为只读文件打开，或作为读写文件打开它。

设置工作簿的保护操作步骤如下。

（1）打开需要保护的工作簿"图表操作"。

（2）单击"文件"→"另存为"命令，出现"另存为"对话框。

（3）单击"另存为"对话框中右下侧的"工具"下拉按钮，从弹出的下拉菜单中选择"常规选项"命令，打开"常规选项"对话框，如图 12-45 所示。

（4）在"打开权限密码"文本框中输入密码，单击"确定"按钮，弹出"确认密码"对话框，如图 12-46 所示。

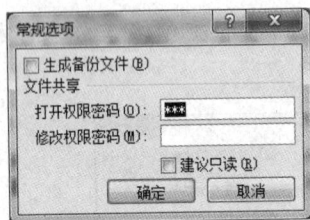

图 12-45 "常规选项"对话框

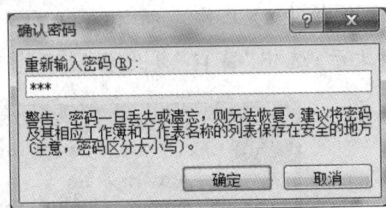

图 12-46 "确认密码"对话框

（5）重复输入相同的密码后，单击"确定"按钮，返回"另存为"对话框。

（6）单击"保存"按钮完成"打开权限密码"的设置。当下一次打开这个文件时，就会弹出"密码"对话框，必须输入正确的保护密码才能打开文件。

"修改权限密码"的设置步骤类似，在此不再一一介绍。"建议只读"选项可根据需要选择。

项目小结

在本项目中操作包括图表创建和编辑，邮件合并用于套用信函和大量邮件的处理，比如：通知书的填写等。在 Excel 2010 中还提供了宏录制功能，以实现相同功能的快速操作。通过保护工作簿(表)保证文件的安全。

拓展训练

1. 选择性粘贴

在 Excel 中新建“选择性粘贴”工作簿，在 Sheet1 工作表中输入以下原始数据，如图 12-47 所示。将工作表中的表格以“Microsoft Excel 工作表对象”的形式复制并粘贴到“选择性粘贴结果”文档中，结果如图 12-48 所示。

	A	B	C	D	E	F	G
1	教职工工资表						
2	姓名	性别	职称	基本工资	奖金	补贴	总工资
3	张立平	女	高级	600	200	40	840
4	赵龙	男	一级	1000	150	35	1185
5	赵凤	女	一级	800	160	38	998
6	王霞	女	二级	800	140	38	978
7	李畅	男	一级	800	120	36	956
8	董军	男	二级	600	100	25	725

图 12-47 原始数据

“粘贴”结果：

教职工工资表

姓名	性别	职称	基本工资	奖金	补贴	总工资
张立平	女	高级	600	200	40	840
赵龙	男	一级	1000	150	35	1185
赵凤	女	一级	800	160	38	998
王霞	女	二级	800	140	38	978
李畅	男	一级	800	120	36	956
董军	男	二级	600	100	25	725

“选择性粘贴”结果：

教职工工资表

姓名	性别	职称	基本工资	奖金	补贴	总工资
张立平	女	高级	600	200	40	840
赵龙	男	一级	1000	150	35	1185
赵凤	女	一级	800	160	38	998
王霞	女	二级	800	140	38	978
李畅	男	一级	800	120	36	956
董军	男	二级	600	100	25	725

图 12-48 “选择性粘贴”结果

提示：在图 12-47 中，我们能非常清楚地看到，当在 Word 中进行“粘贴”操作时，得到的结果为“表格”；当进行“选择性粘贴”操作时，得到的结果为“对象”，而非表格。

2. 录制新宏

(1) 打开“选择性粘贴”工作簿,以文件名“宏”另存。

(2) 在该文件中创建一个名为 B8B 的宏,将宏保存在当前工作簿中,用 Ctrl+Shift+F 作为快捷键,功能为将选定单元格区域的边框设置为粗实线,内部框线设置为虚线,底纹为淡蓝色。

(3) 运行新宏。

3. 邮件合并

(1) 在 Word 中新建文件“邮件合并主文档”并保存,文档内容如图 12-49 所示。

《心情花园夜航》有奖调查

姓名		性别		年龄	
邮编		联系电话		E-mail	
笔名		星座		QQ 号码	

图 12-49　邮件合并主文档

(2) 在 Excel 中新建文件“邮件合并数据”并保存,文档内容如图 12-50 所示。

	B	C	D	E	F	G	H	I	J
1	性别	星座	年龄	通讯地址	邮编	联系电话	笔名	E-mail	QQ号码
2	男	双子座	22	上海市职教中心	468400	0235-6851496	一夜风雨	LiL@371.net	46556378
3	男	水瓶座	18	郑州市金水区高法家属院	450000	0371-8877331	勇气	Wangyong@eyou.com	31548585
4	女	处女座	24	周口市八一路水利局	461400	0394-8821457	小冰点	Lining@wangyi.com	43727320
5	男	天平座	22	洛阳市第一实验中学	471000	0378-2576314	错了吗	qinkuai@zz.com	57158441
6	女	天平座	22	北京市海淀区中关村	100866	010-6820302	天南	Wangxia@hotmai.com	65176743

图 12-50　邮件合并数据

(3) 选择“信函”文档类型,使用当前文档,以文件“邮件合并数据”为数据源,进行邮件合并。

(4) 将邮件合并结果保存在“邮件合并结果”文档中。邮件合并结果如图 12-51 所示。

《心情花园夜航》有奖调查

姓名	李力	性别	男	年龄	22
邮编	468400	联系电话	0235-6851496	E-mail	LiL@371.net
笔名	一夜风雨	星座	双子座	QQ 号码	46556378

《心情花园夜航》有奖调查

姓名	王永	性别	男	年龄	18
邮编	450000	联系电话	0371-8877331	E-mail	Wangyong@eyou.com
笔名	勇气	星座	水瓶座	QQ 号码	31548585

《心情花园夜航》有奖调查

姓名	李宁	性别	女	年龄	24
邮编	461400	联系电话	0394-8821457	E-mail	Lining@wangyi.com
笔名	小冰点	星座	处女座	QQ 号码	43727320

图 12-51　邮件合并结果

《心情花园夜航》有奖调查

姓名	秦孔	性别	男	年龄	22
邮编	471000	联系电话	0378-2576314	E-mail	qinkuai@zz.com
笔名	错了吗	星座	天秤座	QQ 号码	57158441

《心情花园夜航》有奖调查

姓名	王霞	性别	女	年龄	22
邮编	100866	联系电话	010-6820302	E-mail	Wangxia@hotmai.com
笔名	天南	星座	天秤座	QQ 号码	65176743

图 12-51　（续）

4. 建立图表

（1）在 Excel 中新建"图表"工作簿，在 Sheet1 工作表中输入原始数据，如图 12-52 所示。

	A	B	C	D	E	F	G	H	I	J	K	L
1												
2		指数函数表										
3		x	0	1	2	3	4	5	6	7	8	9
4												
5		0.00	1	1.001	1.002	1.003	1.004	1.005	1.006	1.007	1.008	1.009
6		0.0	1	1.01	1.02	1.031	1.041	1.051	1.062	1.073	1.083	1.0942
7		1	1.105	1.116	1.128	1.139	1.15	1.162	1.174	1.185	1.197	1.2092
8		2	1.221	1.234	1.246	1.258	1.271	1.284	1.297	1.31	1.323	1.3364
9		3	1.35	1.363	1.377	1.391	1.405	1.419	1.433	1.448	1.462	1.477
10		4	1.492	1.507	1.522	1.537	1.553	1.458	1.584	1.6	1.616	1.6323
11												
12		0.5	1.649	1.665	1.682	1.699	1.716	1.733	1.751	1.769	1.786	1.804

图 12-52　图表数据

（2）在"图表"工作簿的 Sheet1 工作表中，以 B5：L10 区域为数据源，建立三维曲面图，如图 12-53 所示。

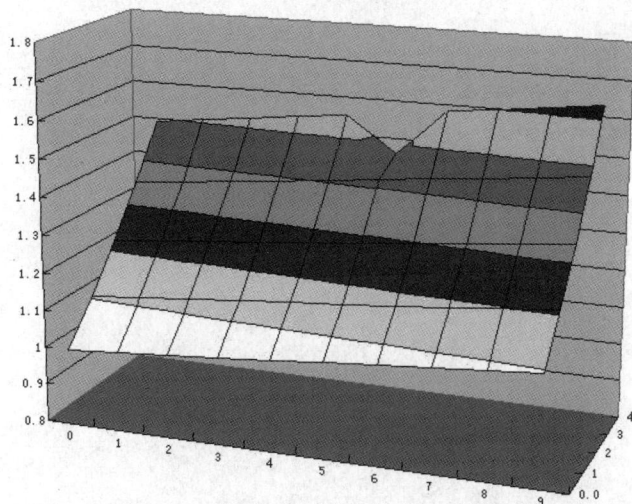

图 12-53　"指数分布图"图表

学习总结

本项目所用软件	
项目中包含的知识和操作技能	
你已熟知或掌握的知识和操作技能	
你认为还有哪些知识和技能需要强化	
项目中可使用的 Office 技巧	
学习本项目之后的体会	

项目 13 “13 软件班学生成绩表”应用

在本项目中，我们将通过制作“13 软件班学生成绩表”来进一步学习 Excel 2010 中公式与函数的应用、单元格地址的引用格式、根据规则突出显示单元格内容、冻结窗口及跨工作表的公式计算。在本项目中主要学习 COUNT、COUNTBANK、COUNTIF、RANK. EQ 函数的应用。总的效果如图 13-1 所示。

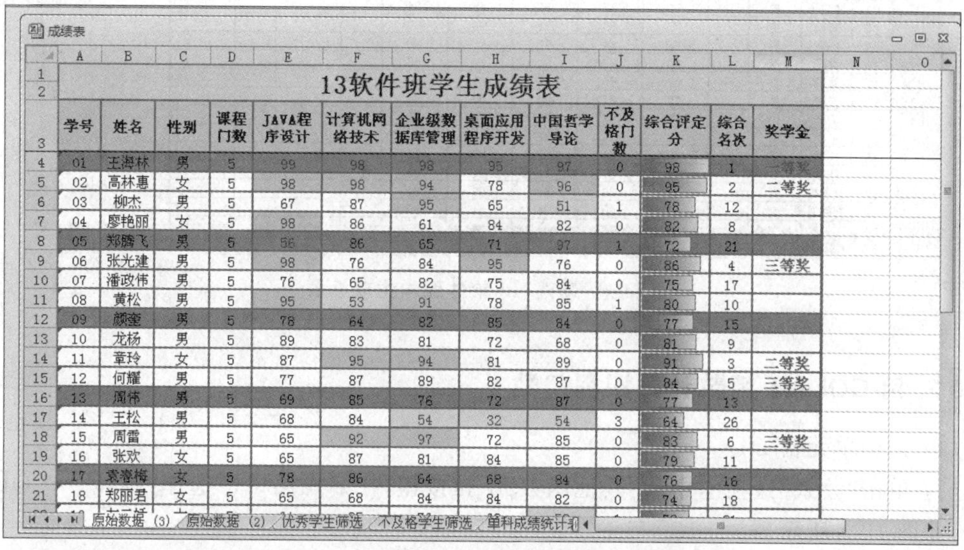

学号	姓名	性别	课程门数	JAVA程序设计	计算机网络技术	企业级数据库管理	桌面应用程序开发	中国哲学导论	不及格门数	综合评定分	综合名次	奖学金
01	王海林	男	5	99	98	98	95	97	0	98	1	一等奖
02	高林惠	女	5	98	98	94	78	96	0	95	2	二等奖
03	柳杰	男	5	67	87	95	65	51	1	78	12	
04	廖艳丽	女	5	98	86	61	84	82	0	82	8	
05	郑腾飞	男	5	56	86	65	71	97	1	72	21	
06	张光建	男	5	98	76	84	95	76	0	86	4	三等奖
07	潘政伟	男	5	76	65	82	75	84	0	75	17	
08	黄松	男	5	95	53	91	78	85	1	80	10	
09	颜銮	男	5	78	64	82	85	84	0	77	15	
10	龙杨	男	5	89	83	81	72	68	0	81	9	
11	章玲	女	5	87	95	94	81	89	0	91	3	二等奖
12	何耀	男	5	77	87	89	82	87	0	84	5	三等奖
13	周伟	男	5	69	85	76	72	87	0	77	13	
14	王松	男	5	68	84	54	32	54	3	64	26	
15	周雷	男	5	65	92	97	72	85	0	83	6	三等奖
16	张欢	女	5	65	87	81	84	85	0	79	11	
17	袁春梅	女	5	78	86	64	68	84	0	76	16	
18	郑丽君	女	5	65	68	84	84	82	0	74	18	

图 13-1 “13 软件班学生成绩表”效果图

任务 1 COUNT、COUNTIF 函数的应用

▶ 任务描述

COUNT 函数用于对区域中的单元格进行计数。COUNTIF 函数用于对区域中满足单个指定条件的单元格进行计数，可以对以某一字母开头的所有单元格进行计数，也可以对大于或小于某一指定数字的所有单元格进行计数。COUNTIF 函数的语法为：COUNTIF(range，criteria)。其中，range 为要进行计数的单元格区域；criteria 用于定义对哪些单元格

进行计数的条件。

▶ 任务实施

▌ 1. 建立表格

建立一张"13 软件班学生成绩表"并输入数据,如图 13-2 所示。

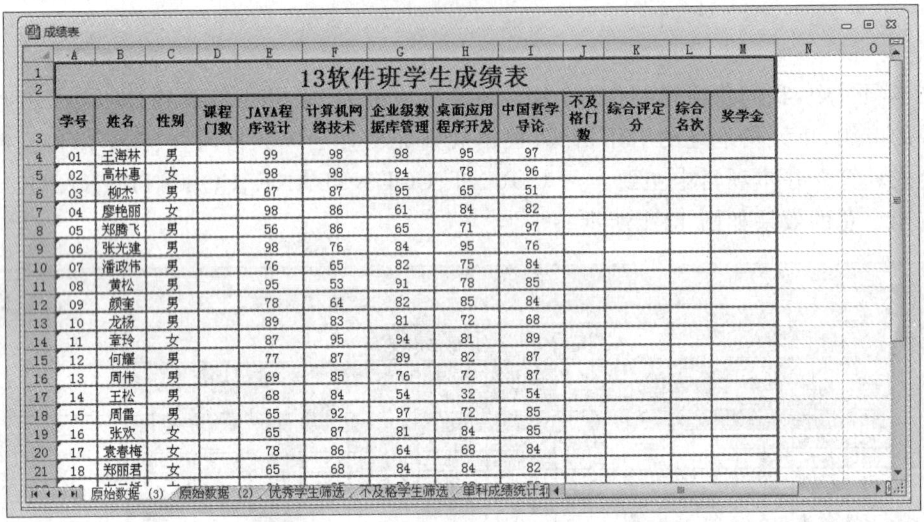

图 13-2　新建"13 软件班学生成绩表"

▌ 2. 用 COUNT 函数计算课程门数

(1) 选中单元格 D4。

(2) 单击"公式"选项卡中的"其他函数"下拉按钮,在下拉菜单中选择"统计"→COUNT 命令,如图 13-3 所示。

(3) 打开"函数参数"对话框,在 Value1 文本框中输入 E4:I4,如图 13-4 所示。

(4) 单击"确定"按钮,然后拖动填充柄即可实现课程门数的计算,如图 13-5 所示。

▌ 3. 用 COUNTIF 函数计算不及格门数

(1) 选中单元格 J4。

(2) 单击编辑栏左侧的"插入函数"按钮,在打开的"插入函数"对话框中,在"或选择类别"下拉列表框中选择"统计"选项,在"选择函数"列表框中选择 COUNTIF 函数,如图 13-6 所示。

(3) 单击"确定"按钮,这时会打开 COUNTIF 的"函数参数"对话框。在 Range 文本框中输入 E4:I4,在 Criteria 文本框中输入"<60",如图 13-7 所示。

(4) 单击"确定"按钮,然后拖动填充柄即可实现不及格门数的计算,如图 13-8 所示。

学号	姓名	性别	课程门数	JAVA程序设计	计算机网络技术	企业级数据库管理	桌面应用程序开发	中国哲学导论
01	王海林	男		99	98	98	95	97
02	高林惠	女		98	98	94	78	96
03	柳杰	男		67	87	95	65	51
04	廖艳丽	女		98	86	61	84	82
05	郑腾飞	男		56	86	65	71	97
06	张光建	男		98	76	84	95	76
07	潘政伟	男		76	65	82	75	84
08	黄松	男		95	53	91	78	85
09	颜奎	男		78	64	82	85	84
10	龙杨	男		89	83	81	72	68
11	辜玲	女		87	87	94	81	89
12	何耀	男		77	87	89	82	87
13	周伟	男		69	85	76	72	87
14	王松	男		68	84	54	32	54
15	周雷	男		65	92	97	72	85
16	张欢	女		65	87	81	84	85
17	袁春梅	女		78	86	64	68	84
18	郑丽君	女		65	68	84	84	82

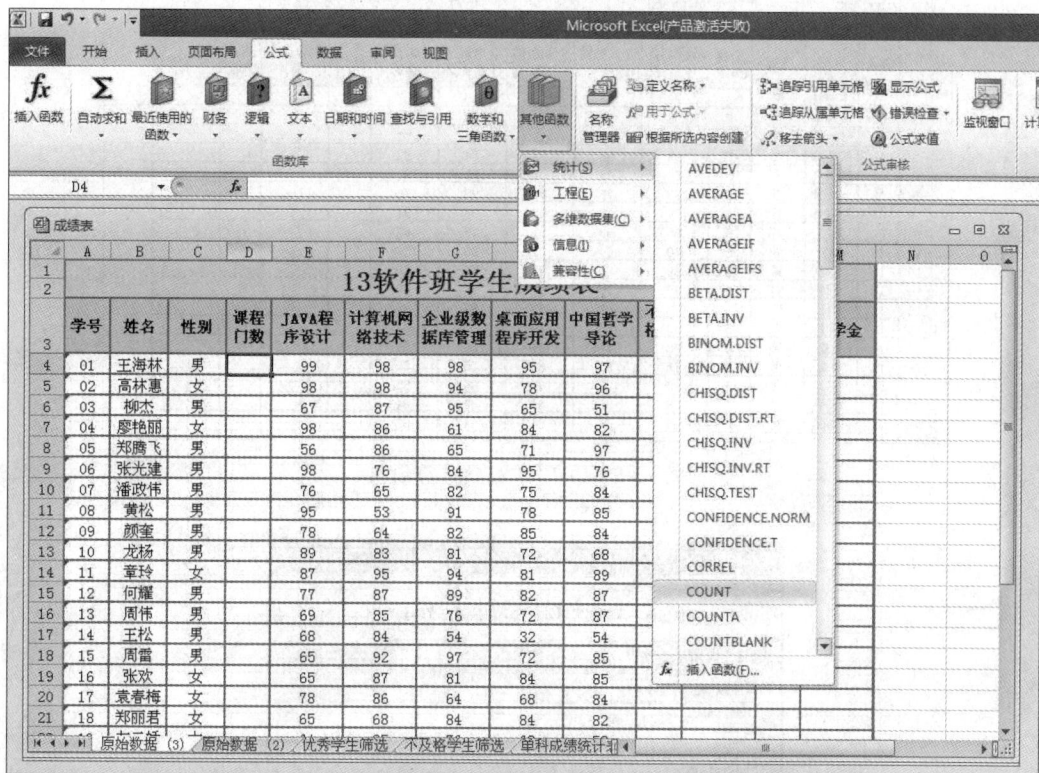

图 13-3 选择 COUNT 函数

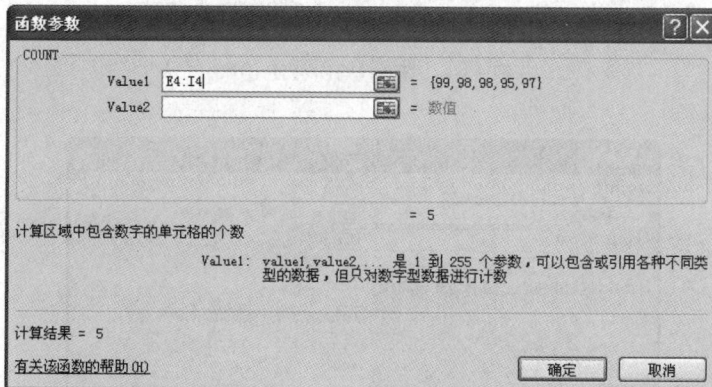

图 13-4 COUNT 的"函数参数"对话框

图 13-5　COUNT 函数计算结果

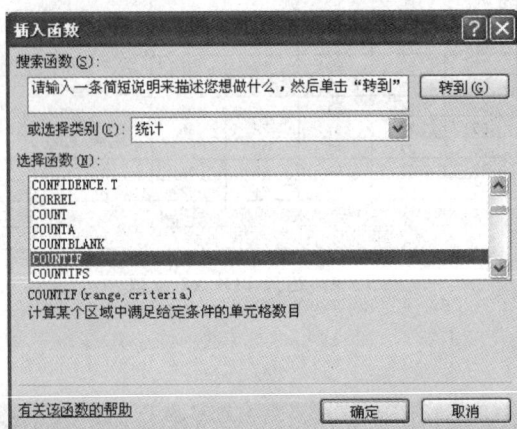

图 13-6　插入 COUNTIF 函数

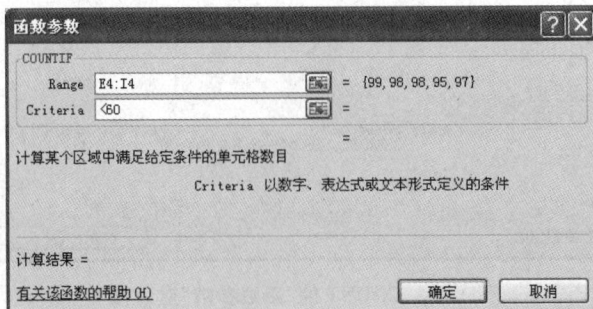

图 13-7　COUNTIF 的"函数参数"对话框

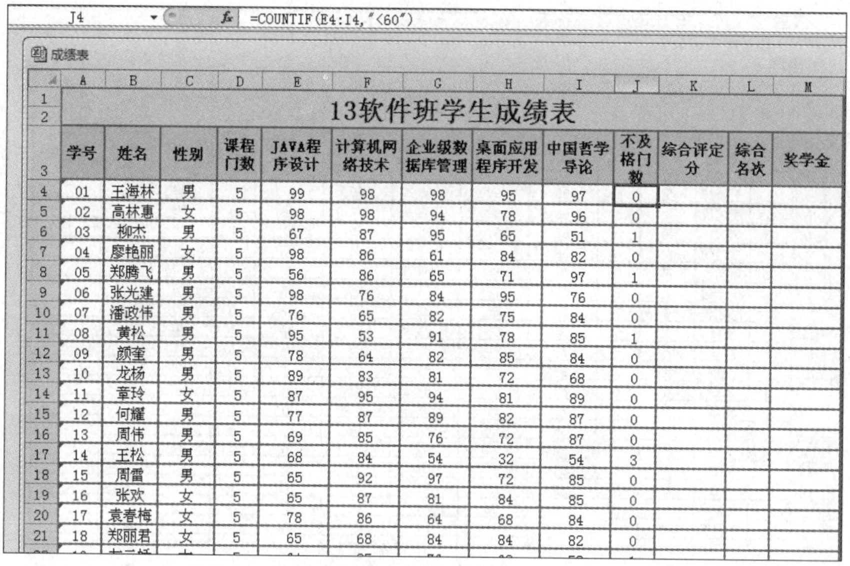

J4 =COUNTIF(E4:I4,"<60")

成绩表

13软件班学生成绩表

学号	姓名	性别	课程门数	JAVA程序设计	计算机网络技术	企业级数据库管理	桌面应用程序开发	中国哲学导论	不及格门数	综合评定分	综合名次	奖学金
01	王海林	男	5	99	98	98	95	97	0			
02	高林惠	女	5	98	98	94	78	96	0			
03	柳杰	男	5	67	87	95	65	51	1			
04	廖艳丽	女	5	98	86	61	84	82	0			
05	郑腾飞	男	5	56	86	65	71	97	1			
06	张光建	男	5	98	76	84	95	76	0			
07	潘政伟	男	5	76	65	82	75	84	0			
08	黄松	男	5	95	53	91	78	85	1			
09	颜奎	男	5	78	64	82	85	84	0			
10	龙杨	男	5	89	83	81	72	68	0			
11	章玲	女	5	87	95	94	81	89	0			
12	何耀	男	5	77	87	89	82	87	0			
13	周伟	男	5	69	85	76	72	87	0			
14	王松	男	5	68	84	54	32	54	3			
15	周雷	男	5	65	92	97	72	85	0			
16	张欢	女	5	65	87	81	84	85	0			
17	袁春梅	女	5	78	86	64	68	84	0			
18	郑丽君	女	5	65	68	84	84	82	0			

图 13-8 COUNTIF 函数实现不及格门数的计算

任务 2 RANK.EQ 函数的应用

▶ 任务描述

RANK.EQ 函数用于返回一个数字在数字列表中的排位，如果多个值具有相同的排位，则返回该组数值的最高排位。如果要对列表进行排序，则数字排位可作为其位置。RANK.EQ 函数的语法为：RANK.EQ(number,ref,[order])。其中，number 为需要找到排位的数字；ref 为数字列表数组或对数字列表的引用（其中的非数值型值将被忽略）；order 为 0 或省略。Microsoft Excel 对数字的排位是基于 ref、为按照降序排列的列表；否则，Microsoft Excel 对数字的排位是基于 ref、为按照升序排列的列表。

▶ 任务实施

1. 计算综合评定分

用 AVERAGE 函数计算综合评定分，公式是 K4＝AVERAGE(E4:G4)＊0.8＋AVERAGE(H4:I4)＊0.2，计算结果如图 13-9 所示。

2. 用 RANK.EQ 函数计算综合名次

(1) 选中单元格 L4。

(2) 单击“公式”选项卡中的“其他函数”下拉按钮，在下拉菜单中选择“统计”→RANK.EQ

图 13-9　AVERAGE 函数综合评定分的计算

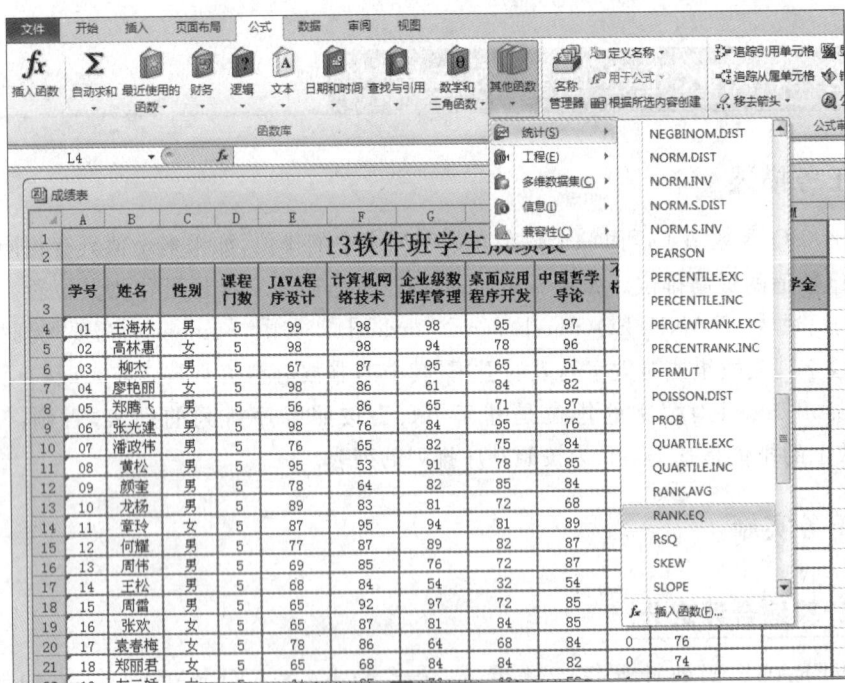

图 13-10　选择 RANK.EQ 函数

命令，如图 13-10 所示。

　　（3）在打开的"函数参数"的对话框中，在 Number 文本框中输入 K4，在 Ref 文本框中输入 K4:K32，如图 13-11 所示。

　　（4）单击"确定"按钮，如图 13-12 所示。

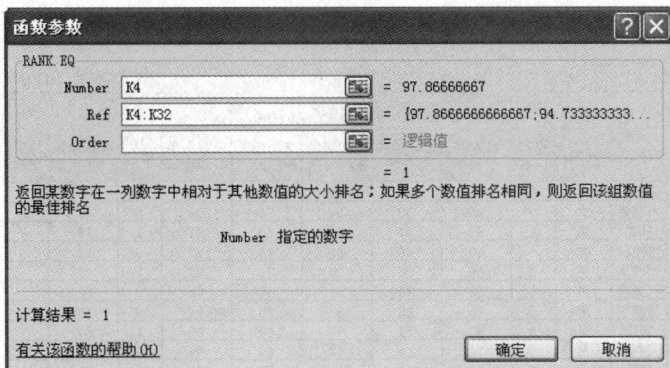

图 13-11 RANK.EQ 的"函数参数"对话框

图 13-12 RANK.EQ 函数计算结果

（5）拖动填充柄到单元格 L5，可以看到两位同学的综合评定分数不相同，但综合名次均为 1，排名出现了错误，如图 13-13 所示。

这是因为在进行公式复制的时候（如向下复制），单元格的引用也会跟着发生相应的变化，由 K4:K32 变为了 K5:K33，这称之为相对引用，也是 Excel 默认的引用方式。

在进行排名时，单元格的引用应是所有同学的"综合评定分"，不能在公式被复制时发生变化，所以应使用绝对引用（绝对引用是指在引用时其单元格的引用范围不会因为公式的复制而发生变化）。通过输入美元符号的方式将引用类型改为绝对引用。更简单的方式是，选中所要更改的单元格引用，按 F4 键，就可以看到引用在相对和绝对之间反复变化。

（6）选中单元格 L4，选中编辑栏中的 K4:K32，按 F4 键，看到 K4:K32 变为 ＄K＄4：＄K＄32，如图 13-14 所示。

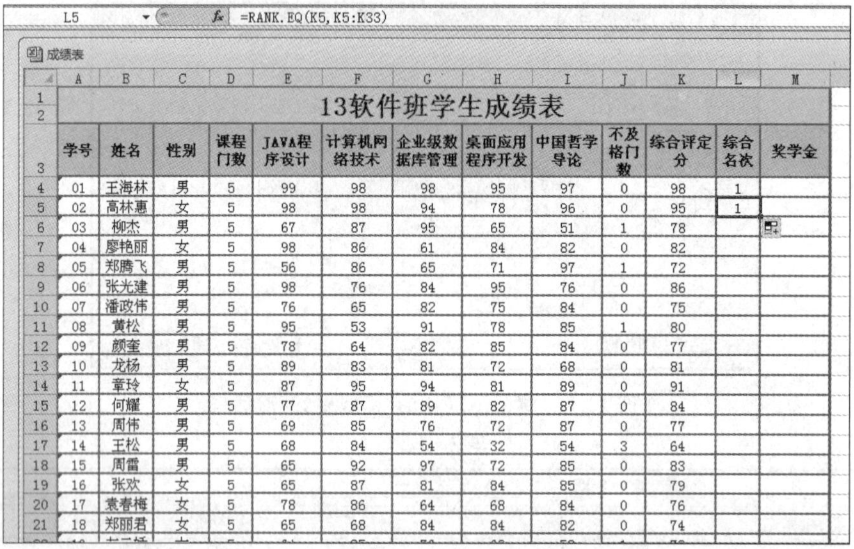

L5 　　fx　=RANK.EQ(K5,K5:K33)

13软件班学生成绩表

学号	姓名	性别	课程门数	JAVA程序设计	计算机网络技术	企业级数据库管理	桌面应用程序开发	中国哲学导论	不及格门数	综合评定分	综合名次	奖学金
01	王海林	男	5	99	98	98	95	97	0	98	1	
02	高林惠	女	5	98	98	94	78	96	0	95	1	
03	柳杰	男	5	67	87	95	65	51	1	78		
04	廖艳丽	女	5	98	86	61	84	82	0	82		
05	郑腾飞	男	5	56	86	65	71	97	1	72		
06	张光建	男	5	98	76	84	95	76	0	86		
07	潘政伟	男	5	76	65	82	75	84	0	75		
08	黄松	男	5	95	53	91	78	85	1	80		
09	颜奎	男	5	78	64	82	85	84	0	77		
10	龙杨	男	5	89	83	81	72	68	0	81		
11	章玲	女	5	87	95	94	81	89	0	91		
12	何耀	男	5	77	87	89	82	87	0	84		
13	周伟	男	5	69	85	76	72	77	0	77		
14	王松	男	5	68	84	54	32	54	3	64		
15	周雷	男	5	65	92	97	72	85	0	83		
16	张欢	女	5	65	87	81	84	85	0	79		
17	袁春梅	女	5	78	86	64	68	84	0	76		
18	郑丽君	女	5	65	68	84	84	82	0	74		

图 13-13　RANK.EQ 函数计算结果出现错误

RANK.EQ 　　fx　=RANK.EQ(K4,K$4:K$33)
RANK.EQ(number, ref, [order])

13软件班学生成绩表

学号	姓名	性别	课程门数	JAVA程序设计	计算机网络技术	企业级数据库管理	桌面应用程序开发	中国哲学导论	不及格门数	综合评定分	综合名次	奖学金
01	王海林	男	5	99	98	98	95	97	0	98	K$32)	
02	高林惠	女	5	98	98	94	78	96	0	95	1	
03	柳杰	男	5	67	87	95	65	51	1	78		
04	廖艳丽	女	5	98	86	61	84	82	0	82		
05	郑腾飞	男	5	56	86	65	71	97	1	72		
06	张光建	男	5	98	76	84	95	76	0	86		
07	潘政伟	男	5	76	65	82	75	84	0	75		
08	黄松	男	5	95	53	91	78	85	1	80		
09	颜奎	男	5	78	64	82	85	84	0	77		
10	龙杨	男	5	89	83	81	72	68	0	81		
11	章玲	女	5	87	95	94	81	89	0	91		
12	何耀	男	5	77	87	89	82	87	0	84		
13	周伟	男	5	69	85	76	72	77	0	77		
14	王松	男	5	68	84	54	32	54	3	64		
15	周雷	男	5	65	92	97	72	85	0	83		
16	张欢	女	5	65	87	81	84	85	0	79		
17	袁春梅	女	5	78	86	64	68	84	0	76		
18	郑丽君	女	5	65	68	84	84	82	0	74		

图 13-14　将相对引用修改为绝对引用

（7）按 Enter 键，然后拖动填充柄即可实现综合名次的计算，完成后的效果如图 13-15 所示。

关于单元格地址的引用格式的说明：A1 行列均为相对引用，A1 行列均为绝对引用；$A1 行绝对引用、列相对引用，A$1 行相对引用、列绝对引用，这两种称为混合引用。

3. 用 IF 函数计算奖学金

用 IF 函数计算奖学金的公式是 M4＝IF(L4＜＝1,"一等奖",IF(L4＜＝3,"二等奖",IF(L4＜＝6,"三等奖",""))),结果如图 13-16 所示。

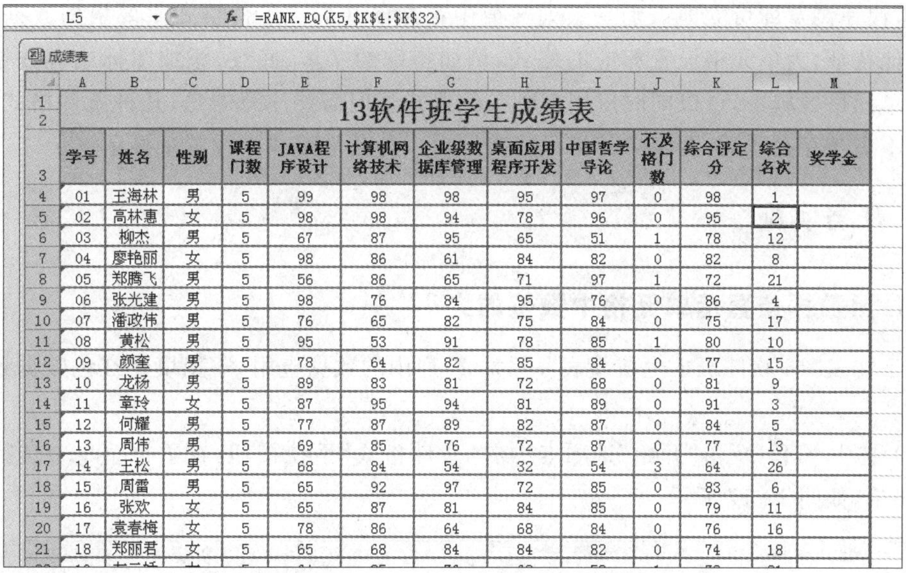

图 13-15　RANK.EQ 函数计算结果

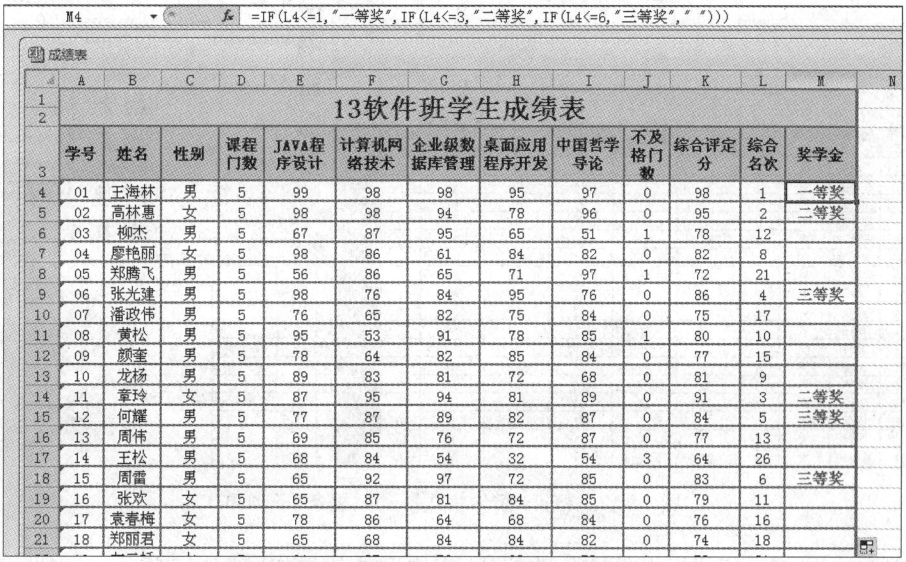

图 13-16　用 IF 函数计算奖学金

任务3　根据规则突出显示单元格内容及冻结窗口

▶ 任务描述

对于表格中的大量数据,往往从数值上很难快速发现其特征。通过为数据应用条件格式,只需快速浏览即可立即识别一系列数值中存在的差异。条件格式主要根据数据的大小或者其他特征,为单元格设置相应的格式,例如特殊的字体、底纹、添加图标或者数据条等。在某个单元格区域中,可以同时应用多种条件格式。但需要注意的是,几种条件格式之间在逻辑上不应当存在矛盾,否则单元格只能按照后一种条件格式的设置来显示。

▶ 任务实施

1. 用数据条显示单元格中数值的大小

在工作表"13软件班学生成绩表"中,对 K 列中的数据应用"渐变填充红色数据条"的条件格式。

(1) 选中 K 列,单击"开始"选项卡中的"条件格式"下拉按钮,在下拉菜单中选择"数据条"子菜单,如图 13-17 所示。

图 13-17　打开"条件格式"→"数据条"子菜单

(2) 单击"渐变填充"组中的红色数据条,完成后的效果如图 13-18 所示。

2. 根据规则突出显示单元格内容

在工作表"13 软件班学生成绩表"中,对五门课程的成绩列应用条件格式,以便将成绩大于等于 90 的单元格的格式设置为浅红填充色深红色文本,将成绩小于 60 的单元格的格式设置为绿填充色深绿色文本。(注意:接受所有其他的默认设置。)

(1) 选中单元格区域 E4:I32,单击"开始"选项卡中的"条件格式"下拉按钮,在下拉菜单中选择"突出显示单元格规则"子菜单,如图 13-19 所示。

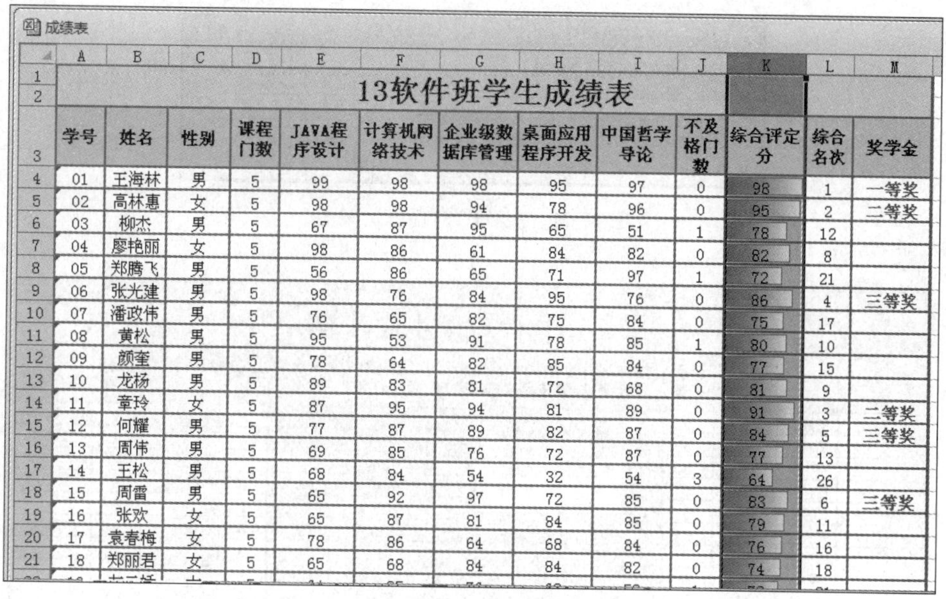

图 13-18　用红色渐变填充完成后的效果

图 13-19　打开"条件格式"→"突出显示单元格规则"子菜单

（2）单击"大于"命令，在打开的"大于"对话框中，在左侧的数值框中输入 89，在右侧列表框的下拉列表框中选择"浅红填充色深红色文本"，如图 13-20 所示。

（3）单击"确定"按钮，完成后的效果如图 13-21 所示。

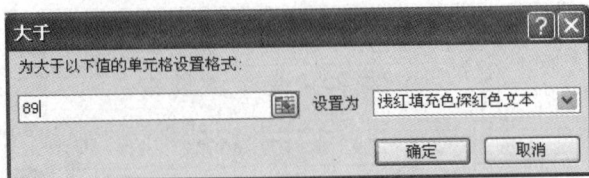

图 13-20 “大于”对话框的设置

	A	B	C	D	E	F	G	H	I	J	K	L	M
1–2	13软件班学生成绩表												
3	学号	姓名	性别	课程门数	JAVA程序设计	计算机网络技术	企业级数据库管理	桌面应用程序开发	中国哲学导论	不及格门数	综合评定分	综合名次	奖学金
4	01	王海林	男	5	99	98	98	95	97	0	98	1	一等奖
5	02	高林惠	女	5	[illegible]	[illegible]	94	78	96	0	95	2	二等奖
6	03	柳杰	男	5	[illegible]	[illegible]	95	65	51	1	78	12	
7	04	廖艳丽	女	5	[illegible]	[illegible]	61	84	82	0	82	8	
8	05	郑腾飞	男	5	[illegible]	[illegible]	65	71	97	1	72	21	
9	06	张光建	男	5	98	76	84	95	76	0	86	4	三等奖
10	07	潘政伟	男	5	76	65	82	75	84	0	75	17	
11	08	黄松	男	5	95	53	91	78	85	1	80	10	
12	09	颜奎	男	5	78	64	82	85	84	0	77	15	
13	10	龙杨	男	5	89	83	81	72	68	0	81	9	
14	11	章玲	女	5	87	95	94	81	89	0	91	3	二等奖
15	12	何耀	男	5	77	87	89	82	87	0	84	5	三等奖
16	13	周伟	男	5	69	85	76	72	87	0	77	13	
17	14	王松	男	5	68	84	54	32	54	3	64	26	
18	15	周雷	男	5	65	92	97	72	85	0	83	6	三等奖
19	16	张欢	女	5	65	87	81	84	85	0	79	11	
20	17	袁春梅	女	5	78	86	64	68	84	0	76	16	
21	18	郑丽君	女	5	65	68	84	84	82	0	74	18	

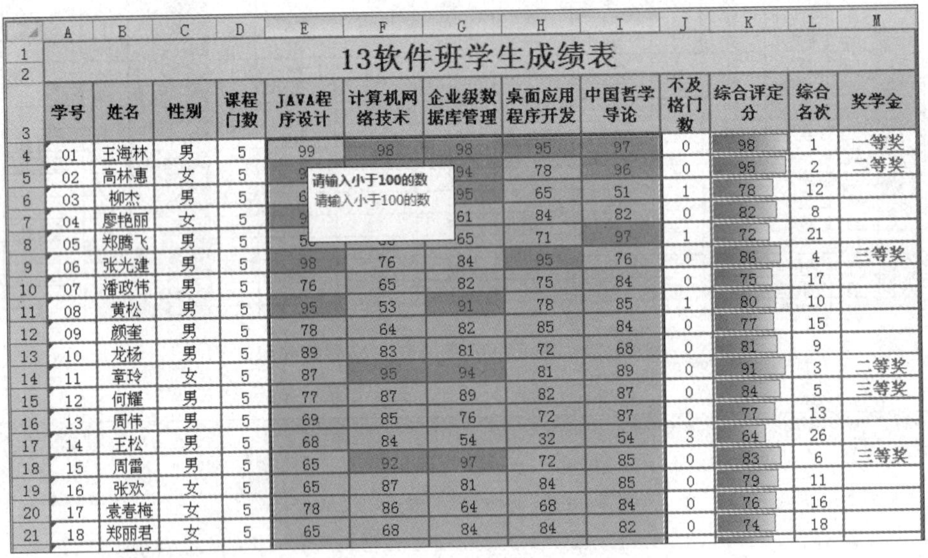

图 13-21 突出显示 90 分(含 90 分)以上单元格效果

(4) 保持单元格区域 E4:I32 为选中状态,单击“开始”选项卡中的“条件格式”下拉按钮,在下拉菜单中选择“突出显示单元格规则”→“小于”命令,在打开的“小于”对话框中,在左侧的数值框中输入 60,在右侧列表框的下拉列表框中选择“绿填充色深绿色文本”,如图 13-22 所示。

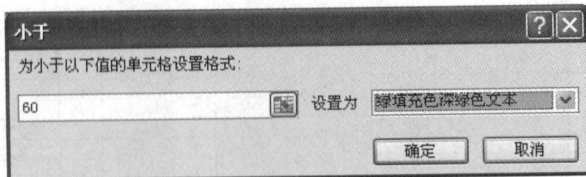

图 13-22 “小于”对话框的设置

(5) 单击“确定”按钮,完成后的效果如图 13-23 所示。

(6) 选中单元格区域 A4:M34,单击“开始”选项卡中的“条件格式”下拉按钮,在下拉菜单中打开“突出显示单元格规则”子菜单,如图 13-24 所示。

(7) 单击“其他规则”命令,在打开的“新建格式规则”对话框中,在“选择规则类型”中选择“使用公式确定要设置格式的单元格”,在编辑规则说明下输入公式=MOD(ROW(),4)=0,

图 13-23　突出显示"60 分"以下单元格效果

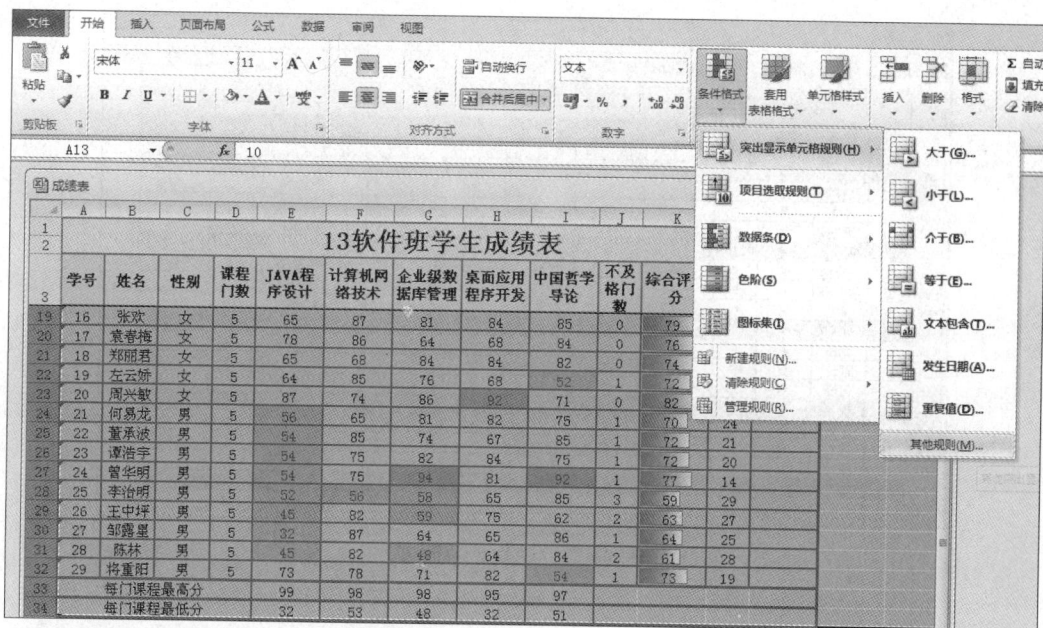

图 13-24　选中"开始"选项卡/"条件格式""突出显示单元格规则"命令

如图 13-25 所示。

　　（8）单击"格式"按钮，在打开的"设置单元格格式"对话框的"填充"选项卡中选择颜色，如图 13-26 所示。

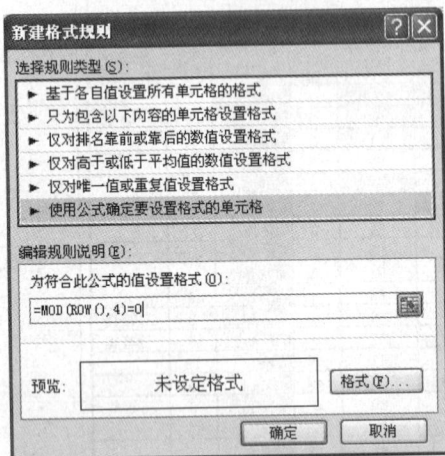

图 13-25 "新建格式规则"对话框 图 13-26 设置填充颜色

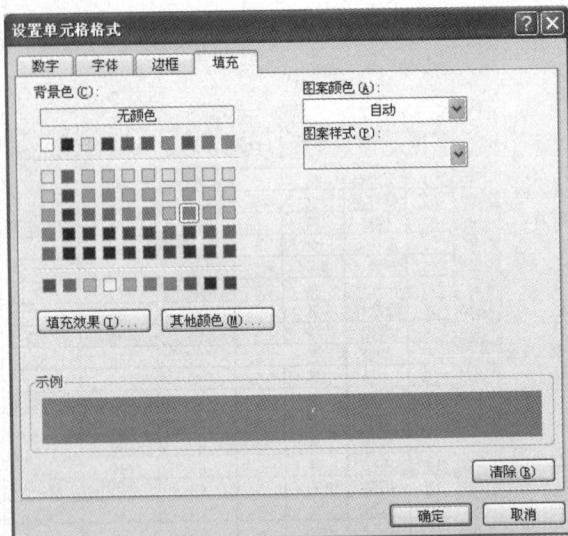

（9）单击"确定"按钮，完成后的效果如图 13-27 所示。

学号	姓名	性别	课程门数	JAVA程序设计	计算机网络技术	企业级数据库管理	桌面应用程序开发	中国哲学导论	不及格门数	综合评定分	综合名次	奖学金
01	王海林	男	5	99	98	98	95	97	0	98	1	
02	高林惠	女	5	98	98	94	78	96	0	95	2	二等奖
03	柳杰	男	5	67	87	95	65	51	1	78	12	
04	廖艳丽	女	5	98	86	61	84	82	0	82	8	
05	郑腾飞	男	5	56	86	65	71	91	1	72	21	三等奖
06	张光建	男	5	76	84	95	76	0	86	4	三等奖
07	潘政伟	男	5	76	65	82	75	84	0	75	17	
08	黄松	男	5	95	53	91	78	85	1	80	10	
09	顾全	男	5	78	64	85	84	0	77	15	
10	龙杨	男	5	89	83	81	72	68	0	81	9	
11	章玲	女	5	87	95	94	81	89	0	91	3	二等奖
12	何耀	男	5	77	87	89	82	87	0	84	5	三等奖
13	周伟	男	5	69	85	76	72	87	0	77	13	
14	王松	男	5	68	84	54	32	54	3	64	26	
15	周雷	男	5	65	92	97	72	85	0	83	6	三等奖
16	张欢	女	5	87	81	84	85	0	79	11	
17	袁春梅	女	5	78	86	64	84	0	76	16	
18	郑丽君	女	5	65	68	84	82	0	74	18	

图 13-27 完成后的效果

3. 冻结窗口

利用 Excel 工作表的冻结功能可以达到固定窗口的效果。经过冻结窗口后，无论我们怎么翻看数据，表头都保留在最顶端，以便对照数据，否则随着翻看 Excel 表格，表头就会看不到了。

（1）选中需要冻结行的下一行。在工作表"13 软件班学生成绩表"中，第 1、第 2、第 3 行的数据保留不动，选中第 4 行，单击"视图"选项卡中的"冻结窗格"下拉按钮，在下拉菜单中选择"冻结拆分窗格"命令,如图 13-28 所示。

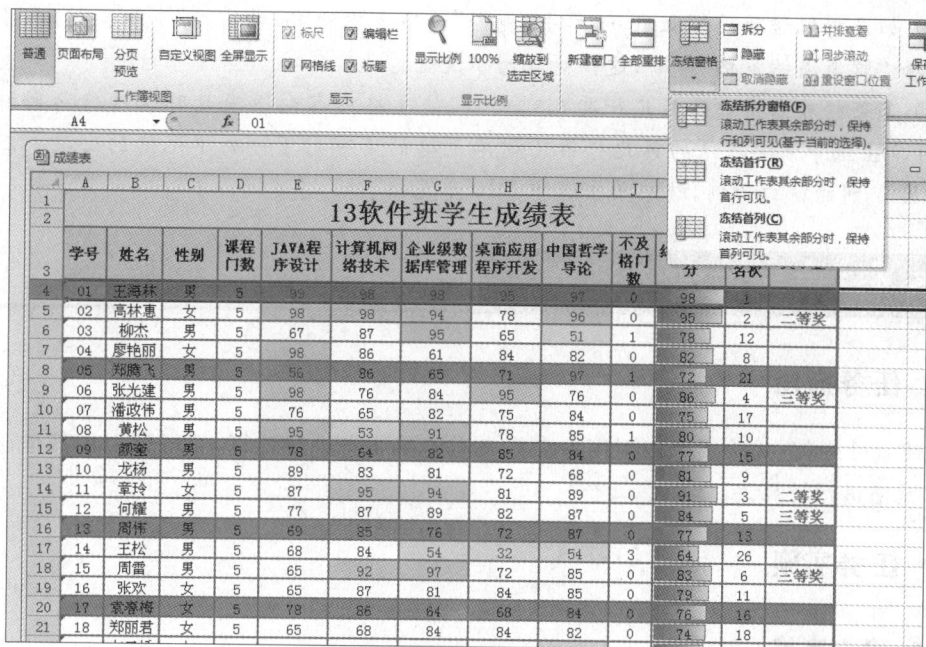

图 13-28　冻结拆分窗格

(2) 单击"确定"按钮,这样向下滚动表格时,黑色粗线以上的单元格就固定不动了。完成后的效果如图 13-29 所示。

图 13-29　冻结拆分窗格的效果

说明：

（1）如果想把该项设置取消，可单击"视图"选项卡中的"冻结窗格"下拉按钮，在下拉菜单中选择"取消冻结窗格"命令，这样就取消了设置。

（2）如果想冻结窗口的某几行某几列窗口，使表格内容向下滚动时这些行和列都固定不动，可单击选中需要冻结的第几行第几列单元格的下一行下一列单元格的交集。以冻结第9行第C列的窗口为例，就应单击选中D10单元格。

任务4 单科成绩统计表

▶ 任务描述

在 Excel 中，公式除了可以引用本工作表中的单元格进行计算，还可以引用其他工作表中的单元格进行计算。

▶ 任务实施

1. 建立表格

为了说明 COUNT、COUNTBLANK 函数的应用，修改"13 软件班学生成绩表"数据，新建一张"单科成绩统计表"，如图 13-30 所示。

学号	姓名	性别	课程门数	JAVA程序设计	计算机网络技术	企业级数据库管理	桌面应用程序开发	中国哲学导论
01	王海林	男	5	99	98	98	95	97
02	高林惠	女	5	98	98	94	78	96
03	柳杰	男	4		87	95	65	51
04	廖艳丽	女	5	98	86		84	82
05	郑腾飞	男	5	56	86	65	71	97
06	张光建	男	4	98		84	95	76
07	潘政伟	男	5	76	65	82	75	84
08	黄松	男	4		53	91	78	85
09	颜奎	男	5	78	64	82	85	84
10	龙杨	男	5	89	83	81		68
11	章玲	女	5	87	95	94	81	89
12	何耀	男	5	77	87	89	82	87
13	周伟	男	4	69	85		72	87
14	王松	男	5	68	84	54	32	54
15	周雷	男	5	65	92	97	72	85
16	张欢	女	5	65	87	81	84	85
17	袁春梅	女	5	78	86	64	68	84
18	郑丽君	女	5	65	68	84	84	82

图 13-30 新建单科成绩统计表

图 13-30 （续）

2. 计算缺考人数及实考人数

（1）选中单元格 B3，单击"公式"选项卡中的"其他函数"下拉按钮，在下拉菜单中选择"统计"→COUNTBLANK 命令，如图 13-31 所示。

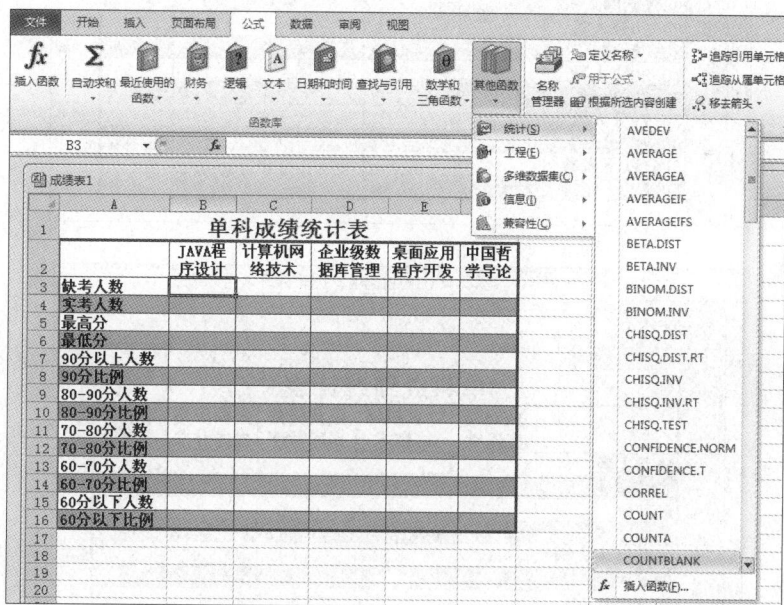

图 13-31 选择 COUNTBLANK 函数

（2）这时会打开"函数参数"对话框，在 Range 文本框中输入"13 软件班学生成绩表'! E4:E32"（单击相应的工作表中所要引用的单元格，就可以自动将其输入到公式中），如图 13-32 所示。

（3）单击"确定"按钮，然后拖动填充柄即可实现缺考人数的计算，如图 13-33 所示。

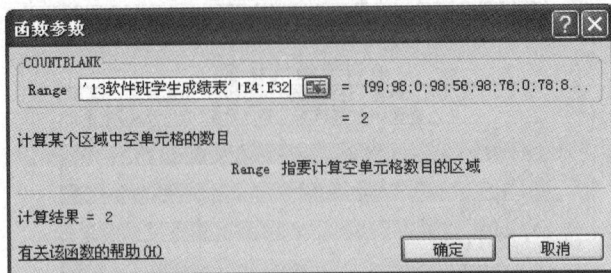

图 13-32　COUNTBLANK 的"函数参数"对话框

图 13-33　缺考人数的计算

（4）选中单元格 B4，单击"公式"选项卡中的"其他函数"下拉按钮，在下拉菜单中选择"统计"→COUNT 命令，打开"函数参数"对话框。在 Value1 文本框中输入"13 软件班学生成绩表'!E4:E32"，如图 13-34 所示。

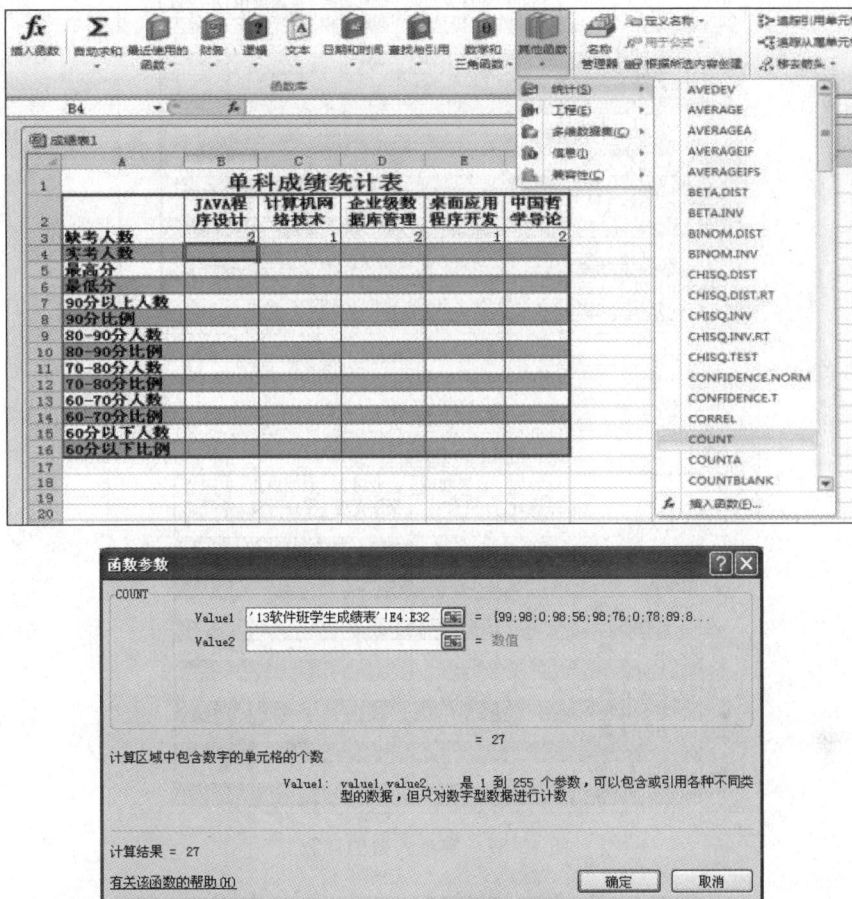

图 13-34　COUNT 函数参数设置

（5）单击"确定"按钮，然后拖动填充柄即可实现"实考人数"的计算，如图 13-35 所示。

从上述操作过程可以看出，COUNT 函数统计数值型数据的个数，COUNTBLANK 函数统计空白单元格的个数。

3. B 列其他单元格的计算公式

B 列其他单元格的计算公式如下，计算结果如图 13-36 所示。

（1）B5＝MAX('13 软件班学生成绩表'!E4:E32)。

（2）B6＝MIN('13 软件班学生成绩表'!E4:E32)。

（3）B7＝COUNTIF('13 软件班学生成绩表'!E4:E32,"＞＝90")。

（4）B8＝B7/B4。

B4　　　　　　fx =COUNT('13软件班学生成绩表'!E4:E32)

成绩表1

	A	B	C	D	E	F	G
1	单科成绩统计表						
2		JAVA程序设计	计算机网络技术	企业级数据库管理	桌面应用程序开发	中国哲学导论	
3	缺考人数	2	1	2	1	2	
4	实考人数	27					
5	最高分						
6	最低分						
7	90分以上人数						
8	90分比例						
9	80-90分人数						
10	80-90分比例						
11	70-80分人数						
12	70-80分比例						
13	60-70分人数						
14	60-70分比例						
15	60分以下人数						
16	60分以下比例						

C4　　　　　　fx =COUNT('13软件班学生成绩表'!F4:F32)

成绩表1

	A	B	C	D	E	F	G
1	单科成绩统计表						
2		JAVA程序设计	计算机网络技术	企业级数据库管理	桌面应用程序开发	中国哲学导论	
3	缺考人数	2	1	2	1	2	
4	实考人数	27	28	27	28	27	
5	最高分						
6	最低分						
7	90分以上人数						
8	90分比例						
9	80-90分人数						
10	80-90分比例						
11	70-80分人数						
12	70-80分比例						
13	60-70分人数						
14	60-70分比例						
15	60分以下人数						
16	60分以下比例						

图 13-35　实考人数的计算

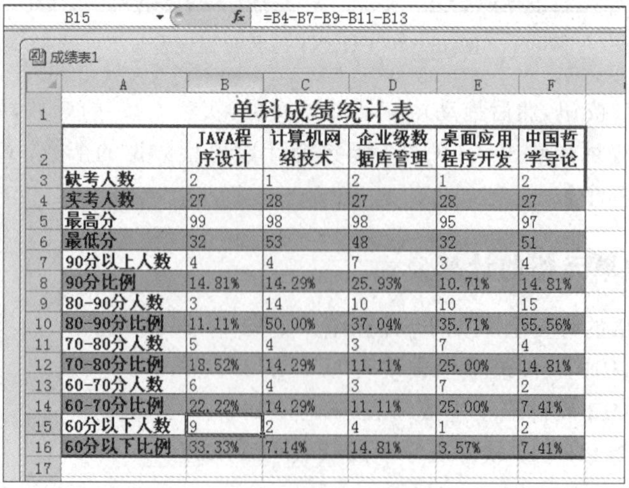

B15　　　　　　fx =B4-B7-B9-B11-B13

成绩表1

	A	B	C	D	E	F
1	单科成绩统计表					
2		JAVA程序设计	计算机网络技术	企业级数据库管理	桌面应用程序开发	中国哲学导论
3	缺考人数	2	1	2	1	2
4	实考人数	27	28	27	28	27
5	最高分	99	98	98	95	97
6	最低分	32	53	48	32	51
7	90分以上人数	4	4	7	3	4
8	90分比例	14.81%	14.29%	25.93%	10.71%	14.81%
9	80-90分人数	3	14	10	10	15
10	80-90分比例	11.11%	50.00%	37.04%	35.71%	55.56%
11	70-80分人数	5	4	3	7	4
12	70-80分比例	18.52%	14.29%	11.11%	25.00%	14.81%
13	60-70分人数	6	4	3	7	2
14	60-70分比例	22.22%	14.29%	11.11%	25.00%	7.41%
15	60分以下人数	9	2	4	1	2
16	60分以下比例	33.33%	7.14%	14.81%	3.57%	7.41%
17						

图 13-36　单科成绩统计表的计算结果

（5）B9＝COUNTIF('13软件班学生成绩表'!E4:E32,">=80")－B7。

（6）B10＝B9/B4。

（7）B11＝COUNTIF('13软件班学生成绩表'!E4:E32,">=70")－B9－B7。

（8）B12＝B11/B4。

（9）B13＝COUNTIF('13软件班学生成绩表'!E4:E32,">=60")－B11－B9－B7。

（10）B14＝B13/B4。

（11）B15＝B4－B7－B9－B11－B13。

（12）B16＝B15/B4。

项目小结

在本项目中主要学习了 COUNT、COUNTBANK、COUNTIF、RANK. EQ、MOD、ROW 函数的应用,单元格地址的相对引用、绝对引用、混合引用,根据规则突出显示单元格内容、冻结窗口、跨工作表的公式计算。重点是函数的应用,难点是单元格地址的引用格式、跨工作表的计算。

拓展训练

建立"科发公司员工销售情况表",如图 13-37 所示,统计后得到"科发公司员工销售情况统计表",如图 13-38 所示。

科发公司员工销售情况		
订单号	单金额	销售人员
20060401	5000	张红
20060401	5000	杨柳
20060402	4500	王洋
20060403	25000	李易
20060404	4200	张红
20060405	4500	杨柳
20060406	2500	杨柳
20060407	15000	张红
20060408	95000	李易
20060409	1000	王洋
20060410	50000	王洋
20060411	2580	张红
20060412	3200	杨柳

图 13-37　科发公司员工销售情况表

科发公司员工销售情况统计表			
销售人员	订单数	订单总额	销售奖金
张红	4	26780	2678
王洋	3	55500	5825
李易	2	120000	15500
杨柳	4	15200	1520
订单总数	13	217480	25523

图 13-38　科发公司员工销售情况统计表

针对"科发公司员工销售情况表"工作表完成如下操作。

（1）使用 COUNTIF 函数计算销售人员的订单数(注意相对引用与绝对引用的区别)。

（2）使用 SUMIF 函数汇总每个销售人员的销售额即订单总额。

（3）使用 IF 函数根据订单总额决定每次销售应获得的奖金,奖金计算方法为：当订单总额超过 5 万元时,奖励幅度为 15％,否则为 10％。

（4）冻结窗口。冻结"科发公司员工销售情况表"的前两行。

（5）根据规则 MOD(ROW(),2)＝0 设置"科发公司员工销售情况表"奇偶行不同的底纹。

（6）根据规则突出显示订单数最多的单元格内容、销售总额超过 10 万元单元格内容、销售奖金低于 3000 元的单元格内容。

学习总结

本项目所用软件	
项目中包含的知识和操作技能	
你已熟知或掌握的知识和操作技能	
你认为还有哪些知识和技能需要强化	
项目中可使用的 Office 技巧	
学习本项目之后的体会	

第 4 篇

PowerPoint 演示文稿制作

项目 14　制作《自我介绍》演示文稿

在本项目中,我们将通过制作《自我介绍》演示文稿来学习 PowerPoint 2010 演示文稿的基本操作,主要包括幻灯片从新建、编辑到播放的全过程。总的效果如图 14-1 所示。

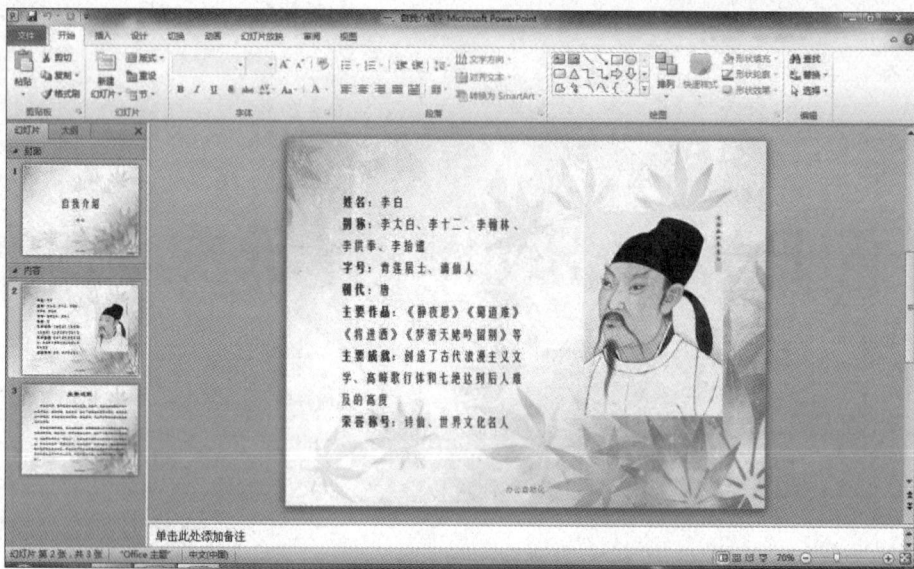

图 14-1　《自我介绍》演示文稿效果图

任务 1　演示文稿的新建与编辑

▶ 任务描述

掌握演示文稿的基础操作,学习新建幻灯片、编辑幻灯片和播放幻灯片。

▶ 任务实施

1. 打开 PowerPoint 演示文稿软件

打开 PowerPoint 演示文稿软件,其界面如图 14-2 所示。

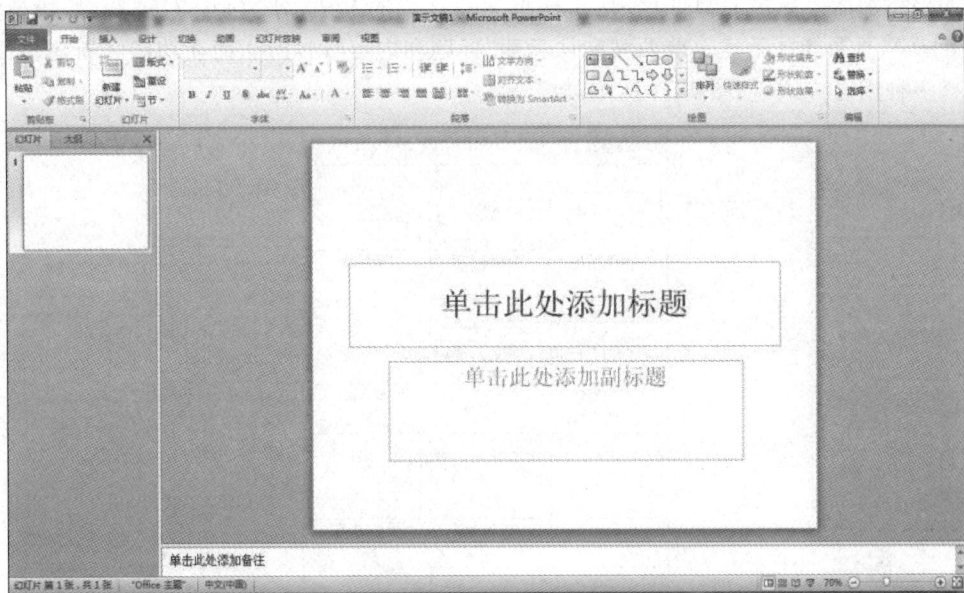

图 14-2   新建幻灯片

2. 新建幻灯片

启动 PowerPoint 2010 后，已经默认新建了一张幻灯片，在此添加标题"自我介绍"和副标题"李白"，并在"开始"选项卡内调整标题的字体为方正姚体、字号为 54 磅，副标题的字体为华文新魏，字号为 32 磅，如图 14-3 所示。

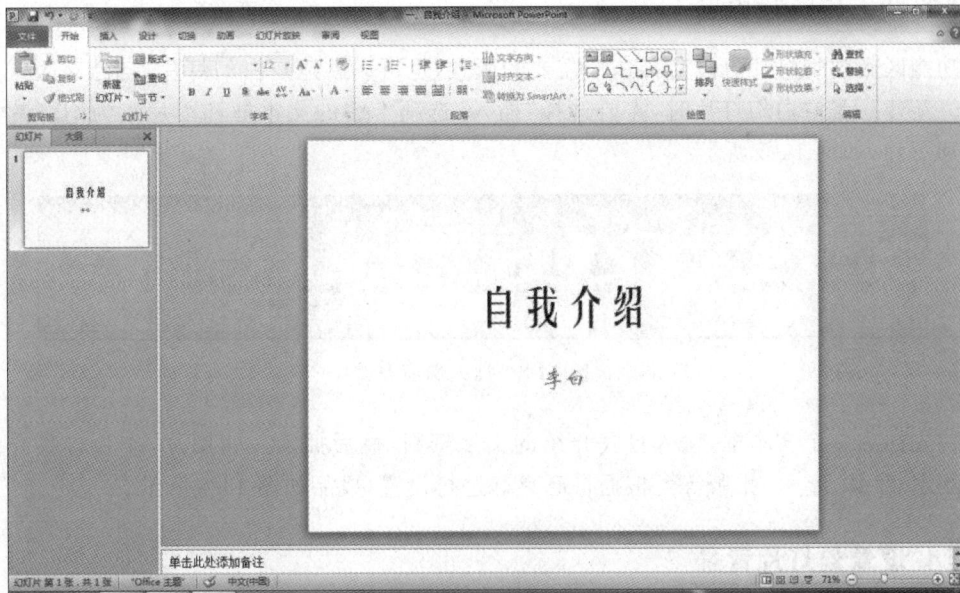

图 14-3   输入幻灯片文字

如果添加需要更多的幻灯片，有 3 种添加幻灯片的方法，分别是：右键新建、快捷键新建(Ctrl＋M)、功能区新建。前两种默认新建"标题和内容"幻灯片，而在功能区新建里面，可以选择多种组合方式，如图 14-4 所示。

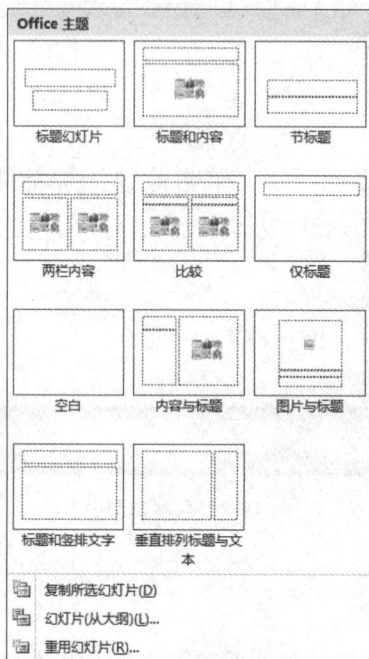

图 14-4　功能区新建 Office 主题

3. 插入幻灯片内容

功能区新建幻灯片可以直接选择需要的版式，也可以新建空白幻灯片，自己对版式进行设计。新建一张空白幻灯片时，需要选择"插入"选项卡中的文本框和图片来为幻灯片添加文字和图片，如图 14-5 所示。

图 14-5　插入选项卡

首先插入一个文本框，输入自我介绍的文字资料，然后插入一张图片，作为自我介绍的图片展示，字体、字号、排版等可根据自己喜好进行设置，成品如图 14-6 所示。

4. 设置幻灯片背景

插入文字和图片之后，可以对幻灯片背景做修改，使幻灯片更加美观。改变幻灯片的背

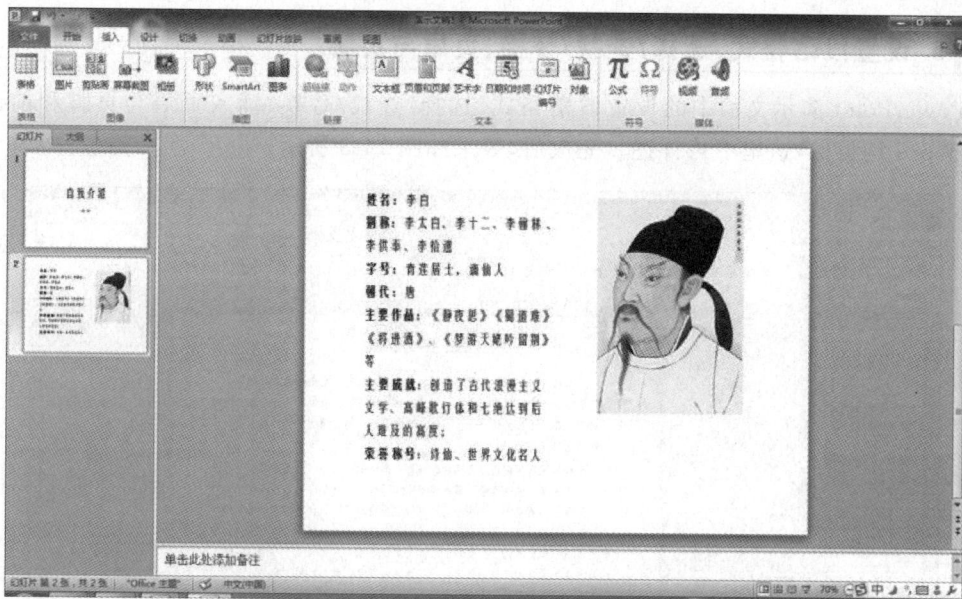

图 14-6   插入文字及图片资料

景可以选择"设计"选项卡中的"背景样式"→"设置背景格式"命令,也可以右击,在快捷菜单中选择"设置背景格式"命令。在"填充"对话框中,可以选择纯色填充、渐变填充、图片或纹理填充、图案填充等填充方式。选择"图片填充"→"插入自文件"→"全部应用"命令,可以看到所有幻灯片的背景都改变为此图片。选择背景后将字体颜色修改为朱红色,使之和背景更加协调,如图 14-7 所示。

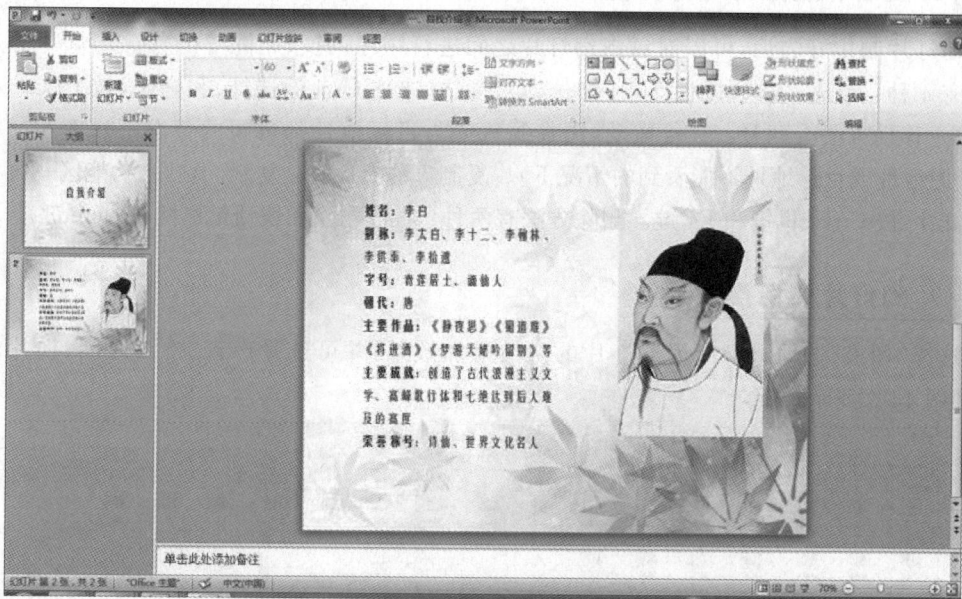

图 14-7   设置背景图片

5. 设置段落格式、选择/查找/替换、页眉与页脚

PowerPoint 演示文稿中的设置段落格式、选择/查找/替换、插入页眉与页脚和前面讲到的 Word 均类似,这里不再详述。完成后,效果如图 14-8 所示。

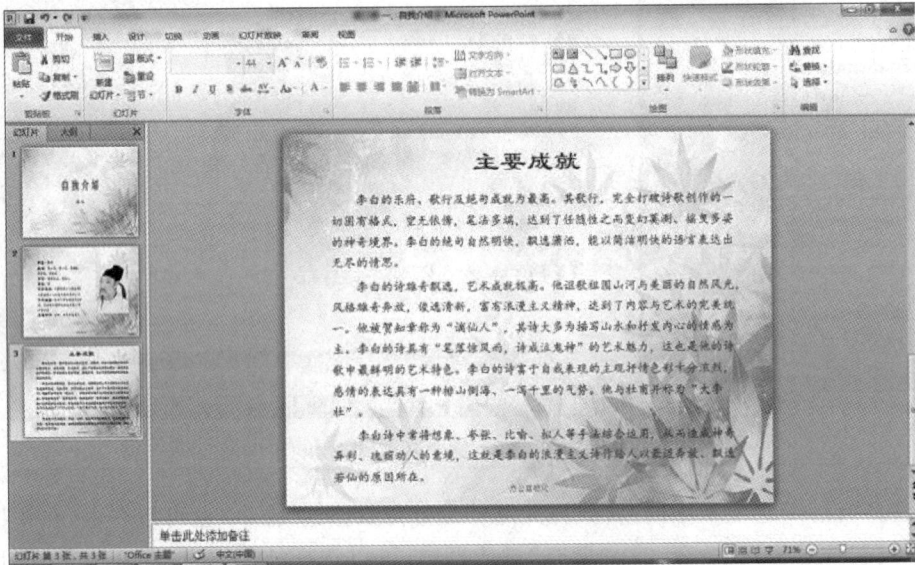

图 14-8　段落设置、页眉页脚效果

6. 复制和删除幻灯片、更换幻灯片顺序

幻灯片制作好之后,可以对每张幻灯片之间进行顺序调换、删除等操作。幻灯片的选择方法有 4 种:单选、连选(按住 Shift 键选择)、挑选(按住 Ctrl 键选择)和全选(按 Ctrl+A 键选择)。移动方法有两种:直接拖动(用在源地址与目标地址都可视的情况下)、剪切—粘贴(用于源地址或目标地址不能看到的情况下)。复制方法有 4 种:复制—粘贴、功能区—复制所选幻灯片、按 Ctrl+D 键和 F4 键。删除方法有两种:右键删除和快捷键删除(Delete 键)。

7. 幻灯片的切换效果

选择“切换”选项卡可以为幻灯片的切换增加效果,并可选择声音、持续时间、换片方式等,如图 14-9 所示。

(a)

图 14-9　幻灯片切换效果及计时设置

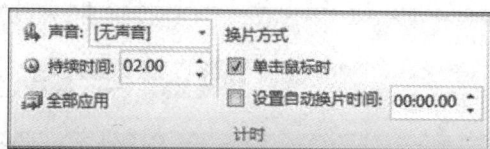

(b)

图 14-9 （续）

任务 2　演示文稿的设计、保存与播放

▶ 任务描述

掌握演示文稿的模板使用、母版设计、保存与播放的操作。

▶ 任务实施

1. 选用幻灯片模板

除了使用上述方法自行设计幻灯片背景、排版、字体、字号等，也可以使用软件自带的设计模板，更加便捷地应用各种美观的幻灯片。运用设计模板时，选择"设计"选项卡，如图 14-10 所示。

图 14-10　"设计"选项卡

单击选中任意主题模板，如"奥斯汀主题"，则所有幻灯片都会应用该模板，如图 14-11 所示。

2. 编辑幻灯片母版样式

在选择模板后，可以通过主题右侧的按钮修改模板的颜色、字体和效果，也可以在"视图"选项卡中选择"母版视图"，对模板的排版、字体、项目符号等进行修改，如图 14-12 所示。

3. 设置幻灯片的节

当幻灯片达到一定数量后，对幻灯片的管理十分重要。PowerPoint 中的"节"就是用于管理幻灯片的。在需要添加节的位置右击，添加一个无标题节，该节下方的所有幻灯片都属于本节；而该节上方也自动新建了一个默认节，将上方的所有幻灯片归入默认节，如图 14-13 所示。右击，在快捷菜单中选择"重命名节"命令，可以根据幻灯片内容对节名称进行修改。

图 14-11 幻灯片模板

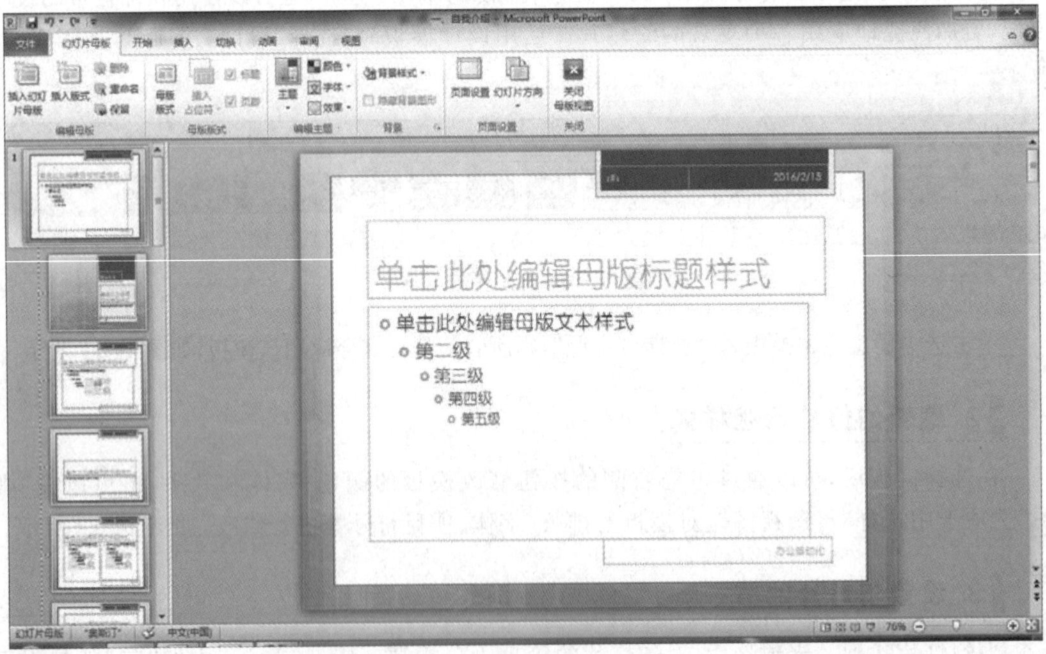

图 14-12 编辑母版样式

图 14-13　幻灯片的节

4. 幻灯片的视图

PowerPoint 共有 4 种视图,分别是普通视图、幻灯片浏览视图、备注页和阅读视图。普通视图可以逐张幻灯片编辑演示文稿,并使用普通视图导航缩略图。幻灯片浏览视图用于编辑幻灯片,并在大纲窗格中在幻灯片之间跳转。备注页可以查看演示文稿与备注一起打印时的外观。阅读视图用于在 PowerPoint 窗口中播放幻灯片放映,以查看动画和切换效果,无须切换到全屏幻灯片放映。

刚刚我们分的节,就可以用幻灯片浏览视图清楚地看到节的层次和内容,如图 14-14 所示。

5. 幻灯片的播放与保存

完成幻灯片制作后,可以对其进行播放。播放幻灯片有 3 种方式:第 1 种是单击"幻灯

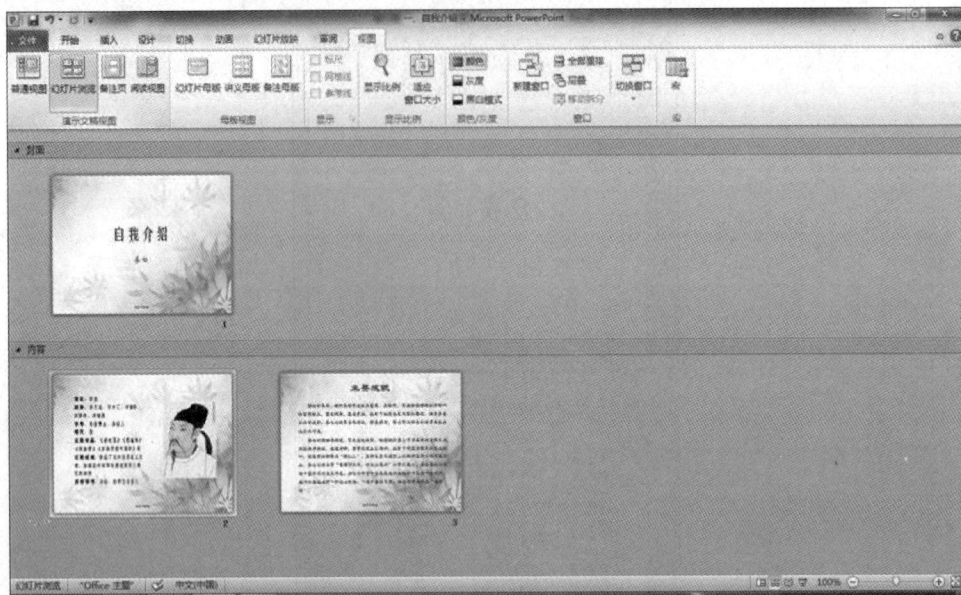

图 14-14　幻灯片浏览视图

片放映"选项卡,选择"从头开始"或"从当前幻灯片开始"播放;第 2 种是使用快捷键 F5 键
(从头开始)或 Shift＋F5 键(从当前幻灯片开始)播放;第 3 种是在状态栏单击"幻灯片放映"
按钮,从当前开始播放,如图 14-15 所示。

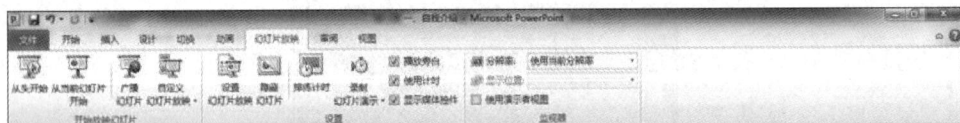

图 14-15　幻灯片放映

　　如果需要在其他设备上进行播放,可以对其进行保存。单击"文件"→"保存"或"另存
为"命令,指定相应的路径和文件名。文档格式可以选择 PowerPoint 演示文稿,也可以选择
PowerPoint 放映,后者只能放映而不能再次对内容进行更改。

项目小结

　　本项目主要学习 PowerPoint 2010 中幻灯片制作的基础操作,包括新建幻灯片、编辑幻
灯片、播放幻灯片等。重点是编辑幻灯片,难点是幻灯片的母版样式。

拓展训练

　　制作《美食介绍》幻灯片,完成后的效果如图 14-16 所示。

图 14-16　美食介绍

针对《美食介绍》幻灯片完成如下操作。

（1）设置幻灯片模板为"新闻纸"。

（2）设置封面主标题"美食介绍"字体为"华文新魏"，字号为"80"。

（3）新建标题和内容幻灯片并插入文字和图片。

（4）设置项目符号为菱形，行距为 2。

学习总结

本项目所用软件	
项目中包含的知识和操作技能	
你已熟知或掌握的知识和操作技能	
你认为还有哪些知识和技能需要强化	
项目中可使用的 Office 技巧	
学习本项目之后的体会	

项目 15　制作新浪微博标志

在本项目中，我们将通过制作新浪微博标志来学习图形制作的基本操作。主要包括图形的基础操作、线条的编辑、图形层次、对齐与分布、旋转与缩放、形状样式等。总的效果如图 15-1 所示。

图 15-1　新浪微博标志效果图

任务 1　绘制与编辑主体图形

▶ 任务描述

掌握图形绘制的基础操作，学习新建图形、修改图形、设置图形等。

▶ 任务实施

▌1. 基本形状绘制

首先新建一张空白幻灯片,在"开始"选项卡的"绘图"组中,有多种图形可供需要时使用。选择椭圆,在幻灯片中绘制一个椭圆。修改"形状填充-其他填充颜色"为(R:218,G:37,B:28);修改"形状轮廓"为无轮廓。

▌2. 添加顶点修改图形形状

为图形添加顶点,首先要进入编辑顶点状态。右击图形,在快捷菜单中选择"编辑顶点"命令。此时,椭圆的上、下、左、右出现了4个黑色顶点,默认为"平滑顶点",通过右键快捷菜单可更改顶点属性为直线点或角部顶点。当选中顶点时,顶点两侧会出现一对控制手柄。如顶点状态为"平滑顶点",则两侧手柄长度一致,并且不可单独控制;如顶点状态为"直线点",则两侧手柄长度可以不一致,但移动手柄时仍然同步;如顶点状态为"角部顶点",则可分开控制两侧手柄。手柄长度不一致,该顶点两侧的曲线就会呈现不一样的弧度。

增加适量顶点,调整顶点位置与属性,通过手柄调整曲线弧度,呈现如图15-2所示形状。

图15-2 新浪微博标志顶点分布

▌3. 绘制其余元素

在红色元素上,绘制一个椭圆图形并将其进行逆时针旋转约10°,旋转的方法有3种:①在"绘图"组中选择"排列"→"旋转"→"其他旋转选项"命令;②右击形状,选择"大小和位置"命令,直接在"旋转"参数栏中输入旋转度数;③单击图形,出现一个绿色的控制点,对该点进行拖动,可以让图形旋转。另外,在第 2 种方法中,也可以对图形进行 90°和 180°旋转。

以同样的方法绘制黑色椭圆、两个白色小椭圆,按步骤 2 的方法绘制橙色元素,效果如图 15-3 所示。

图 15-3　图案部分效果图

4. 组合各元素

主体图形绘制好后,可以将所有图形组合到一起,便于后续操作。组合的方法有两种:①全选图形后,选择"绘图"组中的"排列"→"组合"命令;②全选图形后,右击,选择"组合"→"组合"命令,如图 15-4 所示。

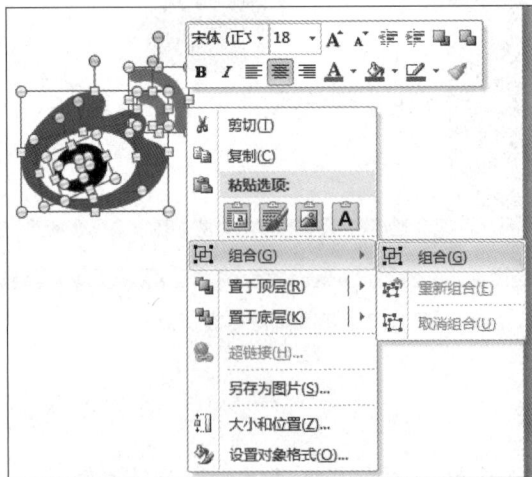

图 15-4　图形的组合

任务 2   绘制与编辑背景图形

▶ 任务描述

掌握图形绘制的基础操作,学习图形的形状效果、对齐方式等。

▶ 任务实施

1. 基本形状绘制

绘制一张正方形的背景图,形状填充设置为"白色 背景 1 深色 25％",轮廓填充设置为无轮廓。

形状效果内有多种预置,每种预置后面都有效果图,可根据效果图进行选择使用。另外,艺术字的填充、轮廓、效果均与之类似。这里选择阴影,效果如图 15-5 所示。

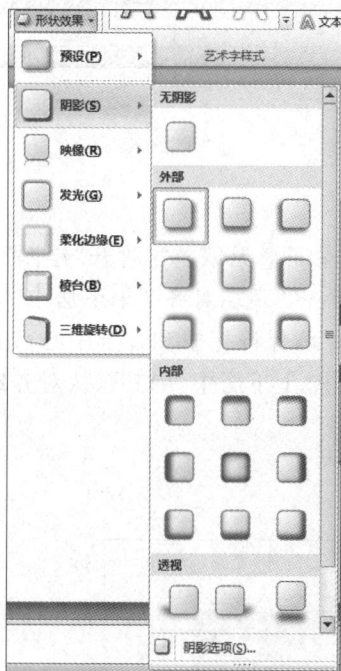

图 15-5   背景形状效果设置

2. 层顺序设置

绘制好背景图形后,将标志和背景组合,会发现背景将标志遮挡,这时可以调整图形的层顺序。调整的方法有 3 种:①在"绘图"组中的"排列"下拉菜单中选择"上移一层"或"下移一层"命令;②右击图形,选择"置于顶层""置于底层"或"上移一层""下移一层"命令;

③打开选择窗格,通过上箭头、下箭头移动层顺序。本任务使用第 2 种方法将背景置于底层,效果如图 15-6 所示。

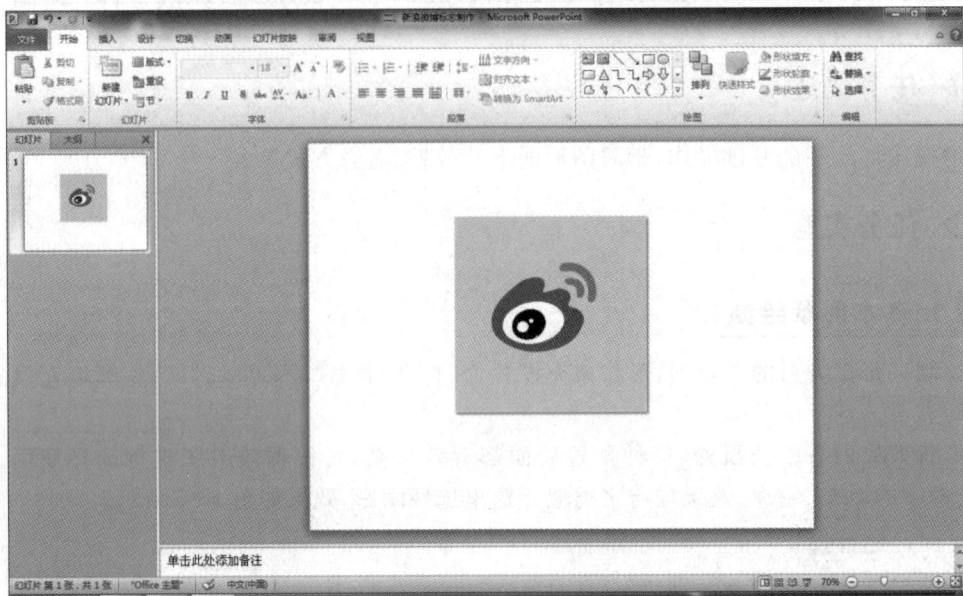

图 15-6　图层顺序设置

3. 将标志与背景对齐

此时需要将标志和背景通过命令来对齐,才能保证毫无偏差。打开"绘图"组中的"排列"→"对齐"菜单,其中有"左对齐""左右居中""右对齐""顶端对齐""上下居中""底端对齐"等对齐方式。先后选择"左右居中"和"上下居中"命令,保证标志和背景中心对齐。若要使标志位于幻灯片正中心,则仅选择图形,使其左右居中、上下居中,则其默认对齐幻灯片正中心,如图 15-7 所示。

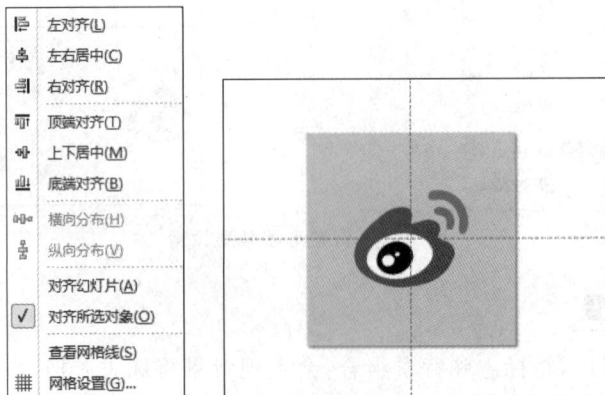

图 15-7　图形对齐效果

项目小结

本项目是学习 PowerPoint 2010 中图形的绘制、修改、排列等。重点和难点是顶点的编辑。

拓展训练

制作节水标志，完成后的效果如图 15-8 所示。

图 15-8　节水标志

针对"节水标志"，完成如下操作：
（1）绘制基本形状并填充颜色。
（2）添加顶点修改图形形状。
（3）正确排放图形顺序。

学习总结

本项目所用软件	
项目中包含的知识和操作技能	
你已熟知或掌握的知识和操作技能	
你认为还有哪些知识和技能需要强化	
项目中可使用的 Office 技巧	
学习本项目之后的体会	

项目 16　制作成绩单及图表幻灯片

在本项目中，将通过成绩单及图表的幻灯片制作，学习在 PowerPoint 演示文稿中插入和编辑表格、图片的方法。完成的效果如图 16-1 所示。

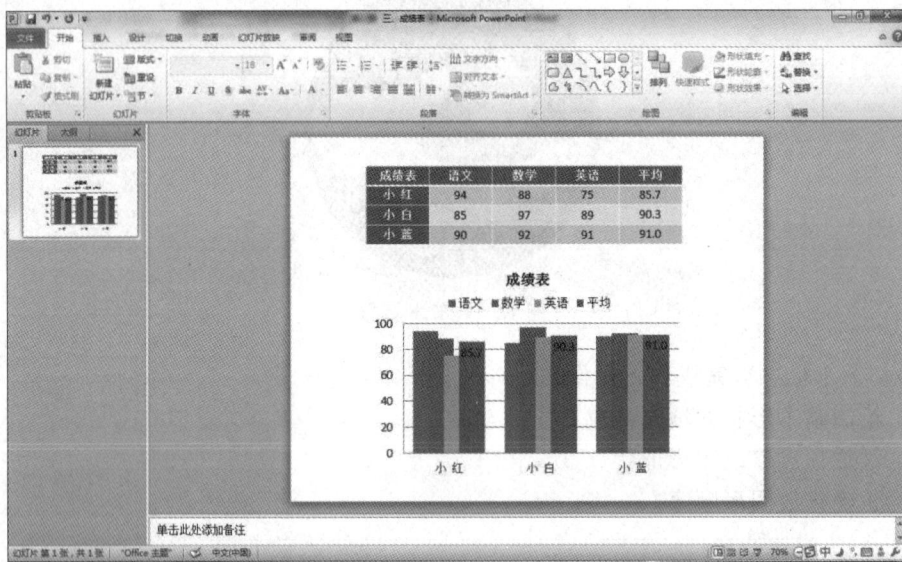

图 16-1　成绩单及图表效果

任务 1　编辑表格

▶ 任务描述

掌握表格的插入、编辑、数据录入、设计等。

▶ 任务实施

1. 在幻灯片中插入表格

首先新建一张幻灯片，在"插入"选项卡中单击"表格"下拉按钮，在下拉菜单中可以直接选择表格的行数和列数,也可以选择"插入表格"命令手动输入行数和列数,或选择"Excel 电子表格"直接插入 Excel 表格。

插入一个 4 行 5 列的表格,在"设计"选项卡中可以选择预置的表格样式,如"中度样式 2-预置 2",如图 16-2 所示。

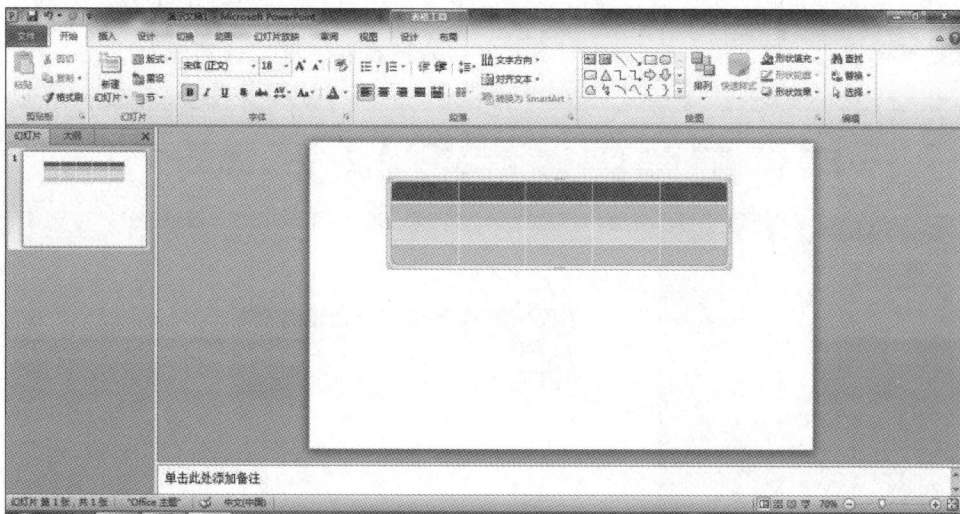

图 16-2 插入表格效果

2. 根据需要调整表格参数

表格样式选择好后,可以根据需要对其颜色进行调整,也可对其边框等样式进行修改。在本任务中,将"姓名"列以深红色底色予以强调。修改的方法为:在"表格工具:设计"选项卡中,选中"表格样式选项"组中的"第一列"复选框,效果如图 16-3 所示。

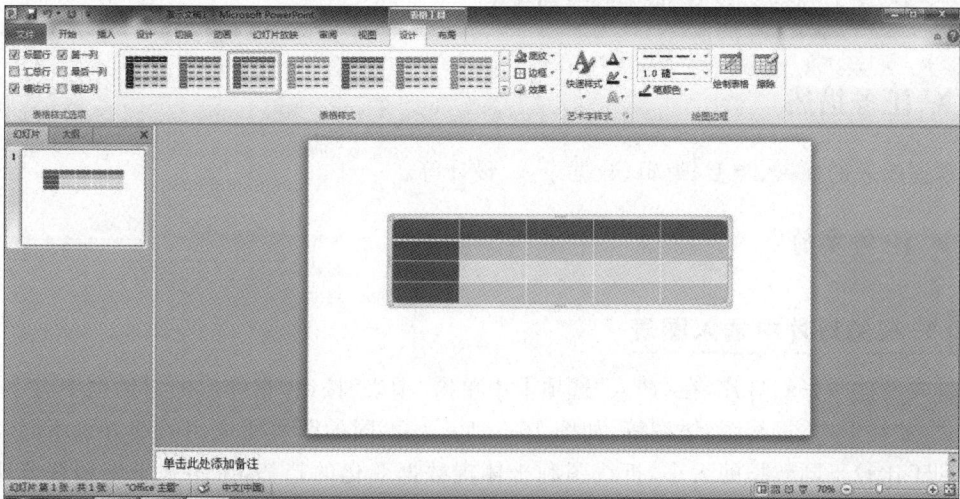

图 16-3 插入表格效果

3. 输入并计算数据

依次输入成绩表中的姓名、科目、各科成绩、平均成绩等。直接插入的表格是不能进行函数运算的,需要在 Excel 中将平均分算好再复制至表格中。若想直接在演示文稿中进行函数运算,则需要在插入表格时选择"Excel 电子表格"。函数的运算方法在前文中已做介绍,此处不再详述。数据输入后,居中对齐文字。最终效果如图 16-4 所示。

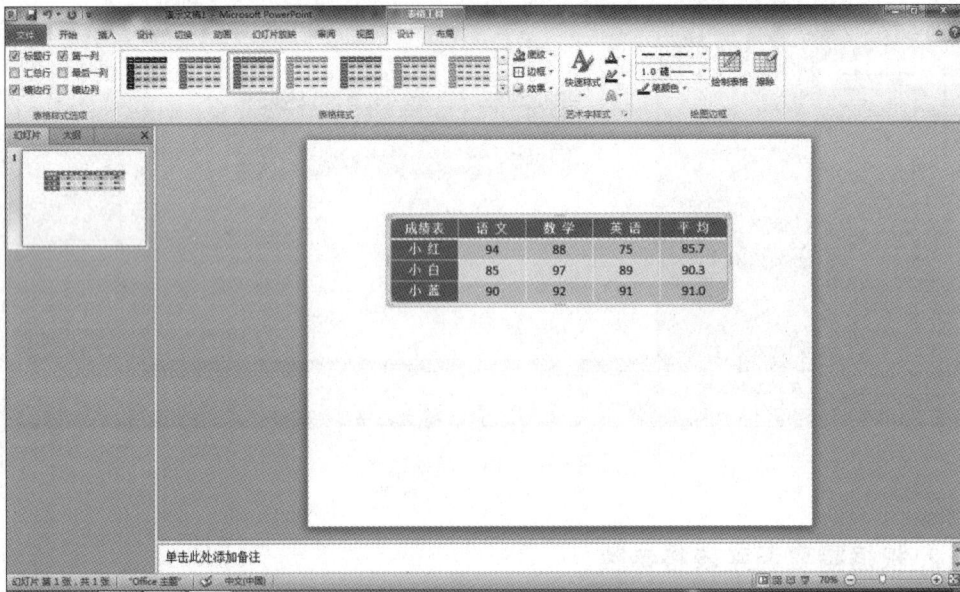

图 16-4　表格输入数据效果

任务2　编辑和应用图表

▶ 任务描述

掌握图表的插入、类型、编辑、数据录入、设计等。

▶ 任务实施

1. 在幻灯片中插入图表

首先新建一张幻灯片,在"插入"选项卡中单击"图表"按钮,在弹出的对话框中有多种图标样式,如柱形图、折线图、饼图等,如图 16-5 所示。不同的图表所应用的地方也不同,如柱形图利于比较不同数据的大小,折线图利于体现数据变化的趋势,饼图利于展示百分比等。在使用图表的时候,一定要注意选择合适的图表样式。

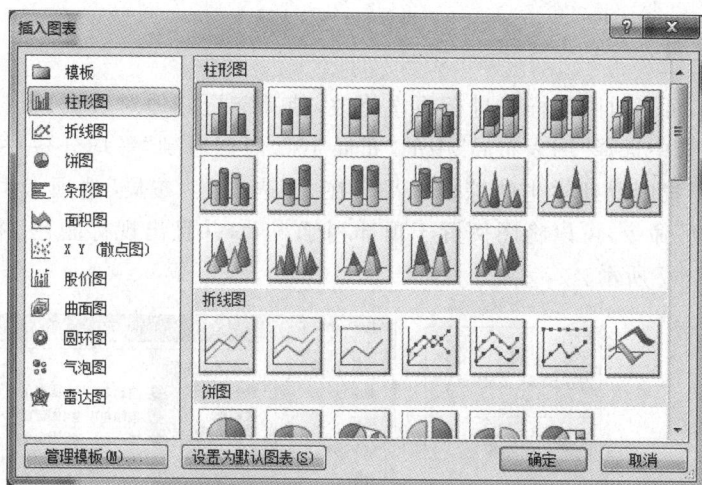

图 16-5 插入图表的样式

2. 输入图表数据

选择图表的样式后,会自动弹出 Excel 窗口,此时屏幕被分为左右两个部分,左侧为 PowerPoint 演示文稿,右侧为 Excel 表格。图表的数据来源需要在 Excel 中输入,对 Excel 表格中的数据进行修改时,图表也会发生实时的变化,如图 16-6 所示。数据输入完成后,直接关闭 Excel 即可;若需再次打开,在"图表工具:设计"选项卡中单击"编辑数据"按钮,或在幻灯片中右击图表,选择"编辑数据"命令,则可再次弹出 Excel。

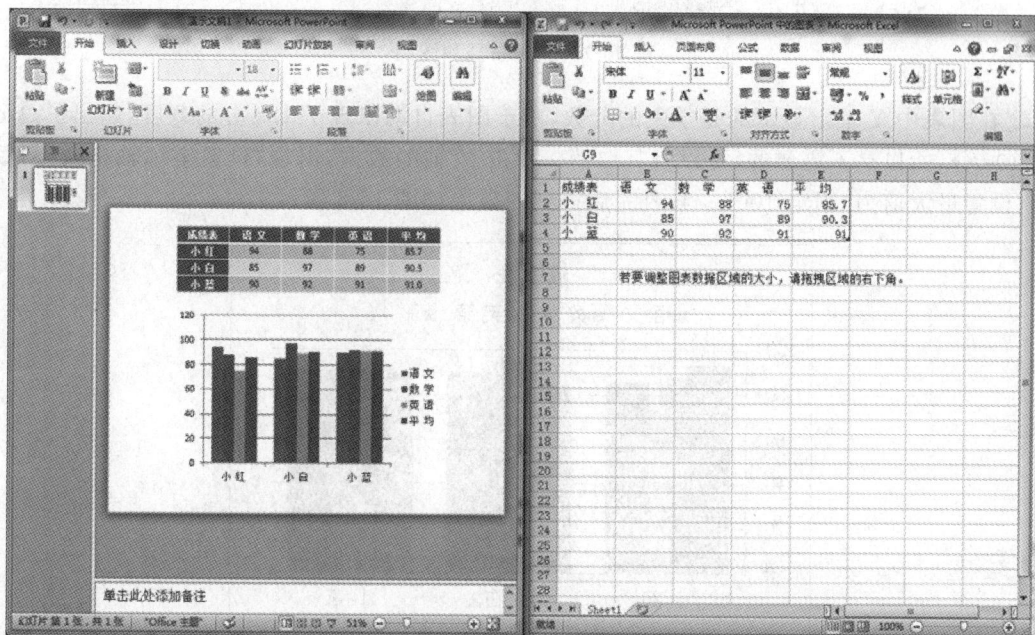

图 16-6 图表数据输入

3. 图表设置

输入数据后,可以对图表样式进行再次修改,使其能更好地对数据进行展示。在"图表工具:设计"选项卡中选择"图表布局"中的"布局10",可以看到"平均分"一栏的数据出现在柱状图上,更利于我们看到学生的综合水平。在"图表工具:布局"选项卡中选择"图例"→"在顶部显示图例"命令,可以将图例置于顶部利于观看,并且出现标题栏,将标题栏修改为"成绩单",如图16-7所示。

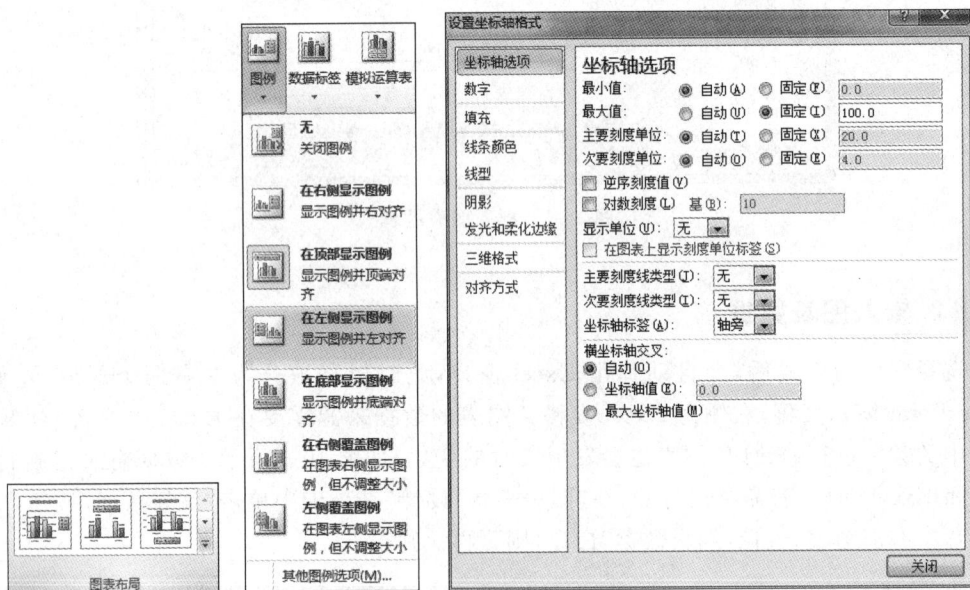

图 16-7 图表布局和图例

在图表中 Y 轴上显示的是学生的分数,由于图表自动出现了 120 分的刻度,超出了总分的 100 分,所以是不需要的,可以将其取消。双击 Y 轴的数据,出现"设置坐标轴格式"对话框,设置最大值为"固定-100"。修改完后得到的效果如图 16-8 所示。

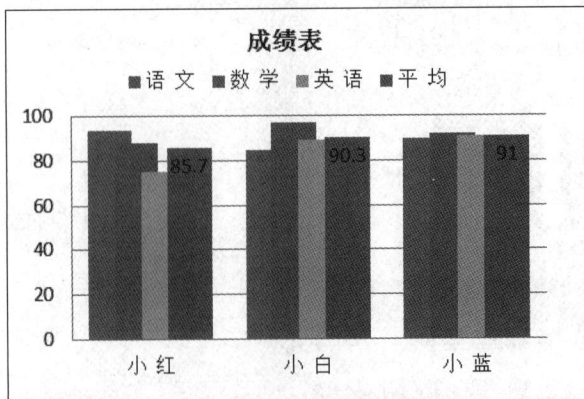

图 16-8 设置图表后的效果

项目小结

本项目是学习 PowerPoint 2010 中图表的编辑、图表的绘制等。重点是表格的编辑,难点是图表数据设置。

拓展训练

制作销量图表,完成后的效果如图 16-9 所示。

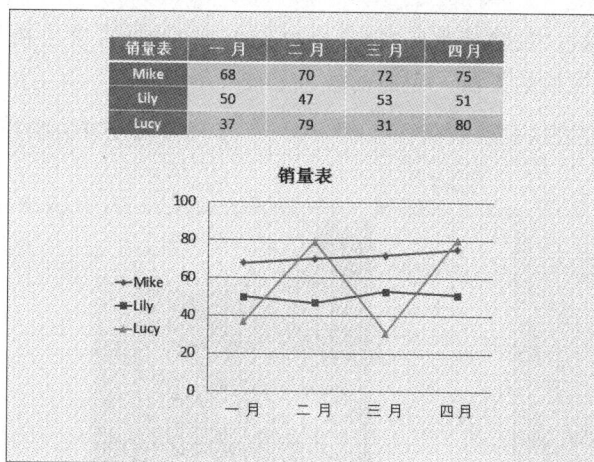

图 16-9　销量表

针对《销量图表》幻灯片完成如下操作。

(1) 插入表格并运用设计模板。

(2) 制作销量表图表,选择图表为折线图。

(3) 设置表头为"销量表",更改图例位置为左侧。

学习总结

本项目所用软件	
项目中包含的知识和操作技能	
你已熟知或掌握的知识和操作技能	
你认为还有哪些知识和技能需要强化	
项目中可使用的 Office 技巧	
学习本项目之后的体会	

项目 17   制作《鸟瞰新重庆》视频播放幻灯片

在本项目中，将通过《鸟瞰新重庆》视频播放幻灯片的制作，学习在 PowerPoint 2010 演示文稿中插入音频和视频的方法。完成的效果如图 17-1 所示。

图 17-1   《鸟瞰新重庆》视频播放幻灯片

任务   插入音频和视频

▶ 任务描述

掌握幻灯片音频和视频的插入、编辑、播放等。

▶ 任务实施

1. 新建封面幻灯片

新建一张幻灯片,设置背景为"浅色下对角线",插入图片"鸟瞰新重庆"。

2. 插入音频

选择"插入"选项卡,在"媒体"组中选择"音频"→"文件中的音频"命令,在弹出的对话框中选择相应的音频文件。在载入的图标中,我们可以对其进行大小的调节、试听及设置音量,如图 17-2 所示。

图 17-2　插入音频

3. 设置音频播放

在"播放"选项卡中,设置开始为"自动",选中"放映时隐藏""循环播放,直到停止""播完反会开头"复选框,如有需要,也可以裁剪音频及设置淡入淡出效果,如图 17-3 所示。

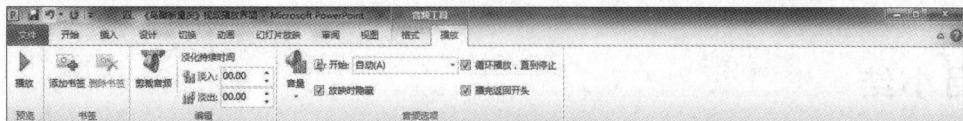

图 17-3　设置音频播放

4. 插入视频幻灯片

新建一张幻灯片,选择"插入"选项卡,在"媒体"组中选择"视频"→"文件中的视频"命令,在弹出的对话框中选择相应的视频文件。在视频文件的界面上,可以调整画幅大小、音量等,也可以在"格式"选项卡中调节颜色、视频形状、视频边框、视频效果、旋转等,如图 17-4 所示。

图 17-4　设置视频格式

5. 设置视频播放

与音频播放设置类似,也可对视频播放进行设置,这里设置开始为"自动",选中"全屏播放"复选框,如图 17-5 所示。

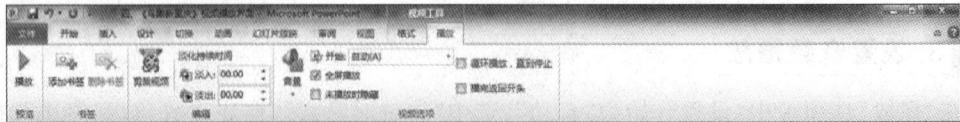

图 17-5　设置视频播放选项

项目小结

本项目主要学习 PowerPoint 2010 中音视频的插入、设置、播放等。重点和难点是音频和视频的播放设置。

拓展训练

制作《茉莉花》视频播放幻灯片,完成后的效果如图 17-6 所示。

图 17-6 《茉莉花》音视频播放页面

针对《茉莉花》视频播放幻灯片完成如下操作。

(1) 插入音频歌曲《茉莉花》并调节音量。

(2) 插入视频《茉莉花》舞蹈。

(3) 设置视频播放为自动播放、全屏播放。

(4) 修改背景样式。

学习总结

本项目所用软件	
项目中包含的知识和操作技能	
你已熟知或掌握的知识和操作技能	
你认为还有哪些知识和技能需要强化	
项目中可使用的 Office 技巧	
学习本项目之后的体会	

项目 18 制作《重庆欢迎您》动画

在本项目中,将通过小动画的制作,学习在 PowerPoint 2010 演示文稿中为幻灯片和文字、图片等添加动画的方法。完成的效果如图 18-1 所示。

图 18-1 动画制作效果

任务 1 制作文字动画

▶ 任务描述

通过本任务,学会如何为幻灯片中的对象添加动画效果。

▶ 任务实施

1. 插入艺术字

插入艺术字"重庆欢迎您",选择"插入"选项卡,在"文本"组中的"艺术字"下拉列表中选择"填充蓝色、强调文字颜色1、金属棱台、映像"，修改字体为方正舒体、72磅。

2. 为艺术字添加动画效果

选择"动画"选项卡，在"动画"组中选择"随机线条"，可以看到文字左上角出现了一个小序号，在"动画"选项卡中打开动画窗格，可以看到动画窗格中有一个动作记录，此时已为文字添加了一个动画效果。

如果要为同一个文字添加多个效果，则不能在"动画"选项卡中直接选择，而要在动画窗格中选择"添加动画"，方可添加一个新的动画。此处添加动画为"脉冲"，如图18-2所示。

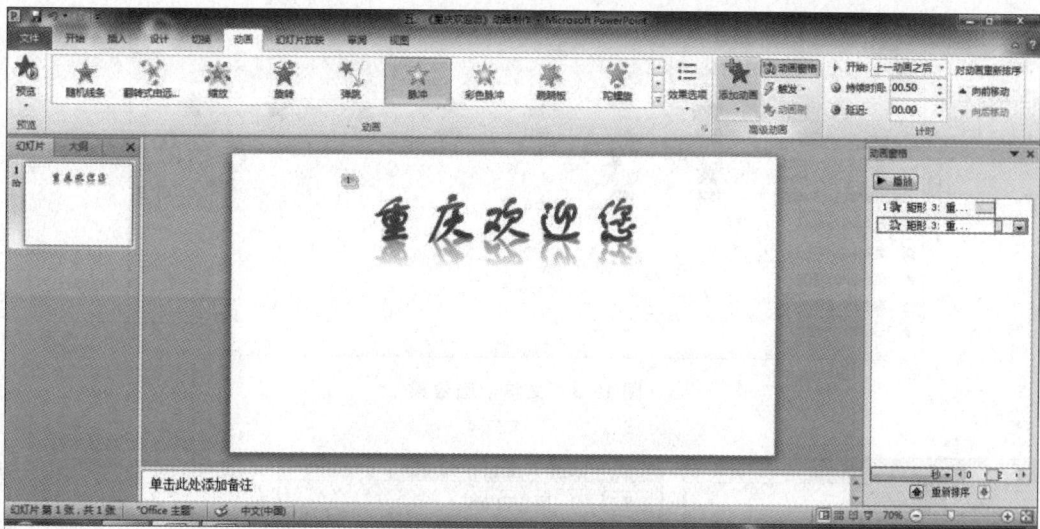

图 18-2　为文字添加动画效果

3. 预览动画效果

除了添加"随机线条"效果外，还可以在下拉菜单中选择更多的效果，并可以单击左上角的"预览"按钮进行预览。预置的效果有如图18-3所示的多种。

4. 设置动画效果

右击动画窗格中的矩形名称，可以设置效果选项和计时等。在"效果"选项卡中分别设置两个动作的声音为内置的 wind. wav 和 whoosh. wav，在"计时"选项卡中为第2个动画选择从"上一动画之后"开始，其他参数也可根据需要调节。另外，"计时"栏在"动画"选项卡中也有面板可以直接调节动画选项，并可以通过排序调节动画的先后顺序，如图18-4所示。

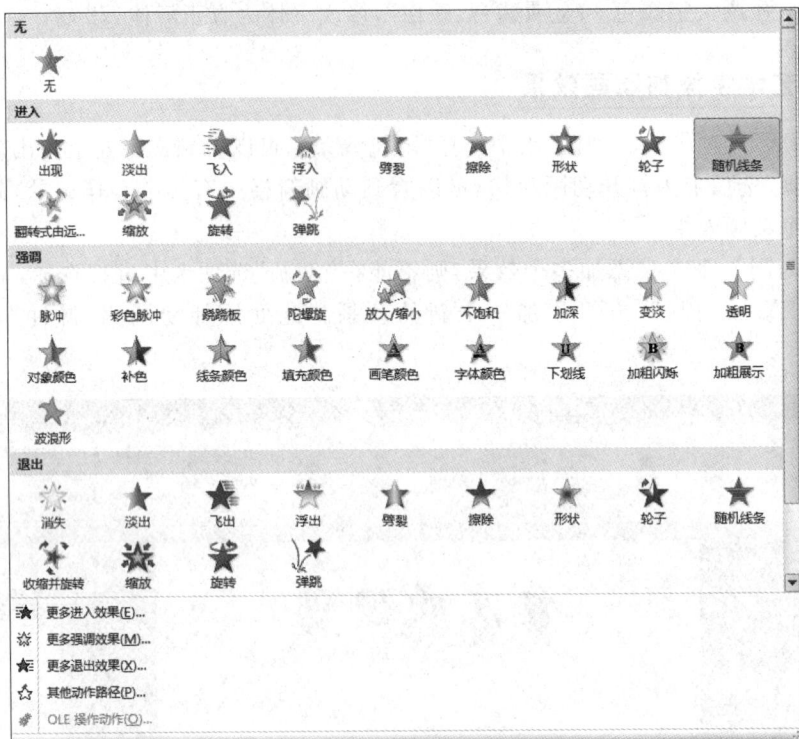

图 18-3　文字动画效果

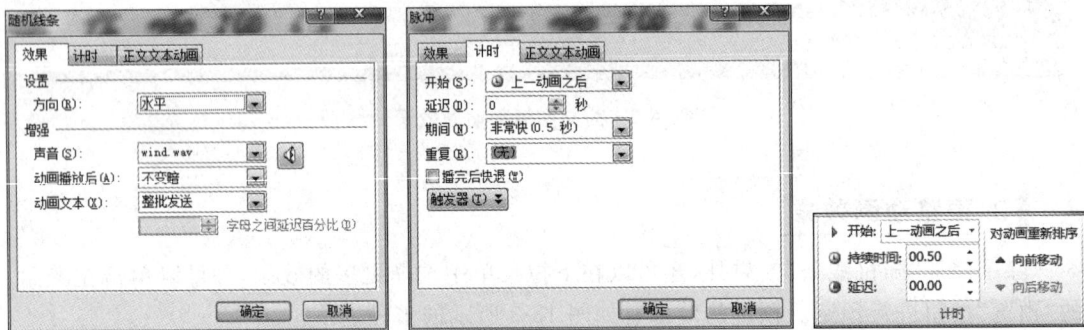

图 18-4　动画效果设置

任务 2　制作图片动画

▶ 任务描述

通过本任务,学会如何为幻灯片中的图片添加动画效果。

▶ 任务实施

▌1. 插入图片并裁剪

插入图片后,可以对图片大小和位置进行调整。如果图片内容大小不合适,需要对图片进行裁剪。裁剪的方法为右击图片,单击快捷菜单中的"裁剪"按钮,如图 18-5 所示。

图 18-5　图片裁剪

▌2. 为图片添加动画效果

插入图片并缩放对齐后,依次为 3 张图片添加动画"轮子"。在"动画"选项卡的"计时"组中设置"开始"为"上一动画之后",设置"持续时间"为"02.00"。将前两张照片的声音设置为"风铃",第 3 张照片设置为"鼓掌"。完成后,可在播放时看到连续动态的影响,如图 18-6 所示。

图 18-6　幻灯片动画播放效果

项目小结

本项目是学习 PowerPoint 2010 中动画的制作,包括进入动画、强调动画、退出动画等。重点是添加动画,难点是设置动画。

拓展训练

制作《Office》幻灯片动画,完成后的效果如图 18-7 所示。

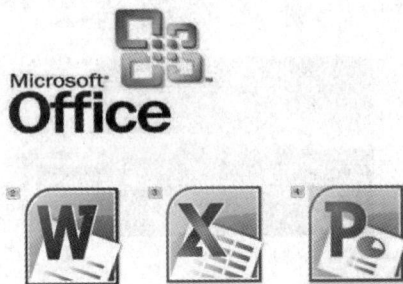

图 18-7　幻灯片动画播放效果

针对《Office》幻灯片动画完成如下操作。

(1) 设置 Office 标志的进入方式为"飞入"。

(2) 设置 Word、Excel、PPT 3 张图片的动画为"劈裂"。

(3) 设置开始为自动。

(4) 设置持续时间为 1 秒。

(5) 设置延迟为 0.5 秒。

(6) 设置声音为"风声"。

学习总结

本项目所用软件	
项目中包含的知识和操作技能	
你已熟知或掌握的知识和操作技能	
你认为还有哪些知识和技能需要强化	
项目中可使用的 Office 技巧	
学习本项目之后的体会	

第 5 篇

常用工具软件的使用

项目 19　压缩软件——WinRAR

　　压缩软件的功能实际上是使用一种算法,将一个容量比较大的文件压缩得很小,从而使文件能够被快速、方便地传递,同时还可以节约大量的硬盘空间。当我们需要使用某个压缩文件时,再通过一种算法将文件数据还原(即解压缩)。

　　目前流行的压缩软件种类很多,WinRAR 是使用较多的一种。其主要功能是在Windows 的操作环境下,对.rar 格式的文件进行管和操作。同时,WinRAR 软件还支持多种压缩格式,可以为许多其他格式的文件解压缩,操作界面友好,使用方便,具有较高的压缩率和压缩速度,深受广大用户的喜爱。

　　常见的压缩文件有两种格式,文件扩展名分别为.rar 和.zip。在安装有 WinRAR 软件的计算机中,这两种格式文件显示的图标是一样的,使用 WinRAR 可以对此类文件进行相应的操作。本项目将以 WinRAR 5.21 64 位软件的使用操作为例,介绍其常用基本功能,其主界面如图 19-1 所示。

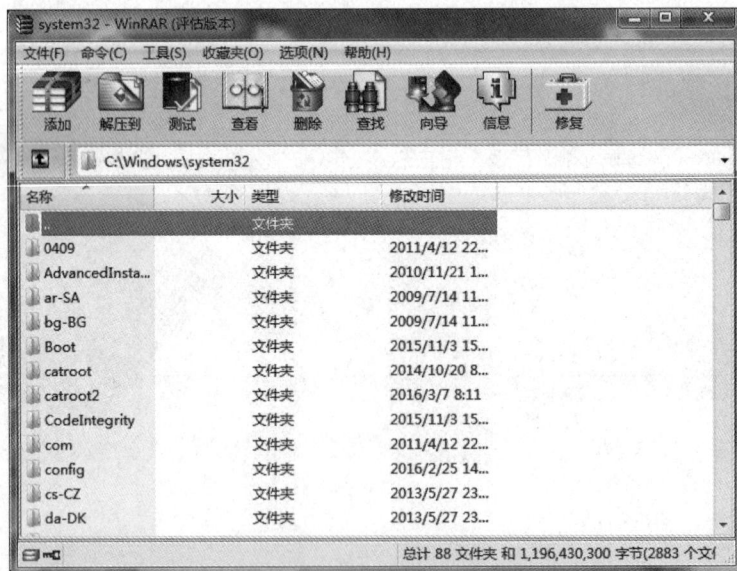

图 19-1　WinRAR 主界面

1. WinRAR 的启动

启动 WinRAR 有 3 种常用的方式。

（1）从"开始"程序菜单中启动。

（2）与 Windows 环境下许多应用程序的使用一样，通过双击压缩文件图标，可以启动 WinRAR 软件。

（3）计算机系统中一旦安装了 WinRAR 软件，其一些基本命令已经集成到快捷菜单中，可以通过右击需要操作的文件，弹出快捷菜单，完成一些基本操作，如图 19-2 和图 19-3 所示，这种操作方式方便快捷，使用较广泛。

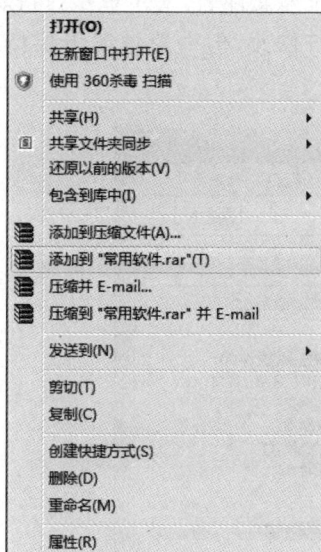

图 19-2　压缩文件快捷菜单

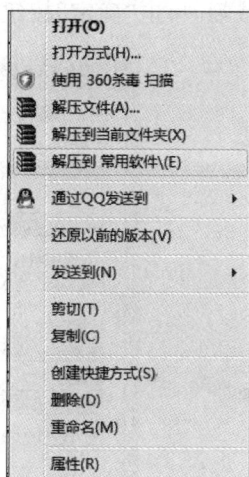

图 19-3　解压文件快捷菜单

2. 创建压缩文件

1）用快捷方式创建压缩文件

在实际应用中，我们往往不需要直接启动 WinRAR 软件，用快捷方式就可以直接创建压缩文件，其操作的过程十分方便快捷。例如，在计算机 E 盘有一个"常用软件"文件夹，我们希望将它压缩成同名的压缩文件，并存放在被压缩文件所在的位置，具体操作方法如下。右击"常用软件"文件夹，出现如图 19-2 所示的快捷菜单，选择"添加到'常用软件.rar'"命令，开始创建压缩文件，压缩过程如图 19-4 所示。由于被压缩文件或文件夹的容量大小不相同，压缩过

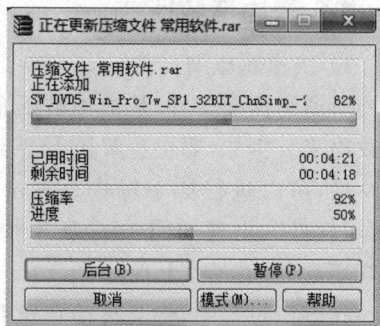

图 19-4　文件压缩过程

程所用的时间也不相同。当文件压缩完成以后，在系统当前位置中会出现一个名称为"常用软件"的压缩文件。通过分析比较该文件夹在压缩前后容量大小的变化，可以看出文件被压缩的程度，一般来说，文本类文件的压缩率要大些，而图形类文件的压缩率则相对较小。

2）在 WinRAR 主界面中创建压缩文件

启动 WinRAR，出现 WinRAR 主界面如图 19-1 所示，首先在地址栏找到自己所要压缩文件的盘符。在主窗口中查到自己想要压缩的文件或文件夹，如果想一次压缩多个文件或文件夹，则在按住 Ctrl 键的同时，单击鼠标选中需要压缩的文件或文件夹。单击工具栏上的"添加"按钮，出现图 19-5 所示界面，可以设置压缩选项。单击"常规"选项卡中的"浏览"按钮，可以选择压缩文件需要保存到的目标位置。在"压缩文件名"文本框中，可以更改压缩文件的名称。还可以根据自己的需要，对其他选项进行修改，但一般情况下保持默认设置即可。设置完成后，单击"确定"按钮开始压缩文件。

图 19-5 "压缩文件名和参数"对话框

3. 解压缩文件

1）快速解压缩文件

所谓解压缩文件，是指将被压缩的文件从压缩包中释放出来。例如，要快速解压一个名为"常用软件"的压缩文件，可以进行如下操作。右击需要解压缩的文件"常用软件"，出现如图 19-3 所示快捷菜单，选择"解压到常用软件"命令，出现如图 19-6 所示的解压进度窗口。在解压过程中，将会自动在压缩文件所在的文件夹里，新建一个和压缩文件名称相同的文件夹，然后将压缩文件解压到这个文件夹中。当解压过程完成以后，在

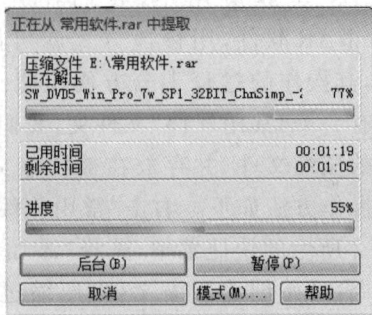

图 19-6 解压速度

压缩文件所在的位置多了一个名为"常用软件"的文件夹,在这个文件夹中所存放的文件就是压缩文件解压后的文件。

2)解压文件到指定位置

例如,现有一个文件名为"常用软件"的压缩文件,我们希望将它解压到 E:\download 文件夹下,其操作步骤为:右击"常用软件"文件,在出现的快捷菜单中选择"解压文件"命令,出现如图 19-7 所示的界面。在"常规"选项卡中,"目标路径"文本框中的默认解压位置是与压缩文件所在位置的文件夹相同的,直接从对话框右边的窗格中选择 E:\download 文件夹。保持其他默认选项的设置不变,单击"确定"按钮开始解压。解压完成后,可以在 E:\download 文件夹位置中找到解压后的文件。

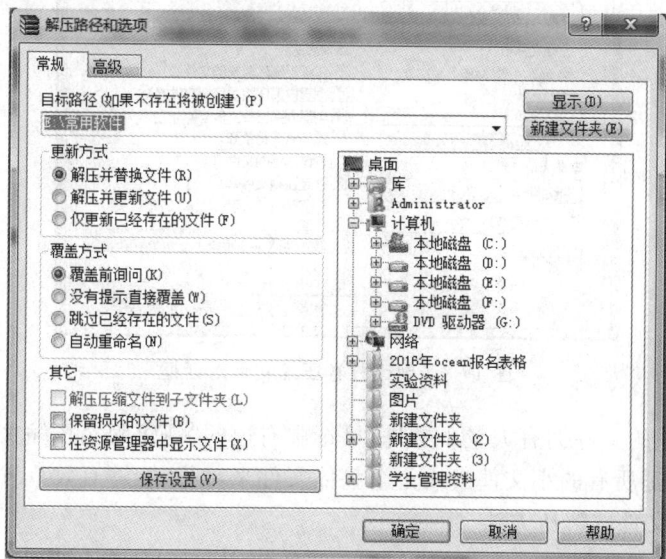

图 19-7 "解压路径和选项对话框"

3)在 WinRAR 主界面中解压文件

双击压缩文件,打开 WinRAR 程序的主窗口,可以看到压缩文件内的所有文件列表。如果需要解压某个文件,首先选定该文件,然后单击主窗口工具栏"解压到"按钮,出现如图 19-7 所示的对话框,按照前面介绍的操作步骤即可完成解压。

4. 分卷压缩文件操作

当我们上传视频或资料时,可能经常会遇到文件大小受到限制的问题,需要对文件进行分卷压缩。在下载文件的时候,也可能会遇到分卷压缩的视频或资料。所谓分卷压缩,就是指把一个比较大的文件进行压缩时,根据需要大小,分别压缩成若干个小的文件,以便于储存、邮件发送等。例如,对于一个 1GB 大小的文件,如果想分成 250MB 一个的压缩包,使用 WinRAR 分卷压缩功能,就会分卷压缩出 4 个文件,每个文件都是一样的名字,就是扩展名中会多一个 01、02 这样的序号。

1）文件分卷压缩的方法

首先，右击要分卷压缩的文件，在快捷菜单中选择"添加到压缩文件"命令，出现如图 19-8 所示界面。选择"压缩方式"为"最好"，在左下角的"切分为分卷，大小"下拉列表框中选择压缩的分卷大小，或者自己设定需要的单个分卷文件大小。填写大小时要带上单位，最后单击"确定"按钮，开始压缩生成多个分卷压缩文件。

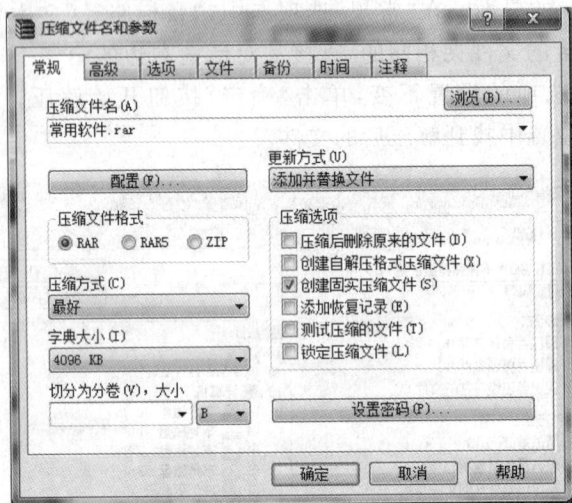

图 19-8 创建分卷压缩文件对话框

如果需要压缩的文件拥有大量小文件，可选中右边的"创建固实压缩文件"复选框，效果会更加好些，它会把所有的小文件当成一个整体文件来对待，能够有效节省空间。

2）分卷压缩文件的解压方法

将所有压缩分卷全部放到一个文件夹内，然后用 WinRAR 解压其中一个，就可以生成文件了。如果在解压分卷压缩文件时，提示"需要下一压缩分卷"，可能产生的原因是压缩分卷不全，或者压缩分卷文件名被改动了。如果是前者的话，必须补全漏掉的分卷文件；如果是后者的话，只须把压缩分卷名修改一致即可解压了。

5. 创建加密的压缩文件

随着社会信息化程度的提高，计算机的应用已经普及各个领域，电子文档的传递也越来越广泛，如何保障信息传递的安全，就显得尤为重要。利用 WinRAR 程序的加密功能，可以对压缩文件进行加密，增加数据的安全系数，能有效保护我们的一些重要文件，减少信息泄露的可能性。创建加密的压缩文件具体操作步骤如下。

（1）右击要加密的文件夹，在弹出的快捷菜单中选择"添加到压缩文件"命令，弹出如图 19-9 所示的对话框。

（2）单击"设置密码"按钮，出现如图 19-10 所示的对话框。在"输入密码"文本框中，输入想给压缩文件设置的密码，在"再次输入密码以确认"文本框中，重新输入一次相同的密码。两次输入的密码必须完全相同，否则将出错。

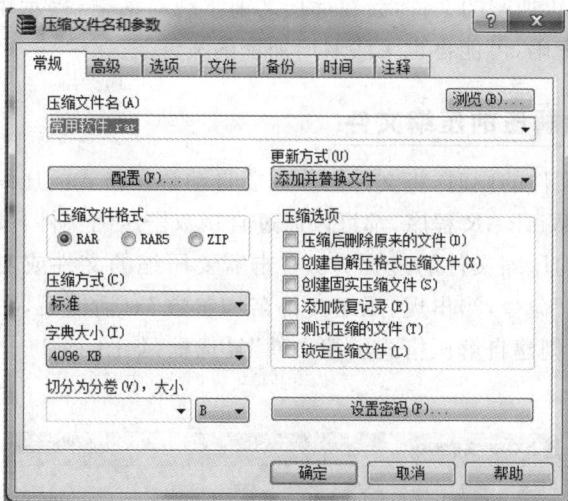

图 19-9 "压缩文件名和参数"对话框中的"高级"选项卡

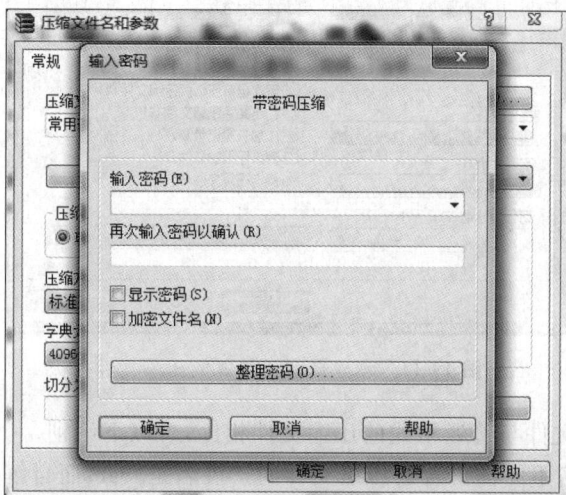

图 19-10 "输入密码"对话框

　　需要说明的是,在设置密码时,在"输入密码"对话框中,如果选中了"加密文件名"复选框,那么在打开该压缩文件时,将首先提示输入密码后,才能看到压缩文件加密后的文件列表;如果没有选中该项,虽然可以看到压缩文件加密后的文件列表,但在所显示的每个文件名后面都会加上一个"*",表示文件被加密了,在没有密码的情况下,无法看到文件的内容。

　　(3)密码设置完成后,单击"确定"按钮,返回"压缩文件名和参数"对话框,再次单击对话框中的"确定"按钮,开始文件加密和压缩的过程,等待压缩加密进度条达到100%,压缩过程结束,退出 WinRAR 程序。

　　此外,启动 WinRAR 软件,选择"文件"→"设置默认密码"命令,也可以对压缩文件进行加密。

使用 WinRAR 解压加密的文件,会在解压之前出现对话框,提示用户输入密码,才能解压文件。如果遗失了密码,可能再也无法取出加密的文件。

6. 创建能自动解压的压缩文件

如果在创建压缩文件的同时,将文件制作成能自动解压格式的压缩文件,那么不管你的计算机中是否安装了 WinRAR 程序,都可以通过直接双击压缩文件自动运行解压。

创建能自动解压的压缩文件的过程为:右击需要压缩的文件或文件夹,在快捷菜单中选择"添加到压缩文件"命令,当出现"压缩文件名和参数"对话框后,在"常规"选项卡的"压缩选项"区域中,选中"创建自解压格式压缩文件"复选框,如图 19-11 所示,然后单击"确定"按钮开始压缩。

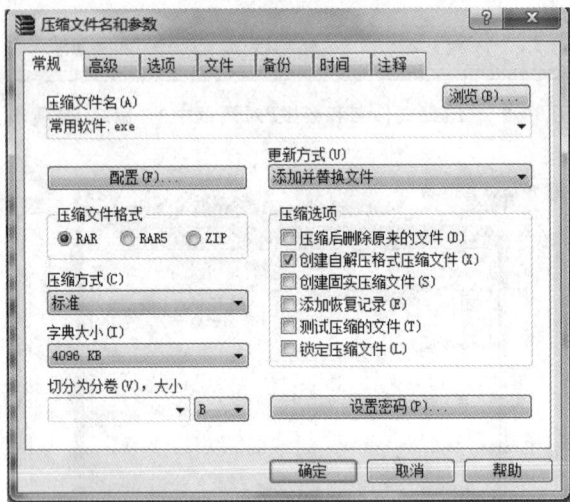

图 19-11　创建自解压格式的压缩文件

自解压格式压缩文件与普通格式的压缩文件相比,有以下区别。

(1) 文件的扩展名不一样。普通压缩文件的扩展名是.rar,而自解压格式压缩文件的扩展名为.exe,为可执行文件,可以通过文件的图标来区分。

(2) 文件的大小不相同。这主要是由于在自解压格式的压缩文件中,包含了一些解压过程中必须使用的程序,不过这些程序是看不到的。

(3) 虽然自解压格式压缩文件的扩展名与许多可执行程序文件一样,但通过查看文件的属性,可以发现它们有不同之处,自解压格式压缩文件的属性比普通程序文件的属性多出一个"压缩文件"的标签。

项目 20　磁盘克隆工具——Ghost

Ghost 软件是一款硬盘备份还原工具软件,俗称克隆软件。这是一个非常实用的工具软件,可以支持 FAT16、FAT32、NTFS、OS2 等多种硬盘分区格式。它的主要功能是对硬盘数据的备份、还原操作,可以将分区或硬盘数据直接备份到一个扩展名为. gho 的文件中(也称为映像文件)。也可以将数据直接备份到另一个分区或硬盘里,当系统损坏时,可以将备份内容还原,以保证系统数据的安全。

新版本的 Ghost 包括 DOS 和 Windows 两个版本,由于 DOS 系统的稳定性高,目前使用 DOS 版本的 Ghost 软件较多一些,建议备份 Windows 操作系统时,使用 DOS 版本的 Ghost 软件。需要特别指出的是,由于 Ghost 的备份还原是以硬盘的扇区为单位进行的,即可以将一个硬盘上的物理信息完整复制,而不仅仅是数据的简单复制,所以在操作时一定要小心谨慎,千万不要把目标盘(分区)弄错了,否则将会把目标盘(分区)的数据全部抹掉,几乎无法恢复。

1. 备份系统

(1) 启动 Ghost 软件,出现如图 20-1 所示界面,单击 OK 按钮,出现 Ghost 主菜单,如图 20-2 所示。选择 Local→Partition→To Image 命令,进入下一步操作。

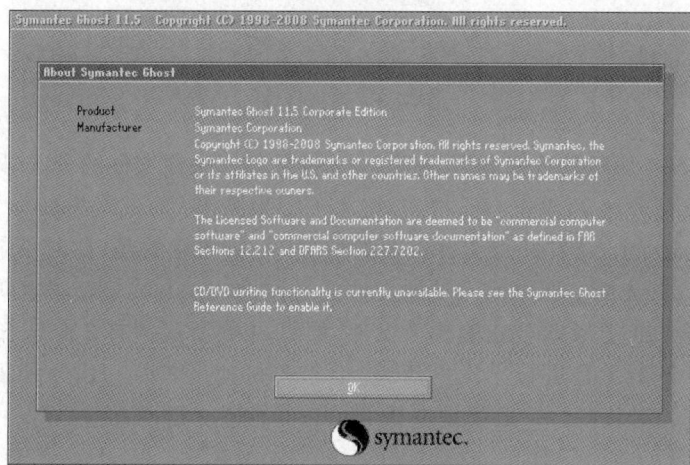

图 20-1　Ghost 主界面

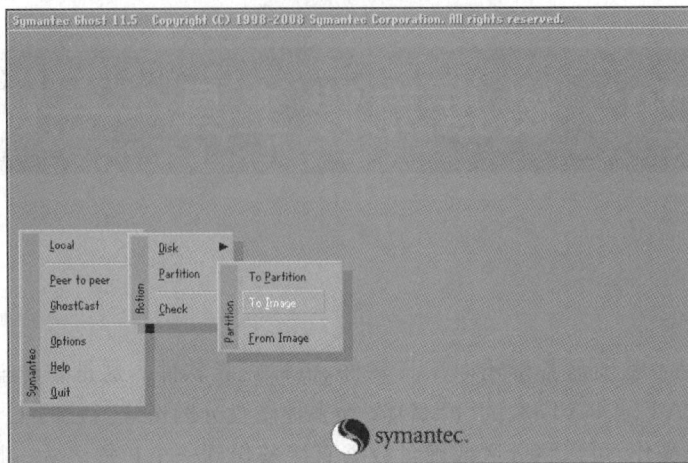

图 20-2　Ghost 备份系统菜单

（2）如图 20-3 所示，选择需要备份的硬盘，单击 OK 按钮，进入下一步操作。

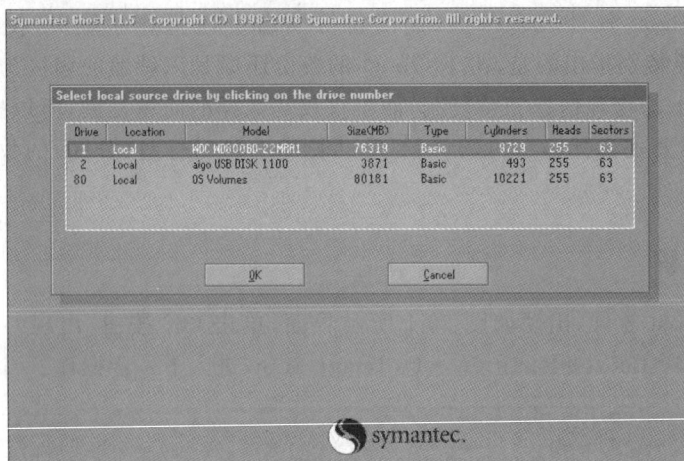

图 20-3　选择硬盘

（3）在如图 20-4 所示的选择分区界面中，选择要制作映像文件的分区（即源分区），如果要对 C 区备份，选择分区 1，单击 OK 按钮，进入下一步操作。

（4）如图 20-5 所示，选择映像文件保存的位置（需要注意的是，此时不能选择需要备份的 C 区），在 File name 文本框中输入映像文件的名称，如 System.gho，然后单击 Save 按钮。

（5）接下来会询问是否需要压缩映像文件，如图 20-6 所示。有 3 个选择项：No 表示不做任何压缩；Fast 的意思是进行小比例压缩，但是备份速度较快；High 是采用较高的压缩比，但是备份速度相对较慢。一般都是选择 High，虽然速度稍慢，但映像文件所占用的硬盘空间会大大降低。

（6）当一切准备工作完成以后，Ghost 开始制作映像文件，如图 20-7 所示。备份速度与 CPU 主频和内存容量等有很大的关系。

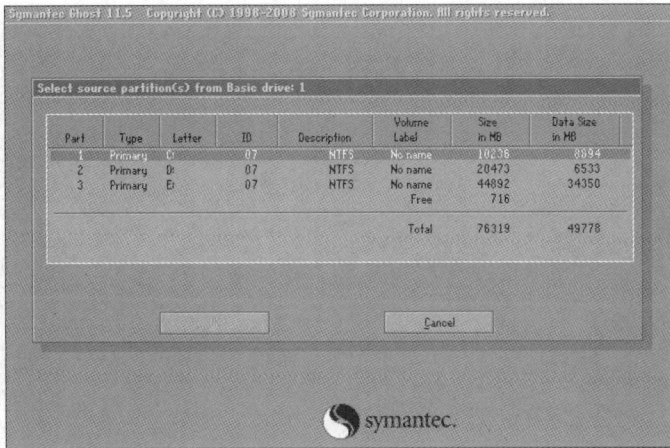

图 20-4　选择分区

图 20-5　选择分区

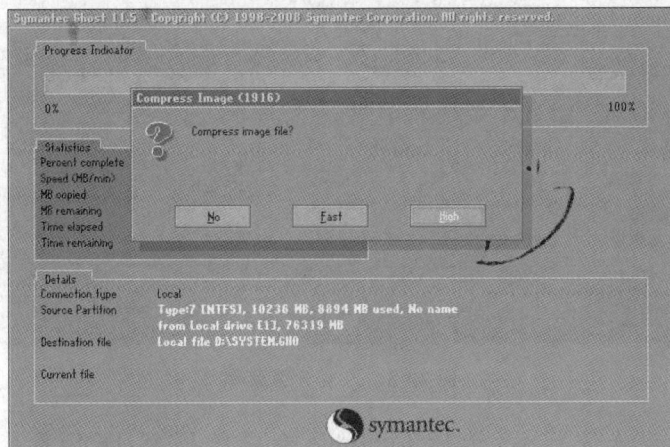

图 20-6　选择分区

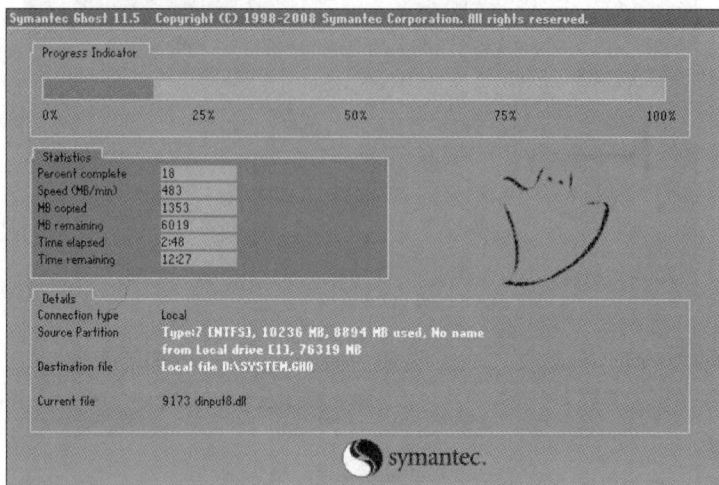

图 20-7　正在进行备份操作

2. 恢复系统

如果硬盘中备份的分区数据受到损坏，用一般数据修复方法不能修复，以及系统被破坏后不能启动，都可以用备份的数据进行完全的复原，而无须重新安装程序或系统。恢复系统是将已经制作好的备份文件还原到相应的分区中去。假设通过上面的操作步骤，我们已经将硬盘 C 区备份成了一个名为 System.gho 的映像文件了，下面简单介绍如何将这个映像文件恢复到 C 区中去。

运行 Ghost，在主菜单中选择 Local→Partition→From Image 命令，找到映像文件存放的位置，如图 20-8 所示，选择恢复映像的目标硬盘和需要恢复的分区（这里为 C 区），不再详细叙述其操作过程。

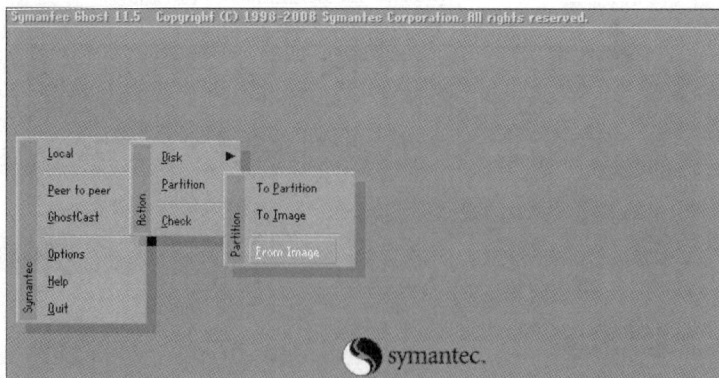

图 20-8　恢复分区菜单

当所有恢复操作完成后，选择 Continue 会继续回到 DOS 系统下，选择 Reset Computer，则重新启动系统。

项目 21　文档阅读器——Adobe Reader

随着计算机网络技术的不断发展,各种电子作品随处可见,书籍无纸化阅读已经成为一种潮流。与传统的图书相比,电子文档具有传播范围广、更新速度快、阅读成本低等许多优点。怎样下载电子文档,如何阅读各种电子图书,都会成为困扰电脑初学者的问题。

PDF(Portable Document Format)文件格式,是由 Adobe 公司开发的一种电子文件格式,可以将文字、字体、格式、颜色及独立于设备和分辨率的图形图像等,封装在一个文件中,即所谓的"便携式文档文件"。PDF 格式文件还可以包含超文本链接、声音和动态影像等电子信息,支持超大文件传输。由于 PDF 文件格式的应用与操作系统平台无关,在不同的操作系统之间传送时,能够保证信息的完整性和准确性,集成度和安全可靠性较高,使之成为在 Internet 上进行电子文档发行和数字化传播的理想文档格式,越来越多的电子图书、产品说明、公司文告、网络资料、电子邮件使用 PDF 格式文件。事实上,PDF 格式文件目前已成为数字化信息的一个标准,在 Internet 上传播的很多信息,都是用 PDF 文件格式保存的,大量的图书,也是用 PDF 文件格式来保存的。

Adobe Reader(也被称为 Acrobat Reader)是美国 Adobe 公司开发的一款优秀的 PDF 文件阅读软件,是专门用来阅读 PDF 文件的阅读器。Adobe Reader 的使用比较简单,启动 Adobe Reader,其主界面如图 21-1 所示。该软件常用的操作功能如下。

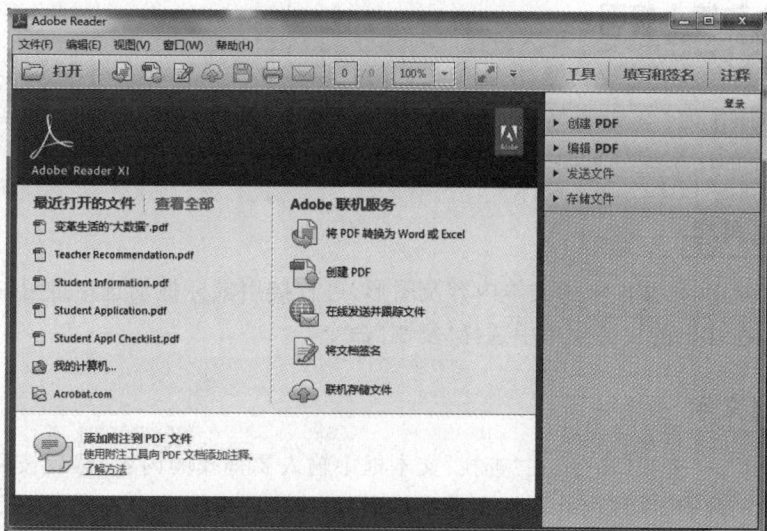

图 21-1　Adobe Reader 的主界面

1. 打开 PDF 文档

打开 PDF 文档，有以下两种方式。

（1）单击工具栏的"打开"按钮，或选择"文件"→"打开"命令，在出现的对话框中选择要打开的文件，然后单击"打开"按钮。

（2）和 Windows 环境下许多应用程序一样，当某个文档与 Adobe Reader 建立关联后，即变为 PDF 文件格式以后，文件图标就会变为 Adobe Reader 所特有的图标，可以通过双击文档图标来打开该文档。

2. 保存 PDF 文档

在网络上打开的 PDF 电子文档，可以通过"另存为"对话框，输入文件名，保存到当前磁盘上。

3. 打印 PDF 文档

选择"文件"→"打印"命令即可打印文档。在文档打印之前，需要进行文档的打印份数、范围、纸张大小等设置。

4. 在网络上阅览 PDF 文档

PDF 文件和 HTML 文件有很多相似之处，使用 Adobe Reader 作为浏览器的插件，可以很方便地浏览网上的 PDF 文件，或者是内嵌了 PDF 页面的网页。在 IE、Netscape 等支持插件的浏览器中，都可以利用 Adobe Reader 来浏览 PDF 文件，使用上与浏览 HTML 网页相似，只是在界面中增加了一排 Adobe Reader 中特有的工具栏。

5. 放大和缩小视图

由于页面具有多级缩放功能，使用户可以轻松调整文件页面的大小，选择合适的页面进行阅览。具体操作为：单击工具栏中的"放大"或"缩小"图标，或单击向下的实心三角形按钮，可以按一定的比率缩放页面。

6. 复制内容

如果想复制 PDF 文件中的文本内容及图形，可直接用鼠标拖动选中欲复制的内容或图片，然后右击，在弹出的快捷菜单中选择"复制"命令。

7. 查找文字

选择"编辑"→"查找"命令，在"查找"文本框中输入要查找的内容，然后按回车键。如果找到所要查找的内容，则该内容用加亮选中标识，继续按回车键可以查找下一个满足条件的内容，直至文件末尾。如果找不到要查找的内容，会弹出信息提示"Acrobat 已完索文档，未找到匹配项目"。

第 6 篇

常用办公设备的使用

项目 22　打印机的使用

本项目以 HP Laserjet 2300L ps 打印机为例，详细介绍打印机的安装和使用过程。

1. 打印机的安装

1）硬件安装

首先需要做的工作就是将打印机和计算机连接起来，这一过程通常称为打印机的硬件连接。按照打印机说明书连接好电源线和数据传输线，确保连接线安装正确，打开电源开关。

在进行打印机的硬件连接时，要注意打印机的摆放位置，以确保打印机工作时不受到任何干扰和影响。通常打印机的摆放位置需要注意以下几点。

（1）打印机不能摆放在过分潮湿的环境，也不能摆放在温度过高的环境下。

（2）摆放打印机的桌面必须稳固牢靠，要保证桌面上干净整洁，并要保证打印机摆放在桌面上时，打印机周围能有足够的预留空间，以便不影响打印机装纸操作。

（3）打印机所处的位置必须通风良好，而且要远离各种电磁设备或热源设备。

2）驱动程序安装

硬件安装完成后，还需要在打印机所连的计算机中安装好打印机的驱动程序。不同型号的打印机，其驱动程序的安装可能有所不同。打印机的驱动程序安装主要分为两种方法：一种是直接安装法；另外一种是手工安装法。所谓直接安装法，就是将打印机的驱动光盘放到光驱中，然后直接双击安装光盘中的 Setup. exe 程序，或直接在自动弹出的安装界面中单击"安装打印驱动程序"按钮，然后在弹出的安装向导窗口中，逐步按照屏幕提示来完成驱动程序的安装操作；而手工安装方法通常用于一些型号较旧的打印机，如果计算机系统中已经包含了某个打印机驱动程序，或者自己暂时无法找到打印机的驱动安装光盘时，那么可以按照下面的步骤，进行手工安装打印机驱动程序。

（1）依次单击"开始"→"设备和打印机"命令，在弹出的打印机列表窗口中，双击其中的"添加打印机"图标，这样系统将自动打开打印机安装向导界面。

（2）单击"下一步"按钮后，进入到"要安装什么类型的打印机"的设置窗口，如图 22-1 所示，选择"添加本地打印机"选项，再单击"下一步"按钮。

（3）在接着出现的"选择打印机端口"向导窗口中，选中当前需要安装的打印机所连接的计算机端口，一般来说应该选择"LPT1:（打印机端口）"选项，如图 22-2 所示，继续单击"下一步"按钮。

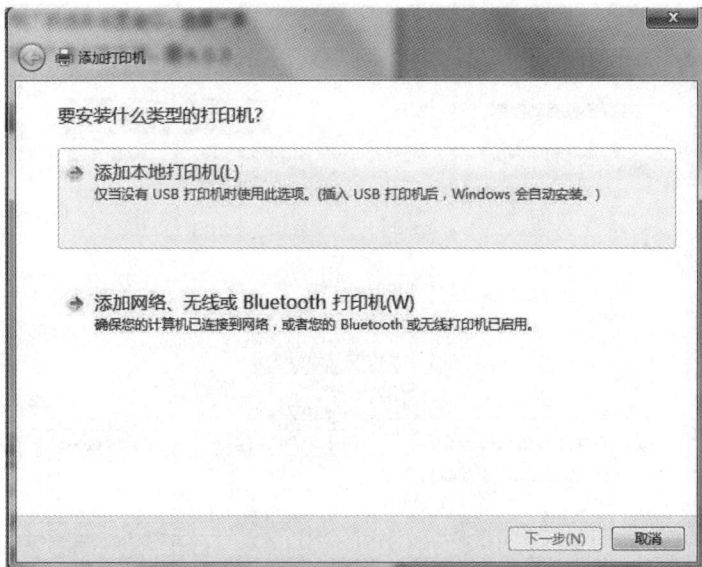

图 22-1　打印机添加向导

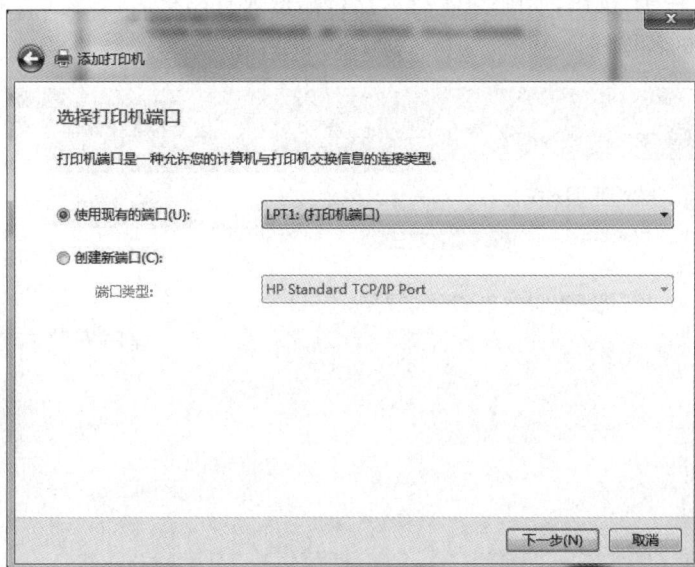

图 22-2　选择打印机端口

（4）下面将需要根据你所安装打印机的实际情况，在如图 22-3 所示的向导窗口中选择好打印机的品牌以及具体型号。该界面的左侧区域几乎将所有品牌的打印机都显示出来了，选中某个品牌之后，在右侧的子窗口中将看到该品牌的绝大多数打印机型号，此时选择 HP Laserjet 2300L ps。倘若打印机驱动程序在系统中并没有内置的话，那么需要单击该界面的"从磁盘安装"按钮，从其他位置导入打印机驱动程序。

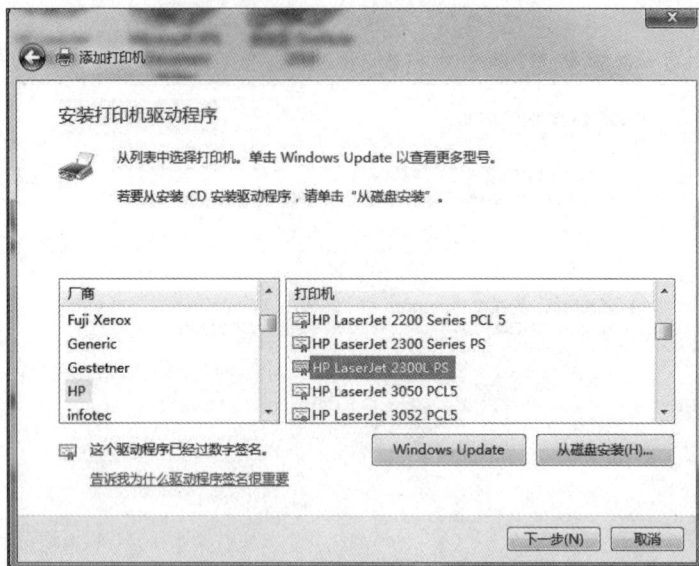

图 22-3 选择打印厂商及型号

（5）单击"下一步"按钮，如图 22-4 所示，出现"键入打印机名称"窗口，可以更改将在系统中显示的打印机名称。

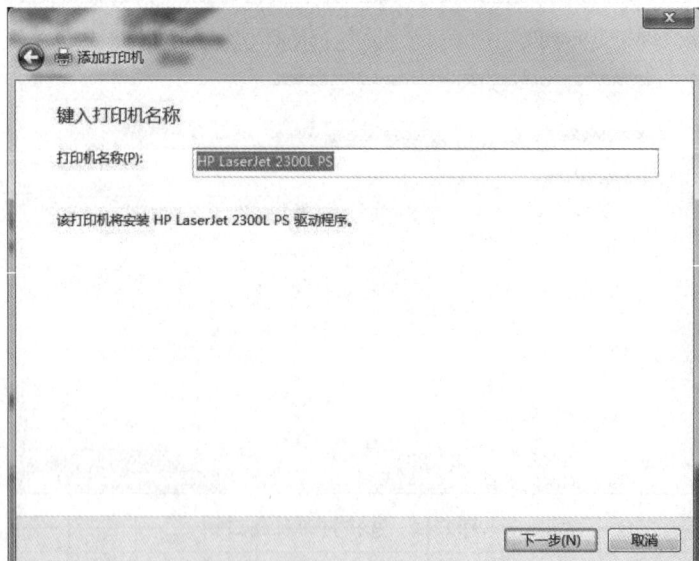

图 22-4 打印机命名

（6）单击"下一步"按钮，开始安装打印机驱动程序，然后屏幕上将出现"打印机共享"窗口，如图 22-5 所示，询问你是否要将打印机设置为共享，一般情况下可以在这里选中"不共享这台打印机"。

（7）单击"下一步"按钮，如图 22-6 所示，首先进行默认打印机设置，如果计算机中安装

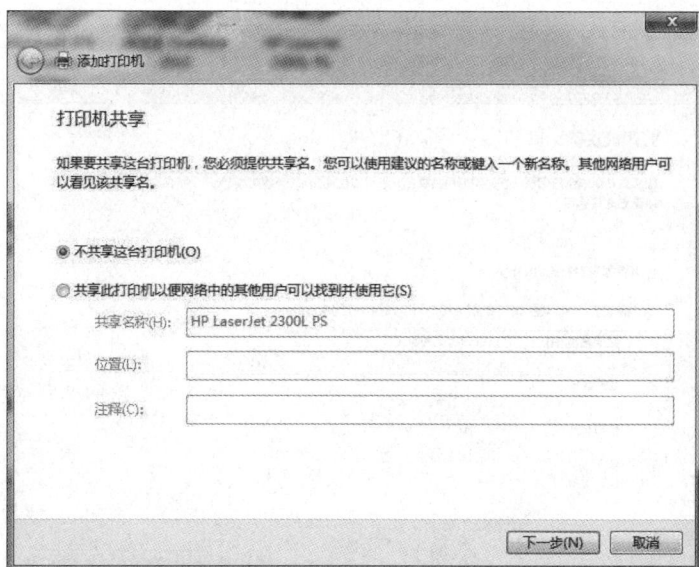

图 22-5　选择是否共享打印机

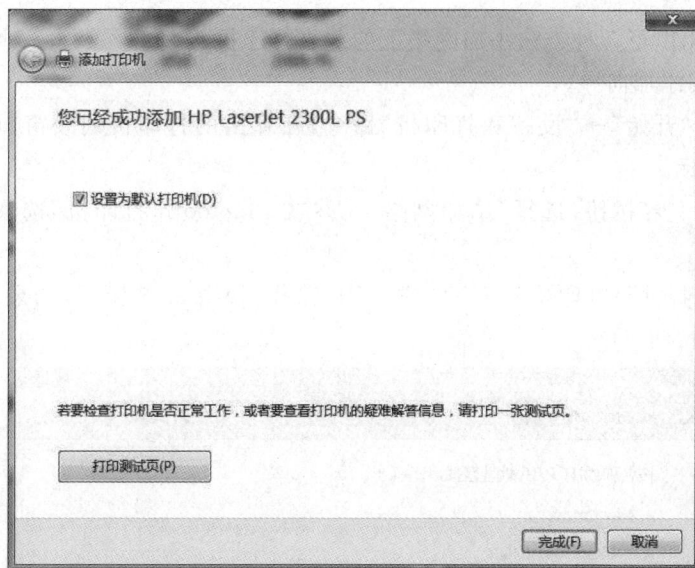

图 22-6　设置默认打印机

有多台打印机时,你应该将频繁使用的打印机设置为默认打印机。此时,如果选择"打印测试页",这样打印机就能自动进行测试打印,当测试打印结束后,安装向导还会询问你打印是否正常,要是正常的话,可以单击"确定"按钮,这样系统就能自动复制好打印驱动文件,并结束打印机驱动程序的安装任务。

3) 网络共享打印机安装

(1) 根据上述两种方法安装好打印机驱动程序,并将打印机设置为共享,如图 22-7 所示。

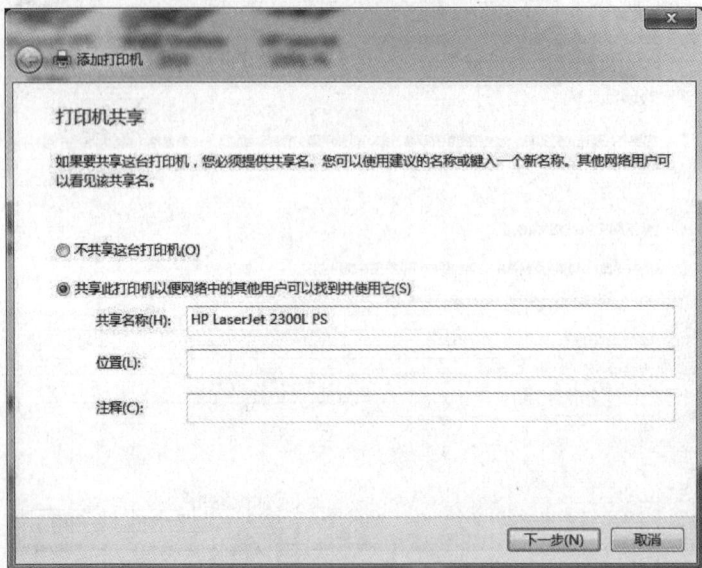

图 22-7　共享打印机

（2）可以利用以下 3 种方法添加网络上的共享打印机。

方法 1：利用添加向导。

① 依次单击"开始"→"设备和打印机"命令，在弹出的打印机列表窗口中双击其中的"添加打印机"图标。

② 单击"下一步"按钮，选择"添加网络、无线或 Bluetooth 打印机"选项，再单击"下一步"按钮。

③ 输入或选择共享打印机的 UNC 或 URL 路径，如图 22-8 所示，如果不知道路径，则可以单击"浏览"按钮。

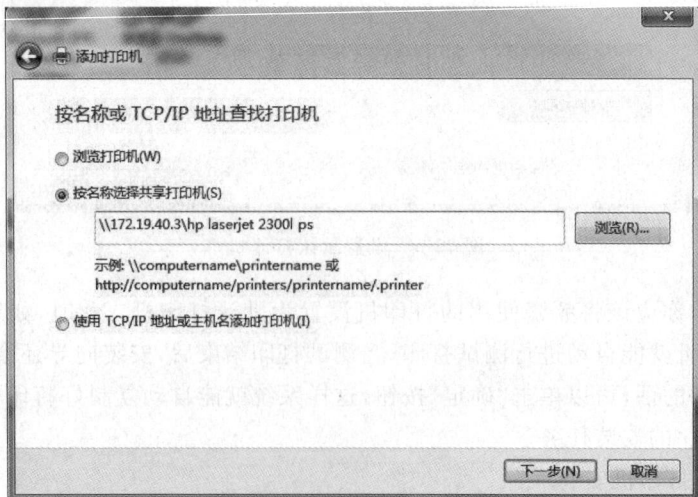

图 22-8　共享打印机

④ 出现"正在完成添加打印机向导"对话框,最后单击"完成"按钮。

方法 2:利用网上邻居。

打开资源管理器或浏览器窗口,在地址栏中输入"\\安装有共享打印机的计算机名(或者对方的 IP 地址)"后按回车键,双击共享打印机的名称,单击"是"按钮安装网络打印机。

方法 3:利用浏览器。

打开资源管理器或浏览器窗口,在地址栏中输入"http://服务器的 IP 地址/共享打印机的名"。

2. 打印机的使用

安装设置好打印机以后,如何才能将一篇目标文档打印出来呢?下面以 Word 2010 文档打印为例,简单介绍如何用打印机打印具体的作业。

当一篇 Word 文档编辑排版后,选择"文件"→"打印"命令,出现如图 22-9 所示的界面,需要进行文档打印前的各项设置。现将较常用的几项设置介绍如下。

图 22-9　文件打印设置

（1）打印份数：设置所需要打印文件的份数。

（2）打印机：通过下拉按钮选择所使用打印机型号。

（3）设置：选择打印文档的范围，可以打印所有文档、当前文档和部分文档等。

（4）页数：指定需要打印的页码或打印范围。例如，如果只需要打印整篇文章的第 4 页至第 8 页部分，则输入 4-8 就行了。

（5）单面打印：设置纸张单、双面打印。

（6）纵向：此处用于设置文档内容是"纵向"打印，还是"横向"打印。

（7）A4：用于设置打印纸张的大小，打印纸有 A3、A4、A5 等，其中 A4 纸张用得最多。

（8）正常边距：设置打印文档页面，即设置打印文档的上、下、左、右边界。

当所需的设置都完成以后，单击"打印"按钮，就可以开始一篇文章的打印了。

项目 23　扫描仪的使用

本项目以 CanoScan 9000F 扫描仪为例,详细介绍扫描仪的安装和使用过程。

1. 扫描仪的安装

1)硬件安装

　　首先需要做的工作就是将扫描仪和计算机连接起来,这一过程通常称为扫描仪的硬件连接。在进行扫描仪的硬件连接时,要注意扫描仪的摆放位置,以确保扫描仪工作时不受到任何干扰和影响。

　　按照扫描仪说明书连接好电源线和数据传输线,确保连接线安装正确,打开电源开关。

2)驱动程序安装

　　将扫描仪的驱动光盘放到光驱中,然后直接双击安装光盘中的 Setup.exe 程序,或直接在自动弹出的安装界面中单击"安装驱动程序"按钮,然后在弹出的安装向导窗口中,逐步按照屏幕提示来完成驱动程序的安装操作。

2. 扫描图片

　　(1)安装好扫描仪的驱动后,扫描软件也就安装完毕了,在桌面上会有扫描软件的快捷方式 Canon MP Navigator EX 3.1(也可从"开始"菜单的程序中找到),双击后,会看到扫描软件的主界面,如图 23-1 所示。

　　(2)单击"照片/文档(稿台)"按钮,出现如图 23-2 所示窗口。

　　单击"指定"按钮,如图 23-3 所示,可以选择扫描选项:选择文档类型为"彩色照片";文档尺寸为"自动检测(多个文档)";扫描分辨率为 300 dpi(dpi 的值设置得越大,扫描出的照片显示效果就越好,同时扫描后文件所占空间也越多)。

　　(3)设置好以上参数后,放好原稿(方向和正反可以参看玻璃板右上的图示),单击"扫描"按钮,等待一幅图片扫描完成后,会显示如图 23-4 所示对话框。如果要继续扫描多个图片,则放好下一张原稿,单击"扫描"按钮。如果是一张图片或最后一张图片,则单击"退出"按钮。

　　(4)扫描完成后,图片并没有保存,选择右侧的刚才所扫描的图片,如图 23-5 所示,选中想要保存的图片,单击"保存"按钮并指定保存的路径后,就可以完成图片的保存了。

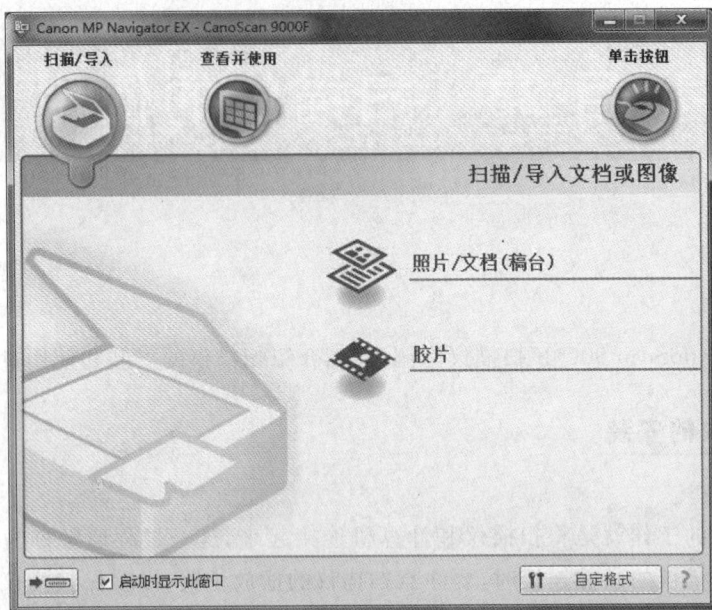

图 23-1 启动主界面

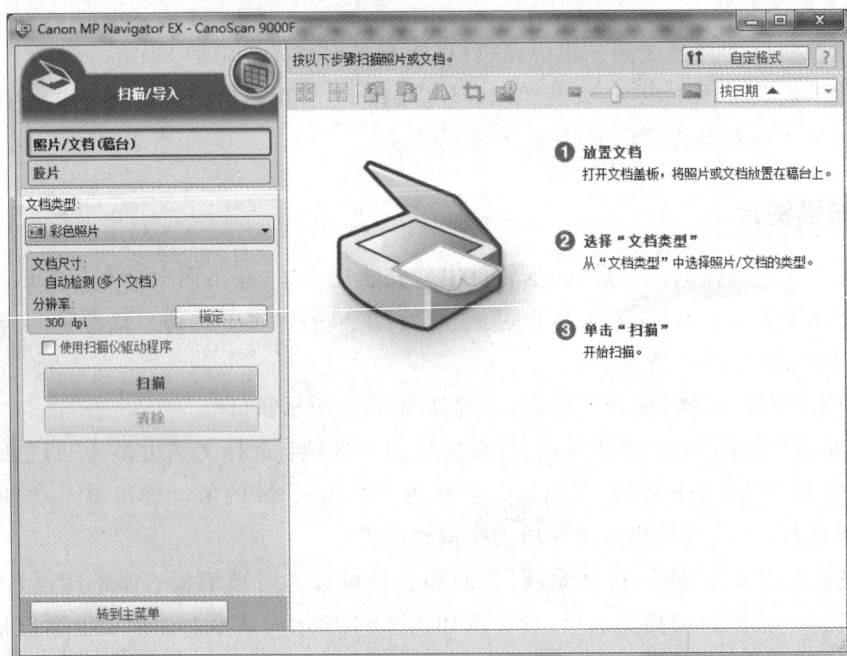

图 23-2 扫描主界面

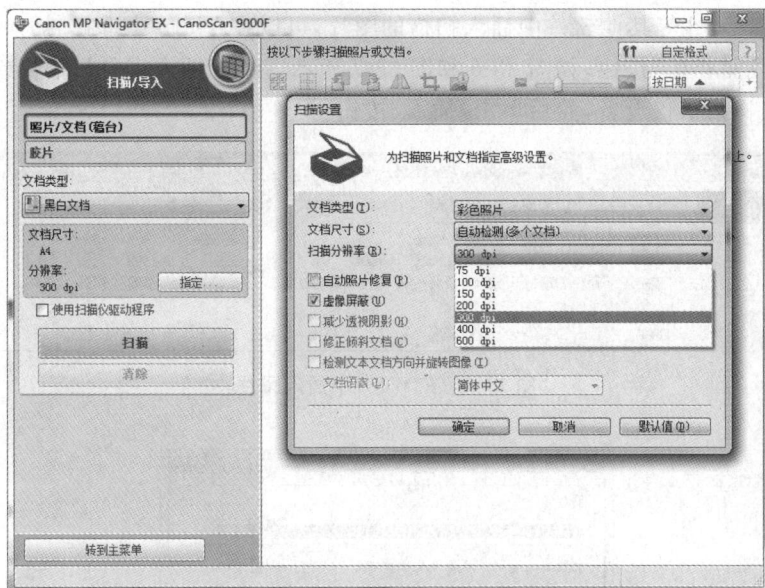

图 23-3 参数详细设置

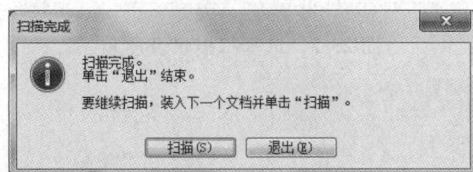

图 23-4 扫描多张图片选择对话框

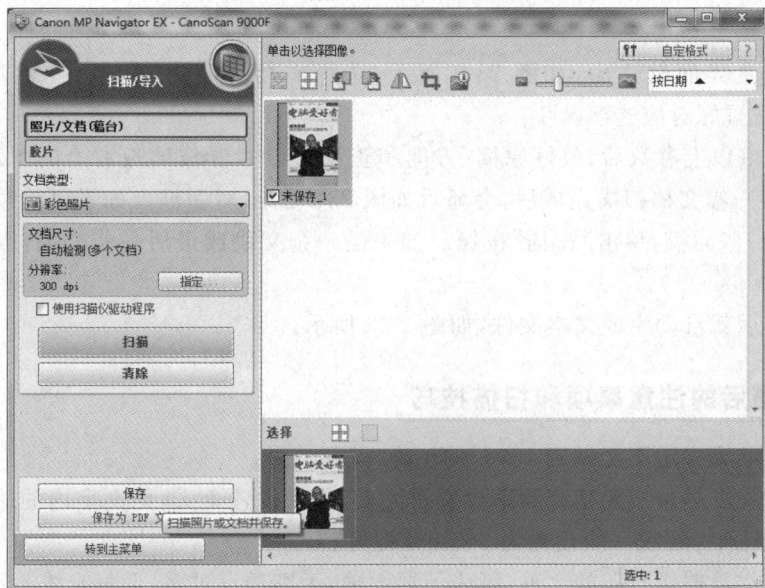

图 23-5 选择右侧的图片

如果想在 Word 等其他软件中插入扫描的图片，可以在 Word 中选择"插入"→"图片"→"来自扫描仪或照相机"按钮，如图 23-6 和图 23-7 所示，弹出"插入来自扫描仪或照相机的图片"对话框，选择扫描仪设备，然后单击"插入"按钮。

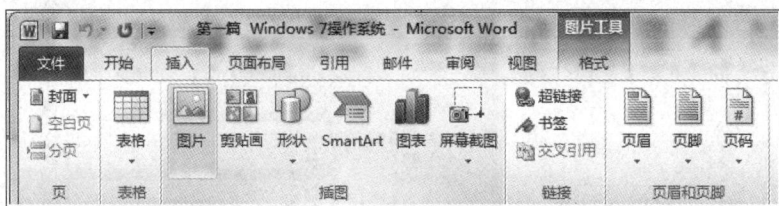

图 23-6　在 Word 中插入图片

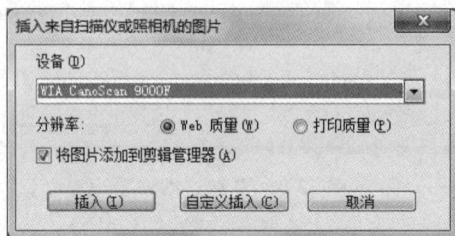

图 23-7　选择扫描仪及质量

3. 扫描文字

利用扫描仪将报纸、杂志等媒体上的印刷体汉字、表格和图形，甚至手写体汉字扫描入计算机，再识别，从而实现录入汉字、编辑汉字的功能。可以利用文字识别（OCR）对原稿进行扫描识别。

（1）启动主界面软件后，如图 23-8 所示，选择文档类型为"文本（OCR）"选项，并按图 23-3 所示设置好对应选项。

（2）设置好以上参数后，放好原稿（方向和正反可以参看玻璃板右上的图示），单击"扫描"按钮，等待一幅文稿扫描完成后，会显示如图 23-4 所示对话框。如果要继续扫描多个文稿，则放好下一张原稿，单击"扫描"按钮。如果是一张文稿或最后一张文稿，则单击"退出"按钮。

（3）保存后就自动生成文本文件，如图 23-9 所示。

4. 扫描后的注意事项和扫描技巧

（1）扫描结果肯定不能做到 100％的正确，需要校对。

（2）扫描文本尽量不要把分辨率设置得太大，如果设置太大，则文字内的瑕点也会扫描进去，不便于识别。建议一般设置为 300 dpi 即可。

（3）原稿尽量使用打印的文件（纸张不要太薄，否则透设过多，反射光线不足）。

（4）原稿字体最好是标准字体（手写体可能无法识别），最好在 4 号字左右。

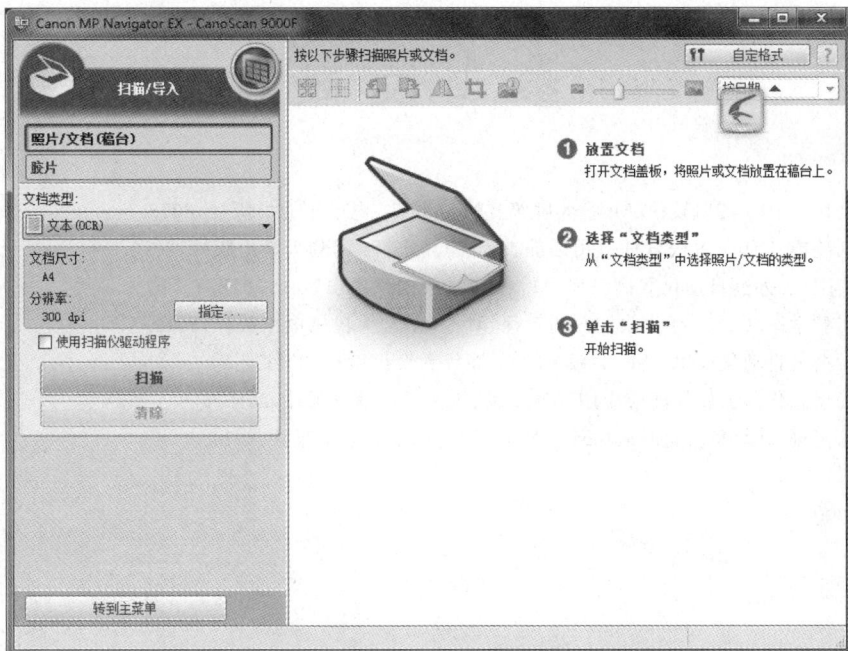

图 23-8　扫描文本

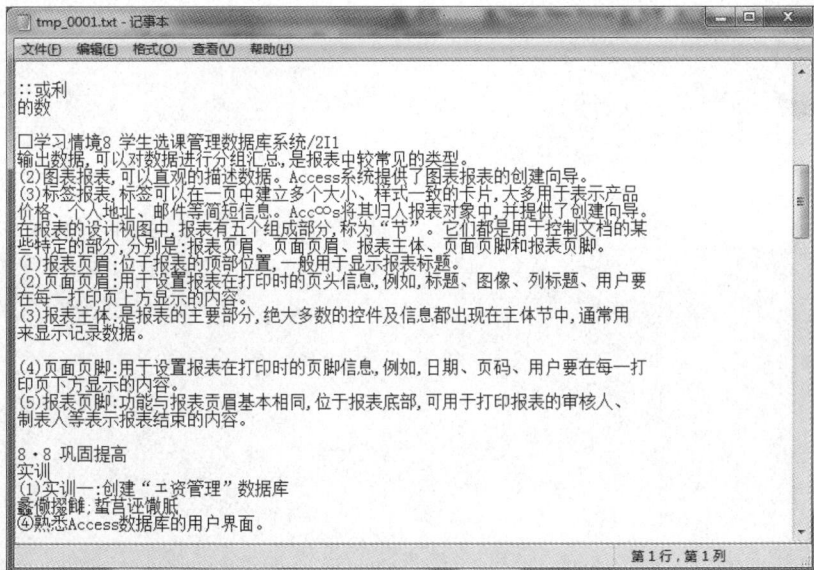

图 23-9　扫描后成生的文本文件

参 考 文 献

[1] 赫亮. Office 2010 实用教程（MOS 大师级）[M]. 北京：电子工业出版社，2015.

[2] 宋强，刘凌霞. Office 办公软件应用标准教程[M]. 北京：清华大学出版社，2013.

[3] 杨娜，连卫民. 办公自动化案例教程[M]. 北京：中国铁道出版社，2012.

[4] 赖利君，黄学军. Office 办公软件案例教程[M]. 北京：人民邮电出版社，2010.

[5] 张红岩. 办公自动化技术 [M]. 2 版. 北京：高等教育出版社，2011.

[6] 李永平. 信息化办公软件高级应用[M]. 2 版. 北京：科学出版社，2013.

[7] 杨桂，简玉刚. 计算机文化基础 [M]. 大连：大连理工大学出版社，2014.